此书为2024年支持高等教育发展省级补助资金（第三轮学科建设项目）、2022年贵州省"金课"（线上线下混合式一流课程）《免疫学》课程建设项目支持成果。

PBL教学法在免疫学教学中的应用与评价

常向彩　著

中国纺织出版社有限公司

图书在版编目（CIP）数据

PBL教学法在免疫学教学中的应用与评价 / 常向彩著. 北京：中国纺织出版社有限公司，2025.7 -- ISBN 978-7-5229-2821-0

Ⅰ.Q939.91

中国国家版本馆CIP数据核字第2025QF7061号

责任编辑：范红梅　　责任校对：王花妮　　责任印制：王艳丽

中国纺织出版社有限公司出版发行
地址：北京市朝阳区百子湾东里A407号楼　邮政编码：100124
销售电话：010—67004422　传真：010—87155801
http://www.c-textilep.com
中国纺织出版社天猫旗舰店
官方微博 http://weibo.com/2119887771
三河市宏盛印刷有限公司印刷　各地新华书店经销
2025年7月第1版第1次印刷
开本：787×1092　1/16　印张：12.5
字数：262千字　定价：88.00元

凡购本书，如有缺页、倒页、脱页，由本社图书营销中心调换

前言

近年来，教育理念的革新与现代科技的发展为教学方法的变革提供了契机。传统的以教师为中心的教学模式已经难以满足当今社会对创新型、综合型人才的培养需求。因此，基于问题的学习（PBL）作为一种全新的教学方法，逐渐在世界范围内得到重视与推广。PBL教学法强调以学生为中心，通过真实问题的探索和解决过程，培养学生的自主学习能力、创新思维、团队协作能力以及解决复杂问题的能力。它不仅是教学方法上的革新，更是教学理念和目标的转变。

免疫学作为生物科学、医学等专业的重要基础学科，其知识体系复杂，理论与实践紧密结合。传统的免疫学教学往往依赖于大量的概念讲解和记忆，这种方式虽然能帮助学生建立基本知识框架，但在培养学生应用知识解决实际问题的能力方面却有所欠缺。而PBL教学法的引入，为免疫学教学提供了全新的视角和途径，能够更好地激发学生的学习兴趣和积极性，提升其对学科知识的深刻理解和综合运用能力。

本书系统地探讨PBL教学法在免疫学教学中的实施与成效评估。全书从PBL教学法的理论基础出发，结合免疫学课程的特点，设计并实践了适合免疫学教学的PBL教学模式。书中不仅详细介绍了免疫学课程中的PBL教学设计和实施过程，通过对学生学习效果的评估与反馈，分析了PBL教学法相较于传统教学法的优势与挑战。此外，还结合现代技术，如AIGC（人工智能生成内容）等，探讨了如何通过科技手段进一步优化PBL教学法，提升教学效果。

本书的撰写离不开一线教师的实践探索与反思，也得益于学生在PBL教学模式中的积极参与和反馈。希望通过本书的分享，能够为更多从事免疫学及相关学科教学的教育者提供有益的借鉴，推动PBL教学法在更广泛的教学实践中应用。同时，也希望为教育研究者提供案例与数据支持，共同探讨如何在新形势下构建高效、有意义的学习环境，培养具备创新思维和实践能力的优秀人才。

由于笔者水平有限且时间仓促，书中难免存在错误或不妥之处，恳请广大读者批评指正。衷心希望本书能够激发读者对PBL教学法的兴趣，并为教育工作者在教学改革和创新实践中提供启发和动力。

常向彩

2024年10月

目录

第一章 绪论 … 1
第一节 PBL教学法的起源与发展 … 1
第二节 免疫学教学的现状与挑战 … 3
第三节 PBL教学法在高等教育中的理论基础 … 9

第二章 免疫学课程中的PBL教学设计 … 13
第一节 免疫学课程的教学特点与需求分析 … 13
第二节 PBL教学法的课程设计原则 … 25
第三节 教学案例的选择与开发 … 33
第四节 教学目标设定与学习成果预期 … 42
第五节 学生分组与角色分配策略 … 44

第三章 PBL教学法在免疫学中的实施过程 … 49
第一节 教学实施计划与步骤 … 49
第二节 教师的引导策略与具体操作 … 52
第三节 学生自主学习能力的培养 … 57
第四节 小组讨论与问题解决过程的组织 … 62

第四章 免疫学PBL教学效果评估 … 65
第一节 评估体系的构建与指标设定 … 65
第二节 学生知识掌握与实践能力的评估 … 78
第三节 团队合作与沟通能力的培养效果 … 88
第四节 学生反馈与学习满意度调查 … 94

第五章 传统教学法与PBL教学法的对比分析 … 104
第一节 传统教学法与PBL教学法的教学效果比较 … 104
第二节 学生成绩提升与能力培养差异分析 … 110
第三节 PBL教学法对学生学习兴趣的影响 … 119
第四节 课程教学示例研究与实证数据支持 … 124

第五节　基于科学精神的免疫学PBL教学案例设计……………………… 138

第六章　PBL教学法的推广与优化……………………………………… 145
　　第一节　教学团队建设与教师培训………………………………………… 145
　　第二节　教学资源开发与课程内容改进…………………………………… 153
　　第三节　PBL教学法在免疫学中的持续优化……………………………… 161
　　第四节　PBL教学法在其他生物学科的应用前景………………………… 169

第七章　AIGC技术在免疫学PBL教学中的应用………………………… 179
　　第一节　AIGC的概述………………………………………………………… 179
　　第二节　AIGC与PBL教学法结合的可能性……………………………… 181
　　第三节　AIGC与PBL教学结合的挑战与应对策略……………………… 184

第八章　PBL教学法的未来发展趋势……………………………………… 189
　　第一节　全球教育改革趋势中的PBL教学………………………………… 189
　　第二节　新型学习生态的构建……………………………………………… 190
　　第三节　适应未来工作需求的能力培养…………………………………… 192

第一章

绪 论

第一节 PBL教学法的起源与发展

一、PBL教学法的起源

基于问题为导向的学习（Problem-Based Learning，PBL）理念最早源于进步主义运动期间，特别是受到约翰·杜威关于教育应鼓励学生发挥其探索与创造本能的影响。这种教学方法于20世纪60年代末由加拿大麦克马斯特大学的神经学教授Howard Barrows首次应用于医学教育领域，以替代传统的讲授为中心的教学模式。Barrows的实践不仅在医学院取得了显著的成效，而且逐步确立了PBL作为医学教育的一种成功策略。

关于PBL的定义，Howard Barrows和Tamblyn将其描述为以努力解决问题为起点的学习过程；而Savery则强调PBL应关注学习者，使他们能够进行研究、整合知识并实践所学，以制订针对具体问题的解决方案。此外，Boud和Barrows提倡，PBL不应被视作特定的教学方式，而是一个概念框架，涵盖各种形式的学习方法。在中国，学者倾向于将PBL视为一种教学模式，强调其在课程设计中的实用性和灵活性。对PBL一词有不同的定义，有的定义为基于"问题"的学习，有的定义为基于"项目"的学习，有的定义为"面向问题和基于项目"的学习。这是由于不同的应用领域造成的。在不同的教育文化和学科领域，PBL在实践中采取了不同的形式和模式，并向多元化方向发展。总之，PBL中"问题"的概念很宽泛，是指根据学习内容需要学生合作解决的各种任务，如问题/话题讨论、辩论、班级汇报、项目研究等。

基于上述观点可知，PBL是一种将教学内容与学生日常生活或实际工作环境紧密结合的教学方法。在这种方法中，教师首先构建一个与学生生活或专业实践密切相关的问题情境，并提出或引导学生识别该情境中的关键问题。学生通过自主学习和小组协作的方式，对问题进行深入的分析和讨论，通过归纳整理信息来寻求解决方案。此过程不仅仅限于问题的解决，还包括将小组的研究成果在班级内进行汇报和展示，从而实现教学目标。

PBL教学法旨在发展学生的自主学习能力、团队协作能力和解决问题的技能。为了有效地实现这些教学目标，教师的角色至关重要，教师需要帮助学生构建知识框架，指导他们在必要时寻找相关知识信息或资源以深化对问题的理解。

二、PBL教学法的发展

从20世纪80年代起，PBL教学法开始迅速扩展到医学以外的多个领域。最初在医学教育中的成功应用，为PBL在全球范围的推广奠定了基础。此后，PBL逐渐被引入美国和欧洲的医学院，成为那些地区医学教育中一项备受推崇的教学方法。其核心理念是通过实际问题驱动学习，改善学生的知识应用能力和综合素质，并在各大医学院中获得了高度评价。

进入20世纪90年代，PBL的应用范围开始扩展到亚洲，许多医学院将其作为教学的核心组成部分。在20世纪90年代的教育改革背景下，我国学者们通过与国际医学教育的交流，意识到PBL方法在提升医学教育质量方面的巨大潜力。国内的一些医学院通过试点项目，逐步将PBL教学法引入到课程体系中，并在实践中不断探索和优化其实施策略。这一阶段的推广不仅推动了国内医学教育的改革，也为PBL方法的本土化提供了宝贵的经验。

随着PBL教学法在医学领域的成功应用，其影响力迅速扩展到其他学科。工程学、商学、社会科学等领域的教育者们开始尝试将PBL方法应用于各自的教学实践中。在这些领域，PBL的核心理念和方法被有效地调整以适应不同学科的特点。工程学领域的课程往往侧重于实际项目的实施和问题解决，而商学领域则利用PBL进行案例分析和商业策略的制定。社会科学领域则通过探讨社会问题和进行跨学科研究，促进了学生的批判性思维，提升综合能力。

在全球范围内，PBL教学法不仅在高等教育中得到了广泛应用，还逐渐渗透到中学和基础教育领域。中学教育者发现，PBL教学法能够激发学生的学习兴趣，提升他们的自主学习能力，并且在实际问题的解决中培养学生的创新思维。这一教学方法的普及，为学生的综合素质教育提供了新的思路和实践路径。

在理论研究方面，PBL教学法的发展也经历了不断深化的过程。学习理论中的建构主义思想成为PBL的理论基础，强调学生在解决实际问题的过程中主动建构知识。教育心理学的相关研究，进一步揭示了PBL教学法如何通过增加学生的参与度和自主性，提高学习效果。同时，教学策略方面的研究，则更加关注如何设计有效的问题情境、管理小组合作，以及如何进行有效的评估，以确保PBL的实施效果。

展望未来，PBL教学法有望在更多领域和教育层次中发挥更大的作用。技术的进步和教育需求的变化为PBL方法的进一步发展提供了机遇。在线学习平台和虚拟现实技术的引入，将为PBL提供新的应用场景和工具，从而提升教学的互动性和效果。随着全球教育环境的不断变化，PBL教学法的灵活性和适应性将使其在教育改革中继续发挥重要作用。

第二节 免疫学教学的现状与挑战

一、免疫学教学的现状

免疫学是现代生命科学领域的支柱学科和领跑学科之一，其研究内容既涉及当今生命科学前沿的基因组学和蛋白质组学，又涉及日常工作的各种临床问题，例如传染病诊断，食品中药物残留检测等。其中，疫苗作为免疫学的重要应用技术，一直是人类对抗传染病的最有效手段，彻底消灭了天花、脊髓灰质炎、牛瘟等人和动物的重大疫病。因此，世界卫生组织在对免疫学作出评价时说：医学领域内有很多学科，但只有免疫学可以把一种疾病彻底消灭。谈到全球性的新发传染病威胁，不得不提及COVID-19，COVID-19疫情的暴发使得免疫学成为备受关注的科学领域，抗体滴度、中和实验、单克隆抗体、被动免疫、加强针、免疫记忆、抗原检测等复杂的免疫学概念开始进入公众视野并成为讨论的热门话题。免疫学研究和回答了免疫系统如何应对病原微生物入侵、疫苗的研发和应用等问题，对于理解疫苗的效力、疾病的传播方式以及免疫应答的机制至关重要。

当前，免疫学教学主要依赖传统的讲授模式，该模式注重系统传授免疫学的核心理论和实验技能。课程内容一般包括免疫系统的结构与功能、免疫反应机制、免疫疾病、免疫治疗等方面。这种教学方法在知识的系统传授上有其优势，能够有效地帮助学生建立免疫学的基础框架。

1. 课程内容与结构

传统免疫学课程设计通常围绕免疫系统的核心组成部分展开，旨在帮助学生系统地掌握免疫学的基础理论和关键知识。这类课程一般包括以下几个主要模块：

（1）免疫系统的基本组成

课程的起始部分通常介绍免疫系统的基本结构，包括免疫器官（如脾脏、淋巴结、骨髓等）、免疫细胞（如T细胞、B细胞、巨噬细胞等）和免疫分子（如抗体、细胞因子等）。学生通过学习这些基本组成部分，理解免疫系统的功能和作用机制。这一部分内容不仅帮助学生建立了免疫学的基础知识框架，还为后续的深入学习奠定了理论基础。

（2）免疫反应机制

在了解免疫系统的组成后，课程深入讲解免疫反应的机制，这包括特异性免疫和非特异性免疫反应的详细过程。特异性免疫反应涉及抗原识别、免疫细胞的激活及其后续的免疫应答，非特异性免疫反应则包括机体的初级防御机制，如炎症反应、吞噬作用等。这部分内容可以帮助学生全面理解免疫系统如何应对各种病原体和异常细胞，构建完整的免疫反应模型。

（3）免疫疾病与治疗

课程还包括免疫疾病的分类、诊断和治疗方法。免疫疾病的内容涵盖了各种免疫系统异常引起的疾病，如过敏反应、自身免疫疾病、免疫缺陷疾病等。学生需要学习这些疾病的发病机制、临床表现和治疗策略，这不仅能增强他们对免疫学理论的实际应用能力，还能为未来的医学实践打下基础。

（4）现代免疫技术的应用

现代免疫技术的内容是课程中的一个重要部分，包括免疫检测技术（如ELISA、流式细胞术等）、免疫治疗技术（如单克隆抗体治疗、CAR-T细胞疗法等）以及疫苗开发等。通过学习这些技术，学生能够了解现代免疫学在临床和科研中的应用前景。

（5）课程的系统性与实践性

传统免疫学课程的系统性体现在其理论内容的全面性和逻辑性上，课程结构通常按照免疫系统的基本组成、免疫机制、疾病及技术应用的顺序逐步展开，形成完整的知识体系。然而，这种教学模式也存在实践性不足的问题。虽然课程内容覆盖广泛，但对学生的实际操作能力和解决问题能力的培养相对较少，限制了其对知识的深度理解和应用。

虽然传统免疫学课程的内容和结构能够有效地帮助学生掌握免疫学的基础知识，但随着教育需求的不断变化，课程的实践性和互动性也需要进一步提升，以更好地适应生命科学及其相关专业的发展要求。

2. 教学方法的特点

传统免疫学教学方法主要以教师主导的讲授为核心，其特点如下：

（1）课堂讲授为主，教学形式单一

传统免疫学教学的主流形式是课堂讲授，教师在课堂上承担了知识传递的主要角色。这种方法通常是教师精心设计PPT或教材内容，系统地讲解免疫学的基础知识，例如免疫系统的组成、免疫细胞的分类与功能、抗原抗体的相互作用等。在整个过程中，教师负责讲解各个理论概念，学生则通过听讲、记笔记来获取知识。该方法的优点在于能够在较短时间内传授大量信息，但学生在过程中大多是被动接受，理解和应用知识的机会有限。以"免疫系统结构"的讲授为例，教师通常会通过展示免疫系统的模型图，逐一讲解各类免疫细胞的形态和功能。但由于缺乏操作和体验，学生只能机械性地接受知识，而无法通过实际互动深入理解。

（2）重视理论知识，实践能力相对弱化

传统免疫学教学模式重视理论知识的系统性，以确保学生对学科基础知识的全面掌握。课程中涉及大量的概念、原理、机制等理论内容，学生通过背诵和记忆来掌握这些知识点，如体液免疫、细胞免疫等免疫反应机制。虽然这种方式使学生在理论知识方面的积累扎实，但由于缺乏应用情境和实际操作的机会，学生往往难以深入理解并将所学知识灵活运用到具体问题中。例如，在"体液免疫与细胞免疫"的学习中，教师详细讲解了各免疫细胞的作用机制，让学生逐一记忆B细胞、T细胞及其在不同免疫反应中的功能。然而，许多学生在考试时只能生硬地套用这些概念，而当遇到需要具体应用的情景问题，如疫苗免疫应答原理的实际应用时，往往显得束手无策。这表明在重视理论知识的同时，如果缺少应用实例和情境的配合，学生很难实现知识的全面理解。

（3）实验操作为辅，动手能力不足

免疫学的实验部分在传统教学模式中主要是作为理论学习的补充内容，实验课程往往安排在理论课程之后，具有验证性而非探索性的特点。传统实验多以标准化的操作流程为主，学生按照教师设计的步骤依次完成操作，缺少在实验中进行独立思考和主动探究的机会。尤其在较复杂的实验中，学生仅限于观察，难以深入参与，从而在实际实验操作的能力上受到一定限制。例如在"抗体检测实验"中，教师通常安排学生按既定流程进行ELISA实验，以检测样本中是否含有特定抗体。尽管学生完成了实验操作，但由于步骤固定、要求严格，学生缺乏对操作原理的主动理解和操作调整的机会。当面对未知样本检测任务时，学生往往无法灵活运用所学实验技术，进一步表现出传统实验教学中重验证、轻创新的局限性。

（4）标准化教学内容，缺乏灵活性与创新性

传统免疫学课程的教学内容通常依照标准教材和统一的大纲进行，以确保教学的一致性和全面性。然而，这种高度标准化的教学内容也有限制性，即课程缺乏根据学生需求灵活调整和更新的空间，尤其是在学科快速发展的背景下，内容往往难以及时反映出最新的研究进展。教学内容通常较为基础，缺少与现代科研进展的结合，学生较难接触到学科前沿的知识和应用场景。例如，在"自身免疫病"的教学中，现有教材通常以经典的几种自身免疫病为例（如红斑狼疮、类风湿关节炎等），内容更新缓慢，较少涉及近年来发现的新型疾病，但学生在查阅文献时会发现现代免疫学对自身免疫病的研究有了新的进展，包含一些罕见病种的研究及新兴治疗手段，因此标准化的教学内容使得学生难以及时掌握学科的最新动态。

（5）考试导向对探究式学习的限制

考试导向是传统免疫学教学中的显著特点。学生的学习往往围绕考试要求展开，课程内容和教学方法的设计也多以确保学生能够通过考试为目标。在这种背景下，教学的重心集中于知识点的记忆与背诵，学生关注更多的是如何在考试中获得高分，而非如何全面理解和灵活运用知识。这种模式导致学生对知识点的记忆重于实际理解，缺乏将知识运用到复杂情境中的思维能力。例如，在"疫苗作用机制"章节的教学中，学生往往花费大量时间背诵疫苗如何激活免疫系统、产生免疫记忆等知识点，以便应对考试。若在考试中加入与疫苗研发和应用相关的实际问题，许多学生难以将所学知识灵活运用于新情境，往往只能机械地将记忆的内容套入答案。考核导向的教学模式忽视了学生实际解决问题的能力。

（6）教师主导，学生参与度低

在传统免疫学课堂中，教师通常承担了教学的主导角色，学生大多被动听讲、记笔记。这种"教师主导、学生被动接受"的教学方式虽然在一定程度上确保了教学进度和

内容完整性，但学生在课堂上缺乏主动参与的机会，也难以提出有深度的问题和观点。这不仅削弱了学生的学习兴趣，还影响了其批判性思维和自主学习能力的发展。例如，在讲授"抗原递呈"时，教师主要通过展示图表和课件来解释抗原如何与MHC分子结合并传递给T细胞。学生在课堂上仅需记笔记，鲜少有机会就疑惑与教师互动讨论。课堂结束时，教师简单询问"有无问题"，但学生缺乏主动思考的动力，往往沉默以对。长此以往，学生逐渐丧失学习的主动性，对课堂内容的深层次理解不足。

（7）缺乏互动性和批判性思维的培养

免疫学的许多知识点本身涉及复杂的机制与动态过程，学生若仅通过被动听讲难以完全理解，而互动较少的课堂则进一步加剧了理解的难度。在传统课堂中，教师的讲解和学生的听讲较为单一，学生之间缺少讨论交流的机会，难以在合作中共同解决问题，也缺乏通过讨论提升思维深度的机会。例如，在讨论"免疫耐受"时，教师主要是单向地讲授免疫系统如何防止自身攻击，但学生没有机会小组讨论免疫耐受的例子，如不同免疫器官在耐受中的具体作用。若课堂能增加学生之间的讨论，学生将有机会对概念进行更深入的理解，并在讨论中理解免疫耐受在各种病理情况下的多维度作用。

（8）实践教学条件受限

由于教学资源有限，传统免疫学教学中的实验设备和相关材料通常较为匮乏，尤其是高端实验设备和配套教学材料不足。许多高校的实验室设备较为基础，学生无法在实验室中接触到前沿技术设备，对实验技术和应用的理解较为浅显。此外，教师讲授的内容由于缺少实际展示和操作，也在一定程度上降低了学生的兴趣和参与度。例如，流式细胞术是免疫学中常用的分析技术，能够分析细胞的数量、种类和活性，但流式细胞仪设备价格昂贵，许多高校难以配备。学生往往只能通过图片或视频了解其操作流程，缺乏动手操作的机会，无法深入理解流式细胞技术在免疫细胞分析中的实际应用。实践资源的限制影响了学生对学科内容的真实理解和动手能力的提升。

（9）教材内容难以及时反映学科前沿

免疫学作为生物科学的重要分支，其研究领域进展迅速，尤其是在疾病免疫、疫苗研发和肿瘤免疫治疗方面，然而传统免疫学教学多以纸质教材为主，教材内容更新速度较慢，导致课程内容往往滞后于学科发展。这样一来，学生在学习时接触的知识往往已被前沿研究补充甚至更新，难以实现与学科发展的同步。

（10）重视记忆而非理解，知识的应用较为薄弱

传统免疫学教学往往强调知识点的记忆，学生学习的重心集中在如何背诵大量的专业术语和概念，忽视了知识在实际情境中的应用。这种教学模式下，学生容易陷入表面理解，难以形成深层次的知识结构。例如，在"过敏反应"章节中，学生往往通过死记硬背过敏反应的类型及症状应对考试，但一旦遇到具体过敏原分析或患者过敏症状评估的实际问题时，便难以将所学的理论知识应用于分析。学生对过敏反应的机制停留在表面，难以深入理解免疫系统在过敏反应中的作用机制，也无法将其有效应用于相关临床

场景。

3. 教学评估与反馈

在传统免疫学教学中，评估与反馈通常依赖于期末考试或统一的标准化测试，着重于学生对知识点的记忆和再现能力，而较少关注学习过程中的多样化表现。通常采用的测评工具多为笔试、选择题、填空题等，题型较为单一，主要目的是检验学生对概念的掌握程度。但由于测试内容难以涵盖实际操作能力、问题解决能力及跨学科应用的能力，因此，这种评估方式难以全面反映学生的综合素质与潜力。

传统评估体系在一定程度上简化了教师的评价工作，但却存在以下局限性：第一，学生的学习动机更偏向于考试成绩，而非知识应用的实际能力，长此以往容易造成学生对学科的兴趣下降；第二，缺乏及时的反馈机制，学生在学习中遇到的疑难问题往往得不到解决，影响知识的深层理解与后续学习的效果；第三，教师难以从反馈中获取有效信息来优化教学方法。

以"免疫耐受"的教学为例，教师往往通过笔试测评学生对"免疫系统如何识别自身组织并避免攻击"的记忆情况。由于评估方法偏重知识记忆，学生在答题时通常只需重复概念而无须分析具体的免疫过程。在实际应用情境中，学生可能难以结合不同病理机制讨论免疫耐受的失调对自身免疫病的影响。此外，教师也很难通过这种评估反馈发现学生在理解上存在的具体问题，从而有针对性地改进教学内容。这种评估模式使学生重视短期记忆，忽视了理论知识的实际应用。

二、免疫学教学改革需求

免疫学作为一个不断发展的领域，其教学方法需要不断适应新兴的科学进展和教育需求。面对现代医学和生物科学的快速发展，传统免疫学教学面临着越来越多的挑战。为了提高教学质量，满足学生的多样化学习需求，免疫学教学改革的需求日益迫切。

1. 提升教学方法的多样性

传统的免疫学教学主要依赖于讲授式教学，虽然这种方法能够系统传递基础理论，但在培养学生的实践能力和创新思维方面存在一定局限。为了提升教学效果和学生的学习体验，引入多样化的教学方法是必要的。

（1）PBL教学法

通过设定实际问题驱动学习，使学生在解决问题的过程中主动探索和应用理论知识。这种方法不仅提高了学生的主动学习能力，还增强了其分析和解决复杂问题的能力。在免疫学教学中，PBL可以通过设计具体的案例情境，帮助学生将理论与实际相结合，提升其实践能力。

（2）翻转课堂

翻转课堂通过将课堂讲授和课外学习的顺序进行调整，让学生在课外自主学习基础知识，将课堂时间用于深入讨论和问题解决。这种方法有助于提高课堂互动性和学生参与度，使学生能够更好地理解和应用所学知识。

（3）项目驱动学习

通过引导学生参与实际项目或研究，项目驱动学习能够将理论知识应用于实践。学生在完成项目的过程中，不仅能够深入理解免疫学原理，还能提升团队合作、沟通能力和实际操作能力。

2. 强化实践环节的设置

免疫学作为一门实践性强的学科，传统的教学模式往往缺乏对实践操作的充分重视。为了培养学生的实际操作能力和应用能力，教学改革应注重增加实践环节。

（1）增加实验课程

设计和实施更多的免疫学实验课程，帮助学生掌握实验技能，如免疫分析技术、细胞培养和免疫检测等。通过实际操作，学生能够更好地理解免疫学原理，并将理论知识转化为实验技能。

（2）案例研究与应用

引入真实的案例或模拟问题，让学生在分析和解决这些问题的过程中运用所学知识。案例研究能够帮助学生深入理解免疫学的应用场景，提高其解决实际问题的能力。

（3）校企合作实践

与医疗机构、科研机构等建立合作关系，为学生提供实习和实践机会。这种合作能够让学生接触到前沿的免疫学研究和应用，提升其在实际工作中的适应能力和创新能力。

3. 全面培养学生的综合素质

现代生命科学领域对人才的要求不仅限于理论知识，还包括综合素质的提升。免疫学教学改革应注重培养学生的批判性思维、团队合作、沟通能力等综合素质。

（1）批判性思维的培养

通过引导学生质疑和分析免疫学中的理论和研究结果，培养其批判性思维能力。学生在面对复杂问题时，能够进行深入分析和独立思考，从而提出创新的解决方案。

（2）团队合作与沟通技巧

通过小组讨论、合作项目和团队演示等活动，提升学生的团队合作能力和沟通技巧。团队合作不仅能够促进知识共享，还能培养学生的协作精神和集体智慧。

（3）自主学习能力的提高

鼓励学生自主制订学习计划、设置学习目标并开展自主研究。通过这种方式，学生能够提高学习的主动性和独立性，培养自主学习和解决问题的能力。

4. 优化教学评估与反馈机制

传统的教学评估方式主要集中于期末考试和课后作业，这种方式对于学生的综合能力评价存在局限。教学改革应包括评估方式的创新，以更全面地评价学生的学习效果和能力发展。

（1）形成性评估

采用形成性评估方法，如课堂讨论、小组活动和即时反馈，能够实时监控学生的学习过程，并提供及时的改进建议。这种评估方式能够帮助学生在学习过程中及时调整和改进，从而提升学习效果。

（2）实践性评估

对学生的实践操作和问题解决能力进行评估，关注其在实际应用中的表现。实践性评估能够更好地反映学生的实际操作能力和综合素质，提升评估的全面性和准确性。

（3）多维度评价

综合运用自我评估、同学互评和教师评估等多种评价工具，提供多角度的反馈。这种评价方式能够帮助学生全面了解自己的学习成果和发展需求，从而在学习过程中不断成长。

三、免疫学教学的挑战

尽管传统教学方法在免疫学教学中发挥了重要作用，但也存在一些明显的挑战。首先，免疫学领域的知识更新迅速，传统教学方法往往难以及时融入最新的研究成果和技术进展。其次，免疫学的内容复杂且抽象，学生在课堂上往往只是被动接受知识，缺乏实际问题的解决经验。这样的教学模式可能导致学生对知识的理解停留在理论层面，难以将理论应用于实际问题。

此外，传统教学方法的单向讲授模式也限制了学生的主动学习和参与。学生的互动机会较少，课堂参与度不高，可能影响对知识的深入理解和应用能力的培养。在面对免疫学这样的实践性强的学科时，这种教学模式的局限性尤为明显。

第三节 PBL教学法在高等教育中的理论基础

一、PBL教学法的理论基础

1. 建构主义学习理论

建构主义学习理论源于让-皮亚杰（Jean Piaget）和列夫·维果茨基（Lev Vygotsky）的研究，强调知识是通过学习者主动与环境互动而构建的。根据这一理论，学习是一个主动的过程，学生在面对实际问题时，通过探究和经验整合，逐步建构自己的知识体系。在PBL教学法中，学生通过参与实际问题的解决，将理论知识应用于具体情境。这种学习方式不仅可帮助学生理解复杂的免疫学概念，还能使他们将这些概念与现实问题相结合，形成更为扎实的知识基础。

2. 社会互动理论

社会互动理论受益于维果茨基的社会文化理论，强调学习发生在社会互动中。维果茨基认为，社会交往和合作是认知发展的关键。在PBL教学法中，学生通过小组合作和讨论，与同伴分享观点、解决问题，这种互动不仅促进了知识的深入理解，也提升了学生的沟通能力和合作能力。合作学习的过程中，学生可以从同伴的不同视角中获得启发，增强对免疫学问题的全面理解。

3. 反思性学习理论

反思性学习理论由唐纳德·舍恩（Donald Schön）提出，强调通过反思和自我评估来提升学习效果。舍恩的理论认为，学习者通过对自己的经验进行反思，不断改进自己的实践。在PBL教学中，学生需要不断评估自己的解决策略，并根据反馈进行调整。这种反思过程不仅帮助学生识别和纠正错误，也促进了他们的自我调节能力和深入理解能力的提升。例如，学生在讨论免疫学问题时，可能会发现自己的理解偏差，通过反思和讨论来修正错误，从而加深对知识的掌握。

4. 自我决定理论

自我决定理论由爱德华·德西（Edward Deci）和理查德·瑞安（Richard Ryan）提出，关注个体内在动机的培养。该理论认为，当个体在学习过程中能够自主选择和控制学习内容时，会表现出更高的学习动机和效果。在PBL教学法中，学生通常可以选择研究的具体问题和解决方案，这种自主性激发了他们的内在动机。学生在解决实际问题时，能够体验到自主掌控的成就感和满足感，从而提高学习的积极性和持久性。

5. 实践学习理论

实践学习理论由大卫·科尔布（David Kolb）提出，强调通过实际经验来促进学习。科尔布的理论认为，学习是一个不断循环的过程，包括具体经验、反思观察、抽象概念化和主动实验。在PBL教学法中，学生通过面对实际问题进行实践、体验和反思，最终将经验转化为理论知识。这种实践学习的过程使学生能够将抽象的免疫学概念应用于具体情境，增强了知识的实际运用能力和解决问题的能力。

6. 任务驱动学习理论

任务驱动学习理论主张通过完成具体任务来推动学习进程。这一理论认为，真实或模拟的任务能够驱动学习者积极探索和解决问题，从而获得知识和技能。在PBL教学法中，学生通过解决具体的免疫学问题而进行研究和分析。这种任务驱动的学习模式不仅增强了学生对知识的实际应用能力，也培养了他们的创新思维和问题解决能力。例如，学生在面对免疫系统疾病的实际案例时，需要综合运用所学理论，设计实验或提出解决方案。

7. 成就目标理论

成就目标理论由卡罗尔·德韦克（Carol Dweck）等人提出，关注学生的目标取向对学习动机和成效的影响。该理论区分了学习目标（关注个人成长和掌握新技能）与表现目标（关注与他人的比较和评价）。在PBL教学法中，学生在解决实际问题时通常设定明确的学习目标，如理解免疫机制或提出创新的解决方案。这种目标导向的学习能够提升学生的内在动机，激发他们对知识的深入探索和应用，从而提高学习成效。

二、PBL教学法的实践基础

PBL教学法的实践基础包括案例分析、问题导向学习、项目管理、学习成果评估以及资源整合与支持等方面。案例分析作为PBL教学法的核心实践环节，通过提供真实或模拟的问题情境，激发学生的学习兴趣和参与度。问题导向学习则通过明确的问题导向，帮助学生在解决问题的过程中掌握和应用知识。项目管理则包括对PBL项目的组织、实施和评估，确保教学活动的有效性和学生的学习成果。

1. 案例分析

案例分析在PBL教学法中占据核心位置。它通过引入真实或模拟的问题情境，激发学生的学习兴趣和参与度。这些案例可以涵盖各种复杂和多维的问题，如实际的免疫疾病病例、实验室数据分析或相关的社会健康问题。学生需要对这些案例进行深入分析，提出假设，并设计实验或解决方案。通过与案例的深入互动，学生不仅能够加深对免疫学理论的理解，还能学会将理论知识应用于实际问题的解决中。例如，在分析免疫系统疾病的案例时，学生需要综合运用免疫学的基本概念，分析疾病的发病机制、临床表现和治疗策略。这种实践过程帮助学生将知识与实际问题紧密结合，提高他们的实际操作能力和解决问题的技巧。

2. 问题导向学习

问题导向学习是PBL教学法的关键特征之一。通过明确的问题导向，PBL鼓励学生在解决实际问题的过程中掌握和应用知识。这种学习方式与传统的讲授模式不同，它通过提出具有挑战性和复杂性的问题，激发学生主动学习和深度思考。例如，在免疫学课程中，学生可能会面临如"如何设计一个有效的疫苗以应对新型病原体"这样的开放性问题。这类问题不仅要求学生进行广泛的文献查阅，还需要他们进行团队讨论、设计实验和分析数据，从而加深对免疫学理论的理解。在问题导向学习中，学生的学习不仅限于记忆和理解，还包括应用和创新，能够显著提高他们的批判性思维和解决问题的能力。

3. 项目管理

项目管理是PBL教学法实施过程中的重要环节。教师需要对PBL项目的组织、实施和评估进行有效管理，以确保教学活动的顺利进行和学生学习成果的达成。项目管理包括制订明确的学习目标，规划教学活动的各个阶段，提供必要的资源和支持，并进行阶段性和最终的评估。在项目管理过程中，教师需要协调各方资源，确保项目的实施符合预定的教学目标。例如，在组织一个免疫学相关的PBL项目时，教师需要设计合理的任务安排，提供必要的实验设备和数据资源，并定期检查学生的进展情况。有效的项目管理不仅保证了教学的有序进行，还可帮助学生在规定的时间内完成任务，提高他们的组织能力和时间管理能力。

4. 学习成果评估

在PBL教学中，学习成果评估是不可或缺的环节。评估不仅帮助教师了解学生的学习进展，还为学生提供反馈和改进的机会。常见的评估方法包括自评、同学互评和教师评价。自评促使学生对自己的学习过程和成果进行反思，认识到自己的优点和不足。通过同学互评，学生能够获得来自同学的多角度反馈，了解其他团队的解决方案和思路，从而促进自我改进。教师评价则通过观察学生的参与情况、问题解决过程和最终成果，综合评估学生的学习效果。

5. 资源整合与支持

资源整合与支持在PBL教学法中起着关键作用。教师需要提供丰富的学术资源、技术支持和实践机会，以支持学生的学习和项目实施。学术资源包括教材、学术文章、数据库和实验材料，这些资源为学生的研究和问题解决提供了基础。技术支持，如在线学习平台和协作工具，促进了学生之间的交流和合作，使他们能够更有效地进行信息共享和知识整合。同时，实践机会，如实验室实习、实地考察和专家讲座，为学生提供了实际操作和应用知识的机会，增强了他们的学习体验。例如，在免疫学PBL项目中，教师可以组织学生参观免疫研究实验室，邀请专家举办讲座，或提供访问相关数据库的权限，从而丰富学生的学习资源和实践经验。

参考文献

[1] Delisle R. How to use problem-based learning in the classroom[M]. Ascd, 1997.

[2] Barrows H S, Tamblyn R M. Problem-based learning: An approach to medical education[M]. Springer Publishing Company, 1980.

[3] 余海,曹敏,郭常平,等.美国哈佛大学和新墨西哥州大学医学教育改革考察[J].中国高等医学教育,1992（4）:39-42.

[4] 曹艳华,杨志英,阳帆.初讨PBL教学模式在医学免疫学教学中的应用[J].世界最新医学信息文摘,2016,16（74）:124-125.

[5] Savery J R. Overview of problem-based learning: Definitions and distinctions[J]. Essential readings in problem-based learning: Exploring and extending the legacy of Howard S. Barrows, 2015, 9（2）: 5-15.

[6] 刘灵芷.初中生物实验教学中PBL教学模式的有效性应用研究[D].成都：四川师范大学,2019.

[7] 朱叶秋."翻转课堂"中批判性思维培养的PBL模式构建[J].高教探索,2016,（1）:89-94.

[8] 周亚妮.医学免疫学教学中存在的问题及其解决对策[J].卫生职业教育,2013,31（20）:85-87.

[9] 骆雪,俞伟辉.医学免疫学教学中的常见问题及有效措施[J].黑龙江科学,2021,12（23）:102-103.

第二章
免疫学课程中的 PBL 教学设计

第一节 免疫学课程的教学特点与需求分析

一、免疫学课程的教学特点

（一）复杂性与多样性

1. 理论复杂性

免疫学涉及了高度复杂的生物学机制，这些机制包括免疫系统如何识别外来物质、启动免疫应答以及维持体内平衡等。学生需要理解细胞和分子水平上的复杂相互作用，例如，T细胞和B细胞在免疫应答中的角色、细胞因子的信号传导途径、抗原呈递与识别过程等。免疫学还包括对免疫耐受和免疫逃逸等复杂机制的研究，涉及自身免疫疾病和肿瘤免疫学等领域。这些理论在各个层次上都要求学生具备扎实的生物学和化学知识，并能够将这些知识综合运用于理解免疫系统的功能和调控。

（1）免疫应答机制的复杂性

免疫系统的复杂性在于其具有多层次、多环节的应答机制。学生需要学习并理解先天免疫与适应性免疫的区别与联系。先天免疫反应是机体对病原体的第一道防线，包括皮肤、黏膜、吞噬细胞、自然杀伤细胞等。适应性免疫则具有高度特异性和记忆性，包括体液免疫和细胞免疫。学生需要掌握抗体的生成、T细胞受体的识别机制、主要组织相容性复合体（MHC）分子的抗原呈递等复杂的分子生物学过程。

（2）调控机制的复杂性

免疫系统的调控机制极其复杂，包括免疫应答的激活和抑制、免疫耐受的建立与维持、炎症反应的调节等。学生需要深入理解调节性T细胞（Treg细胞）在免疫耐受中的作用，免疫检查点（如CTLA-4.PD-1）在肿瘤免疫中的调控机制，以及免疫系统如何区分"自我"和"非自我"来防止自身免疫疾病的发生。这些调控机制的学习要求学生具备批判性思维和分析能力，能够理解免疫系统在不同环境中的动态平衡。

2. 知识的多样性

免疫学的教学内容不仅丰富多样，还跨越多个学科领域。学生需要从多个角度和层面来理解免疫学知识的多样性，这包括了基础理论、临床应用以及最新科研进展。

（1）基础免疫学知识

基础免疫学教学内容涵盖免疫系统的基本组成部分，如免疫细胞（淋巴细胞、巨噬细胞、树突状细胞等）、免疫器官（骨髓、胸腺、脾脏、淋巴结等）以及免疫分子的结构与功能（抗体、细胞因子、补体系统等）。学生需要掌握这些基础知识，以便理解更为复杂的免疫应答机制和免疫调控过程。

（2）免疫遗传学与免疫病理学

免疫学教学还涉及免疫遗传学和免疫病理学知识。免疫遗传学研究免疫系统的遗传基础，如人类白细胞抗原（HLA）系统的遗传多样性对免疫应答的影响。免疫病理学则探讨免疫系统失调引发的疾病，如过敏、超敏反应、自身免疫病和免疫缺陷病等。这些内容的教学不仅要求学生要理解免疫系统的正常功能，还需掌握其在病理状态下的异常表现。

（3）临床免疫学与免疫治疗

免疫学的多样性还表现在其与临床实践的紧密联系上。例如，在肿瘤免疫治疗领域，免疫检查点抑制剂、CAR-T细胞疗法等已成为前沿治疗手段。在疫苗开发方面，基于免疫原理的预防和治疗性疫苗也是教学的重要内容。学生需要通过学习这些临床应用，了解免疫学在疾病防治中的实际应用价值。

（4）跨学科知识的融入

免疫学是一门跨学科的科学，与分子生物学、遗传学、生物化学、微生物学等学科都有紧密的联系。现代免疫学研究中，学生需要了解分子生物学技术（如基因克隆、PCR、流式细胞术）、生物信息学（如蛋白质结构预测、基因表达分析）等多学科知识。这种跨学科性质使得免疫学教学具有较高的难度和挑战性，要求学生在学习过程中能够综合运用多学科知识来分析和解决问题。

3. 实践技能的复杂性

免疫学教学不仅注重理论知识的传授，还强调实验技能和实践能力的培养。学生需要了解各种免疫学实验技术，如酶联免疫吸附测定（ELISA）、免疫荧光、流式细胞术、免疫组化、免疫共沉淀等。这些实验技术要求学生具有良好的实验设计能力、操作技能和数据分析能力。

（1）实验技术的多样性

免疫学实验技术涉及范围广泛，从抗原抗体反应的基本实验到细胞培养、基因工程、动物模型等高级实验技术。学生需要熟练掌握这些实验技术的原理、操作步骤和数据分析方法。例如，在ELISA实验中，学生需要了解抗原抗体结合的原理，掌握酶标记抗体的使用，能够正确设置对照组和实验组，并进行数据处理和结果分析。

（2）实验设计与数据分析

免疫学实验往往需要设计复杂的实验流程，包括实验组和对照组的设置、实验条件的优化、样本量的确定等。学生需要具备较强的实验设计能力，能够根据研究目的合理选择实验方法，设计出科学有效的实验方案。此外，数据分析在免疫学实验中也至关重要，学生需要掌握基本的统计分析方法，能够对实验结果进行客观评价，判断数据的可靠性和实验结论的准确性。

（3）实际应用能力的培养

免疫学教学中的实验部分还注重培养学生将理论知识应用于实际问题的能力。例如，通过开展免疫学相关的科研项目或实验课题，学生可以深入了解免疫应答机制、免疫调控网络以及免疫治疗策略等。这种实践教学不仅有助于巩固学生的理论知识，还能够激发他们的科研兴趣，提高其创新能力和综合素质。

4. 学生需求的多样性

由于免疫学课程的广泛应用和多学科交叉特性，学生对课程的需求呈现出多样化的特点。不同学生在学习免疫学时可能有不同的目标和兴趣，有些学生希望将免疫学知识应用于临床实践，有些则更注重科研领域的理论和技术，还有一些学生可能对免疫学的公共卫生应用更感兴趣。

（1）临床需求

学生需要掌握免疫学基本原理，以理解各种免疫相关疾病的发病机制，如风湿性疾病、过敏性疾病、自身免疫病等。此外，学生还需要了解免疫学在诊断和治疗中的应用，包括免疫诊断技术、疫苗接种策略、免疫抑制剂和免疫增强剂的使用等。

（2）科研需求

对于有意从事科研工作的学生来说，免疫学课程提供了丰富的研究内容和前沿课题。他们需要深入了解免疫学研究的最新进展，掌握相关的实验技术和数据分析方法，为未来的科研工作打下坚实的基础。通过学习免疫学，学生可以培养批判性思维和科学研究能力，了解如何设计实验、分析数据和发表科研论文。

（3）公共卫生需求

免疫学在公共卫生领域也有着重要的应用。例如，免疫学知识对于理解传染病的传播和防控、制订疫苗接种计划、评估免疫群体水平等方面具有重要意义。学习免疫学可以帮助学生了解免疫系统在抵抗传染病和维护群体健康中的作用，为公共卫生事业提供科学依据和技术支持。

5. 课程内容的更新和拓展

免疫学是一个快速发展的学科，新知识和新技术不断涌现。因此，免疫学课程需要不断更新和拓展，以反映学科的最新进展。

（1）最新研究进展的融入

近年来，免疫学领域取得了许多重要突破，如CAR-T细胞治疗、免疫检查点抑制剂、微生物组与免疫调控的关系等。将这些最新研究进展融入教学中，可以帮助学生了解免疫学前沿，为他们的学习和研究提供更多的视角和启示。

（2）跨学科内容的引入

免疫学与生物化学、遗传学、分子生物学、微生物学等学科密切相关。将这些学科的相关内容引入免疫学教学，可以帮助学生从更广阔的视角理解免疫系统的功能和调控。例如，基因工程技术在免疫学研究中的应用、微生物组对免疫系统的影响、免疫学在生物信息学中的应用等。

（3）教学方法的创新

随着教学技术的发展，免疫学教学也需要不断创新教学方法。例如，通过引入PBL教学法、虚拟实验室、在线学习平台等，可以激发学生的学习兴趣和提高自主学习能力，增强教学效果。

6. 评价标准的严格性

免疫学课程的复杂性和多样性也对教学评价提出了更高的要求。教师需要根据学生的学习目标、学习效果以及课程内容的特点，制订科学合理的评价标准，以全面衡量学生的学习成果。

（1）理论知识的掌握

评价学生对免疫学理论知识的掌握程度，是教学评价的重要内容之一。教师可以通过课堂讨论、期末考试、知识竞赛等形式，考查学生对免疫系统组成、免疫应答机制、免疫调控等基本理论的理解和应用能力。

（2）实践技能的培养

免疫学教学还注重培养学生的实验操作能力和实践应用能力。因此，实验报告、实验操作考试、科研课题设计等实践环节的评价也是教学评价的重要组成部分。通过这些实践评价，可以考查学生的实验设计能力、数据分析能力和实际操作水平。

（3）创新能力的考查

免疫学作为一门前沿学科，要求学生具备一定的创新能力。因此，在教学评价中，可以通过课题研究、学术论文撰写、创新创业项目等方式，考查学生的创新思维和科研能力，鼓励他们积极参与科学研究和学术交流。

（4）综合素质的评估

免疫学课程的学习还要求学生具备较强的综合素质，包括批判性思维、团队合作能力、沟通表达能力等。因此，在教学评价中，可以通过小组讨论、课题汇报、教学演示等形式，对学生的综合素质进行全面评估。

（二）动态性与前沿性

1. 免疫学发展的动态性

免疫学作为一门不断发展的学科，具有极强的动态性。其研究领域和应用范围不断扩展，包括基础免疫学、临床免疫学、肿瘤免疫学、感染免疫学、自身免疫疾病、移植免疫学和免疫遗传学等。随着科学技术的进步和人们对免疫系统认识的不断加深，免疫学知识体系也在不断更新，新的发现和理论层出不穷。

（1）学科交叉融合

免疫学与其他学科的交叉融合趋势明显，例如与分子生物学、基因组学、蛋白质组学、代谢组学等学科的结合。这种融合带来了新的研究方法和思路，如单细胞测序技术的应用使得对免疫细胞的研究进入到单细胞水平，为揭示免疫系统的复杂性提供了新的视角。此外，免疫学与生物信息学的结合，使得对免疫相关数据的处理和分析更加高效，推动了免疫学研究的进展。

（2）新技术的引入

新技术的引入为免疫学的快速发展提供了强大推动力，显著提升了对免疫系统的精细化研究水平。近年来，基因编辑技术（如CRISPR-Cas9）、高通量测序、单细胞分析、多重免疫荧光标记、流式细胞术和质谱分析等技术逐步在免疫学研究中得到广泛应用，这些技术的融合使得人们对免疫系统的认知实现了前所未有的深化与拓展。

基因编辑技术，尤其是CRISPR-Cas9，赋予科学家以极高的基因操作精度，使得特定基因对免疫反应的影响可通过敲除或修饰。这不仅在基础免疫学研究中发挥了重要作用，还在开发新的免疫治疗方法上具有广泛前景。高通量测序技术能够从整体基因表达和调控层面揭示免疫系统的动态变化，帮助科研人员在分子层面对免疫过程有更全面的理解。单细胞分析技术使得对免疫细胞的研究更加细致深入，它可以从单细胞水平揭示免疫细胞亚群的异质性及其在不同免疫环境中的动态行为，为精准医学提供了关键数据支持。

此外，多重免疫荧光标记技术的应用，使研究者能够在同一组织样本上标记多种免疫分子，从而观察不同免疫细胞亚群在组织中的分布与相互作用，为免疫组织学研究带来了更高的分辨率。流式细胞术则通过多参数检测手段，支持对大规模免疫细胞群体的快速分类和定量分析，为分析不同疾病状态下的免疫细胞变化提供了可靠的工具。质谱分析技术的进步则进一步提升了免疫学研究中的蛋白质组学和代谢组学分析水平，帮助揭示免疫细胞信号传导、代谢调控等分子机制，从而为理解疾病中的免疫失调提供了新的视角。

这些新技术的协同应用，为免疫学的基础研究和转化研究注入了新的活力。它们不仅拓宽了对免疫细胞亚群及其功能的认识，还揭示了不同细胞类型间的相互作用和调控网络，进而推动了个性化免疫治疗策略的研发。随着这些技术的不断更新与进步，免疫学研究将进一步走向精准化、智能化和多学科交叉融合，为应对复杂疾病提供更加科学有效的解决方案。

（3）疾病免疫学研究的动态发展

随着免疫学研究的不断深入，免疫系统在多种疾病发生、发展及治疗中的核心作用逐渐受到重视。近年来，疾病免疫学的研究取得了显著进展，推动了肿瘤、自身免疫疾病、慢性炎症性疾病和感染性疾病等领域治疗模式和策略的革新，为临床诊断和个性化治疗开辟了新方向。在肿瘤免疫学方面研究进展显著，极大地推动了肿瘤治疗的变革。

免疫检查点抑制剂（如PD-1/PD-L1和CTLA-4抑制剂）的应用，通过解除肿瘤对免疫系统的抑制，增强了T细胞对肿瘤细胞的攻击能力，使部分晚期癌症患者获得长期生存。同时，嵌合抗原受体T细胞（CAR-T）疗法在血液系统肿瘤治疗中取得显著疗效，但其在实体瘤中的应用仍面临挑战，如肿瘤微环境的免疫抑制和靶点选择等问题。此外，肿瘤疫苗和溶瘤病毒等新型免疫疗法的探索为肿瘤治疗提供了更多选择。

在自身免疫疾病（如类风湿性关节炎、系统性红斑狼疮和多发性硬化症等）方面，免疫系统错误攻击自身组织导致的疾病机制研究持续深入。研究表明，调节性T细胞（Tregs）、自身抗体和细胞因子在自身免疫疾病中的重要作用，以及免疫失衡、基因与环境因素的相互作用可能是其发病关键。此外，生物制剂（如TNF-α抑制剂、IL-6受体拮抗剂等）已成为治疗自免疫疾病的有效手段，通过特异性调控免疫系统的过度反应，可减缓病情进展，提高患者生活质量。针对慢性炎症性疾病（如慢性阻塞性肺疾病、肝硬化和动脉粥样硬化等），研究揭示了低度慢性炎症与免疫老化、代谢失调的相互作用机制。免疫调节因子在慢性炎症中的作用日益受到重视，尤其是巨噬细胞、炎症小体和炎性因子的调控作用。此外，抗炎药物（如IL-1β抑制剂）和免疫调节疗法的探索为慢性炎症性疾病的干预提供了新希望，推动了精准医疗的发展。

对感染性疾病的免疫研究不断深化，特别是在抗病毒免疫领域取得了重要进展。新型冠状病毒疫情加速了对病毒免疫反应、抗体和T细胞记忆的研究，为疫苗研发和抗体疗法提供了重要理论支持。同时，针对HIV、乙型肝炎病毒（HBV）等慢性感染病原体的免疫治疗探索，旨在通过重新激活患者免疫系统清除病毒。此外，病原体的免疫逃逸机制研究揭示了其在宿主免疫系统前的适应性策略，对未来感染性疾病的预防和疫苗研发具有重要指导意义。

随着技术进步，疾病免疫学研究正向多学科交叉方向发展。单细胞测序、空间转录组学及高通量流式细胞分析等技术为研究免疫细胞异质性提供了新视角，促使科学家更加精细地解析不同疾病状态下的免疫图谱。同时，人工智能和大数据分析的应用加速了免疫机制和潜在靶点的发现，为个性化免疫治疗奠定了基础。未来，疾病免疫学研究将更加关注微环境的免疫调控、宿主—病原体相互作用，以及新型免疫治疗靶点的发现，持续推动重大疾病免疫治疗的发展。

2. 免疫学的前沿性

免疫学研究处于生物医学科学的前沿，许多最新的科学发现和理论创新都集中在这一领域。免疫学的前沿性不仅体现在对基础理论的深入研究，还包括临床应用、诊断技术和治疗方法的创新。

（1）免疫疗法的突破

近年来，免疫疗法作为免疫学研究的前沿领域，取得了诸多突破性进展，尤其在肿瘤治疗方面展现出革命性的效果。免疫检查点抑制剂（如PD-1/PD-L1抑制剂）通过解除肿瘤细胞对免疫系统的抑制，增强了机体的抗肿瘤免疫应答，已成为许多晚期癌症患者的重要治疗选择。此外，CAR-T细胞疗法利用基因工程技术，将患者的T细胞改造为可以识别特定肿瘤抗原的细胞，这一疗法在某些血液系统肿瘤的治疗中显示出显著疗效。

除了肿瘤免疫学，免疫疗法在其他疾病领域也在不断探索。例如，针对自身免疫疾病和慢性感染的免疫调节治疗策略正在研究中，旨在通过调节机体免疫反应来恢复免疫平衡。新型免疫疗法的开发，不仅丰富了现有的治疗手段，还为提高患者的生存率和生活质量开辟了新方向。随着对免疫机制理解的加深，未来免疫疗法的应用范围预计将进一步扩大，并可能为更多难治性疾病提供有效的解决方案。

（2）疫苗研发的新方向

疫苗是预防和控制传染病的重要手段，免疫学在疫苗研发中发挥着至关重要的作用。近年来，基于免疫学原理的疫苗研发取得了一系列显著突破，推动了公共卫生领域的发展。这种疫苗通过引导机体细胞合成特定的病毒蛋白，激活免疫系统产生针对该病毒的特异性免疫应答，从而提供有效的免疫保护。

此外，疫苗研发的创新方向还包括病毒样颗粒（VLPs）疫苗、重组蛋白疫苗和腺病毒载体疫苗等新型平台。例如，针对流感的VLP疫苗不仅可以提高免疫原性，还具备良好的安全性，已在临床试验中表现出良好的保护效果。同时，针对疟疾和艾滋病的疫苗研发也在不断推进，研究者们通过识别病原体的关键抗原，设计多肽疫苗和纳米颗粒疫苗，努力提升疫苗的有效性和耐受性。这些新型疫苗的开发为全球公共卫生防控提供了新的希望，尤其是在应对新发传染病和疫苗逃逸变异株方面，展现出强大的潜力。

随着疫苗研发技术的不断进步，疫苗的生产和储存方式也在发生变化。例如，稳定的冷链运输和新型无冷藏疫苗的研发，为疫苗在资源有限地区的推广提供了可能。此外，个性化疫苗的研究也逐渐兴起，旨在根据个体的遗传背景和免疫特征，设计定制化的疫苗策略，以期实现更有效的免疫保护。未来，疫苗研发的多样化和智能化将为全球公共卫生安全提供更全面的保障，使我们能够更有效地应对传染病的威胁。

（3）个体化免疫治疗

个体化免疫治疗是当前免疫学研究的重要前沿方向，旨在根据个体的免疫特征和生物标志物，为患者量身定制治疗方案。由于个体间免疫系统存在显著差异，不同患者在面对相同的免疫治疗时，其反应和疗效可能大相径庭。个体化免疫治疗的核心在于通过对患者的基因组、蛋白质组和免疫细胞特征进行全面分析，以了解其免疫状态和潜在的治疗靶点，从而制订更加精准的治疗策略。

以肿瘤免疫治疗为例，研究人员通过对肿瘤微环境的深入分析，包括肿瘤细胞的突变特征、肿瘤相关抗原的表达情况以及免疫细胞的浸润程度，来识别患者对不同免疫疗法的潜在反应。通过这些数据，医生能够选择最合适的免疫检查点抑制剂、细胞疗法或疫苗等治疗方案，以期提高治疗的有效性和安全性。此外，个体化免疫治疗还可以结合患者的生理状态、合并症和治疗史，从多维度出发，进一步优化治疗方案，减少不良反应，提高患者的生活质量。

个体化免疫治疗不仅适用于肿瘤，还在自身免疫疾病、感染性疾病等领域展现出潜力。随着对免疫机制理解的加深和技术手段的不断发展，个体化免疫治疗将有望成为更加广泛应用的临床实践，推动精准医学的进程，为患者提供更有效、更安全的治疗选择。

3. 教学内容的前沿性更新

免疫学课程的动态性和前沿性对教学内容的更新提出了较高要求。为了使学生能够及时了解免疫学领域的最新发展，教师需要将最新的研究成果和理论创新融入教学内容。这不仅有助于学生掌握前沿知识，还能够激发他们对免疫学研究的兴趣。

（1）新理论的引入

近年来，免疫学领域涌现出众多新理论和概念，如免疫代谢、肿瘤免疫微环境以及微生物组与免疫系统的相互作用等，这些新兴理论为免疫学的教学提供了丰富的内容资源。免疫代谢的研究揭示了免疫细胞的代谢状态在免疫应答过程中的关键作用，强调了代谢途径如何影响免疫细胞的功能和命运，从而为理解免疫调控机制提供了新的视角。此外，肿瘤免疫微环境的研究也显著改变了我们对肿瘤免疫逃逸机制的认知，指出肿瘤细胞与周围免疫细胞之间复杂的相互作用如何影响免疫治疗的效果。

在教学中引入这些新理论，能够帮助学生更深入地理解免疫系统的复杂性和动态性。通过探讨免疫代谢对免疫细胞活性的影响，学生可以认识到代谢与免疫之间的紧密联系，进而增强对免疫应答调控机制的理解。同时，讨论微生物组如何通过调节宿主免疫反应来影响健康和疾病状态，能够激发学生对微生物生态学和免疫学交叉领域的兴趣。

（2）前沿技术的教学

随着免疫学研究技术的不断进步，许多前沿技术已成为免疫学研究中的常规手段。在免疫学教学中，教师可以通过介绍这些技术的原理、应用及其发展趋势，使学生了解当前免疫学研究的技术前沿。例如，流式细胞术作为一种高通量的细胞分析技术，在免疫细胞亚群分析、细胞功能检测和信号通路研究中发挥着重要作用。这种技术能够对细胞进行快速而精确的多参数分析，为研究免疫细胞的特性和功能提供了强有力的支持。

在教学过程中，教师可以通过实例讲解流式细胞术如何在实际研究中应用，例如在肿瘤免疫学中的免疫细胞浸润分析，帮助学生理解该技术在数据采集和分析中的重要性。此外，介绍其他前沿技术，如单细胞RNA测序、质谱分析技术和基因编辑技术（如CRISPR-Cas9），能够使学生对免疫学研究的多样化和现代化有更深入的认识。通过对这些技术的讲解，学生不仅可以掌握免疫学研究的基本方法，还能够了解它们在基础研究和临床应用中的潜在价值。

（3）最新研究进展的案例分析

教学中引入最新研究进展的案例分析，可以帮助学生了解免疫学的前沿发展，并培养他们的科研思维和分析能力。例如，通过分析近期发表的高水平免疫学研究论文，学生可以学习到如何设计实验、如何进行数据分析，以及如何从实验结果中得出科学结论。这种教学方法不仅可以加深学生对免疫学知识的理解，还可以培养他们对免疫学研究的兴趣和热情。

4. 学生学习的前沿意识培养

培养学生的前沿意识是免疫学教学的重要目标之一。通过了解免疫学的动态性和前沿性，学生可以认识到免疫学研究的重要性和广阔前景，激发他们对免疫学研究的兴趣和热情。

（1）激发科研兴趣

免疫学作为一门前沿学科，拥有许多值得探索的科学问题。在教学中，教师可以通过介绍免疫学领域的热点问题和未解之谜，激发学生的科研兴趣。例如，针对肿瘤免疫逃逸机制、免疫记忆的形成与维持、自身免疫疾病的发病机制等前沿问题，鼓励学生提出自己的看法和研究设想，从而激发他们对免疫学研究的兴趣。

（2）培养团队合作精神

免疫学研究通常需要多学科的合作和团队的协作。在教学中，教师可以通过小组讨论、课题研究等形式，培养学生的团队合作精神。例如，在一个关于免疫诊断技术的课题研究中，学生可以分组进行实验设计、数据分析、结果汇报等工作，学习如何在团队中合作，发挥各自的优势，完成一项科学研究任务。

（3）科学精神的培养

科学精神包括批判性思维、创新意识和严谨的科研态度，这些都是进行科学研究和实际应用不可或缺的素质。

批判性思维。免疫学研究涉及许多复杂的问题和不确定性，培养学生的批判性思维有助于他们在面对新的研究发现时进行独立思考和分析。在课程中，教师可以通过引导学生分析和讨论免疫学领域中的争议问题和新兴理论，帮助他们培养质疑和验证的能力。

创新意识。免疫学的前沿研究常常涉及创新性的思维和解决方案。教师可以通过激励学生参与课题研究、设计实验方案等方式，培养他们的创新意识。例如，鼓励学生提出新颖的研究问题，设计创新的实验方法，探索新的治疗策略，从而激发他们的创新潜力。

严谨的科研态度。科研的严谨性是确保研究结果可靠性的基础。在教学中，教师应强调实验设计的科学性、数据分析的准确性和结论的逻辑性，培养学生的科研态度。例如，通过实验报告撰写、数据处理和结果解释等活动，帮助学生掌握科研工作的规范流程，增强他们的科学素养。

（三）实践性与应用性

免疫学教学中实验操作与理论知识同样重要。学生需要通过实验来理解免疫反应的机制和检测技术，这对培养他们的实际操作能力和科学探究能力至关重要。

1. 实践性

实践性在免疫学教学中扮演着至关重要的角色，因为它能够帮助学生将理论知识应用于实际问题，提升其实验操作能力和解决问题的能力。实践性不仅是理论知识的延伸，更是理论转化为实际应用的桥梁。

（1）实验操作技能的培养

免疫学课程通常包括一系列的实验操作，如免疫酶联测定（ELISA）、流式细胞术、免疫组化、免疫沉淀等。通过这些实验，学生能够直观地观察和验证免疫学原理，掌握实验技术和方法。实际操作中的问题解决和技术调整也有助于学生对免疫学知识的深刻理解和记忆。例如，在进行ELISA实验时，学生不仅需要了解如何操作，还需要掌握如何分析数据、识别结果的异常以及如何优化实验条件。这种实践性的培养对于学生未来从事相关研究和应用具有重要意义。

（2）实际问题的解决能力

免疫学研究往往面临复杂的实际问题，如疾病诊断、治疗策略制订和疫苗研发等。通过将实际问题引入课堂教学，学生可以在解决这些问题的过程中应用免疫学知识，提升其实际应用能力。例如，在PBL教学中，教师可以设计与现实问题相关的案例，如某种新型传染病的免疫机制探究、某种免疫疗法的临床效果评估等。学生在小组讨论和解决问题的过程中，不仅能够应用所学的理论知识，还能够锻炼分析问题和提出解决方案的能力。

（3）跨学科的综合应用

免疫学的实践性也体现在与其他学科的交叉应用中。例如，免疫学与分子生物学、细胞生物学、药理学等学科的结合，可以推动新技术和新方法的应用。在教学中，教师可以设计一些跨学科的实践活动，让学生在解决复杂问题的过程中，综合运用多学科的知识和技能。例如，结合分子生物学技术进行免疫相关基因的研究，或利用药理学原理探讨新药的免疫学作用机制等。

2. 应用性

免疫学的应用性体现在其广泛的实际应用场景中，包括疾病预防和治疗、公共卫生、药物研发等。免疫学的应用性不仅促进了基础研究的成果转化，也推动了医学和生物技术的进步。在教学中，教师可以通过介绍免疫学的应用案例和前沿技术，使学生了解免疫学在实际生活中的重要性和影响。

（1）疾病诊断与治疗

免疫学在疾病诊断和治疗中的应用是其最直接的实践体现。例如，免疫诊断技术（如免疫荧光、免疫组化、免疫沉淀等）广泛应用于疾病的早期诊断和监测。此外，免疫疗法（如单克隆抗体疗法、CAR-T细胞疗法、免疫检查点抑制剂等）已经成为治疗多种疾病（如癌症、感染性疾病、自身免疫疾病等）的重要手段。在教学中，介绍这些应用案例可以帮助学生了解免疫学的实际应用和未来发展方向。

（2）疫苗研发与公共卫生

免疫学在疫苗研发和公共卫生领域的应用同样具有广泛意义。通过研究免疫系统的反应机制和疫苗的免疫保护作用，科学家们能够开发出有效的疫苗来预防和控制传染病。在公共卫生领域，疫苗接种计划、免疫监测和免疫策略的制订都离不开免疫学的理论和实践支持。教学中可以通过介绍实际疫苗研发案例（如脊髓灰质炎疫苗的开发过程）来展示免疫学的应用价值。

（3）新兴技术的应用

随着免疫学研究技术的不断进步，新兴技术在免疫学中的应用也逐渐增多。例如，高通量筛选技术、单细胞测序技术、CRISPR基因编辑技术等在免疫学研究中发挥了重要作用。这些技术的应用不仅推动了免疫学研究的进展，也促进了新药研发和治疗方法的创新。在教学中，介绍这些新兴技术的应用案例可以帮助学生了解技术发展的前沿动态和实际应用。

3. 教学设计中的实践与应用

为了有效提升学生的实践能力和应用能力，免疫学课程的教学设计需要充分考虑实践性和应用性的融入。

（1）实验课程的设计

实验课程是免疫学教学中重要的组成部分，通过实验课程可以让学生掌握实际操作技能和实验方法。在教学设计中，应根据课程内容设计实验，确保实验的科学性和实用性。例如，设计与免疫系统功能相关的实验，如T细胞增殖实验、抗体检测实验等，让学生在实验中实际操作并分析实验结果，从而加深对免疫学理论的理解。

（2）实际案例的引入

引入实际案例是提高学生实践能力的重要方法。教师可以通过设计与现实问题相关的教学案例，如免疫系统在特定疾病中的作用、免疫治疗的实际应用等，帮助学生将理论知识应用于实际问题的解决。案例的选择应具有代表性和实际意义，以便学生能够通过案例分析获得实际经验。

此外，在免疫学课程中，教师可以设计一些与免疫学研究相关的项目，让学生在项目中进行深入研究和实际操作。例如，学生可以在项目中进行免疫学相关的文献综述、实验设计、数据分析等，提升其综合能力和实践经验。

4. 科学精神与实践技能的结合

免疫学教学中，科学精神的培养与实践技能的提升是相辅相成的。科学精神包括批判性思维、创新意识和严谨的科研态度，而实践技能则包括实验操作能力、数据分析能力和问题解决能力。在教学中，教师应通过实践活动和科研训练，培养学生的科学精神和实践技能。

（1）批判性思维与实验设计

通过引导学生进行实验设计和数据分析，培养其批判性思维。例如，教师可以要求学生在设计实验时提出假设、选择实验方法、制订实验步骤，并在实验过程中不断反思和调整。这种训练能够帮助学生提高问题分析能力和科研思维。

（2）创新意识与应用研究

鼓励学生在实际问题的解决过程中提出创新性的解决方案。例如，在进行免疫学相关项目时，学生可以尝试新的实验方法、探索新的应用领域，从而培养其创新意识。

（3）严谨态度与实验规范

通过规范化的实验操作和数据处理，培养学生的科研态度。例如，教师可以强调实验操作的准确性和数据分析的规范性，使学生在实践中养成严谨的科研习惯。

二、免疫学教学的需求分析

1. 知识与能力并重

在免疫学教学中，不仅包含大量的基础理论和前沿研究，还涉及具体的实验技术和应用技能。因此，免疫学课程需要在知识传授和能力培养之间实现平衡，以满足学生全面发展的需求。

（1）理论知识的深度与广度

免疫学的核心内容包括免疫系统的基础结构和功能，如免疫器官、免疫细胞、免疫分子及其相互作用等。这些理论知识为学生提供了理解免疫反应机制的基础。然而，随着科学技术的发展，免疫学领域不断涌现新的研究成果和技术，因此，课程内容应涵盖最新的研究进展，如免疫组学、免疫治疗的新策略等。这要求课程设计不仅要系统全面，还需与时俱进，确保学生能够接触到最前沿的科学信息。

（2）实践技能的培养

免疫学不仅仅是理论的积累，更需要通过实验和应用实践来巩固和验证理论知识。实验技能的培养是免疫学教学的重要组成部分，包括基础的免疫技术，如ELISA、流式细胞术、免疫组化等。这些技能的掌握不仅能够帮助学生在实验中验证理论，还能够提升其对免疫学知识的实际应用能力。此外，通过实验课程和项目研究，学生能够参与实际问题的解决，增强其科研能力和创新思维。

（3）综合素质的提升

学生在掌握基本知识和实验技能的同时，还需要具备解决实际问题的能力。例如，在面对复杂的免疫疾病时，学生需要能够综合运用多种知识和技能，设计实验方案，分析数据并提出创新的解决方案。因此，课程设计应注重培养学生的综合素质，包括问题解决能力、创新思维和团队合作能力，以便学生能够适应未来的职业挑战和科研需求。

2. 多样化的教学方法

传统的免疫学教学方法以讲授为主，这种方法虽然可以在短时间内覆盖大量的知识点，但往往无法充分调动学生的主动性和参与感。为此，免疫学教学需要引入多样化的教学方法，以提高教学的效果和学生的学习体验。

（1）问题导向学习（PBL）

PBL是一种以问题为导向的教学方法，通过设计与实际问题相关的案例，激发学生的学习兴趣和主动性。在免疫学教学中，PBL可以通过模拟真实的科学问题或临床情境，帮助学生在解决问题的过程中应用理论知识。这样的教学方法不仅增强了学生的实践能力，还能够提高其团队合作和沟通能力，从而提升综合素质。

（2）实验教学与实习机会

实验教学是免疫学课程的重要组成部分，能够帮助学生将理论知识应用于实际操作。通过设计和实施相关实验，如免疫检测、细胞培养等，学生能够在实验过程中验证和深化对理论知识的理解。此外，实习机会的提供也是课程设计的重要方面，学生可以在实验室或相关机构中进行实际操作和科研实践，增强其实践能力和职业素养。

（3）翻转课堂与混合学习

翻转课堂是一种颠覆传统教学模式的创新方法。通过将课堂讲授的内容转移到课前，学生可以自主学习理论知识，而课堂时间则用于讨论、分析和问题解决。这种方法可以提高课堂的互动性，使学生在课堂上更多地参与到知识的应用和问题的解决中。同时，混合学习结合了面授和在线学习的优势，使学生能够在不同的学习环境中获取知识和技能，提高学习的灵活性和效率。

（4）现代技术的应用

现代技术的应用能够丰富免疫学教学的形式和内容。例如，虚拟实验室和模拟软件可以提供更直观的学习体验，帮助学生在虚拟环境中进行实验操作和数据分析。这些技术手段不仅能够增强教学的互动性，还能帮助学生更好地理解复杂的免疫学概念和机制。同时，多媒体教材和在线资源的使用，可以提供丰富的学习材料和资源，支持学生自主学习和深入探讨。

（5）跨学科整合

免疫学与其他学科的结合能够拓宽课程内容和提升学生的综合应用能力。例如，将免疫学与分子生物学技术相结合，研究免疫相关基因的功能；或者结合药理学原理探讨免疫药物的作用机制。这种跨学科的整合不仅能够丰富课程内容，还能提升学生的综合素质，使他们能够在更广泛的背景下理解和应用免疫学知识。

第二节　PBL教学法的课程设计原则

一、以问题为导向

以问题为导向的设计原则在PBL教学法中具有核心作用。通过设计真实、具有挑战性和开放性的问题，教学可以有效地激发学生的学习兴趣和参与度，提高他们的综合能力和创新思维。这样的设计不仅能够增强学生对知识的理解和应用能力，还能够培养他们解决实际问题的能力，为免疫学教学提供了一个切实有效的教学框架。

1. 真实性

在PBL教学法中，问题的真实性是至关重要的。真实问题指的是那些与实际生活或专业领域中的情境密切相关的问题。这类问题通常源自现实世界的挑战，如免疫系统疾病的诊断、疫苗的开发和免疫治疗的创新等。设计这类问题的主要目的是使学生能够感受到所学知识在实际中的应用价值，从而提高他们的学习动机和兴趣。

真实的问题设计还应考虑到问题的背景信息和数据支持，使学生能够从多角度分析问题。例如，教师可以提供一份真实的免疫病例报告，要求学生分析病例中的数据，并结合免疫学理论提出诊断和治疗方案。这种方法可以帮助学生将理论知识应用于实践，培养他们的分析和解决问题的能力。

2. 挑战性

问题的挑战性是PBL设计中不可或缺的一个方面。挑战性问题应具备一定的复杂度和难度，以推动学生深入思考，发展解决问题的技巧。在免疫学教学中，设计具有挑战性的问题能够促使学生超越基础知识的掌握，进入更高层次的理解和应用。

一个有效的挑战性问题通常要求学生整合多学科的知识，应用复杂的理论和技能。例如，可以设计一个涉及免疫系统多个方面的综合性问题，如要求学生分析一种新的免疫治疗方法的可能效果，并比较它与现有治疗方法的优劣。这类问题不仅涉及免疫学的基础理论，还要求学生了解最新的科研成果，评估其实际应用的可能性。

挑战性问题的设计也应当促使学生进行批判性思维和创造性解决问题。学生在面对具有挑战性的问题时，需要进行深入研究和思考，提出并测试多种解决方案。这个过程有助于培养学生的分析能力和创新思维，使他们能够在面对复杂问题时保持开放的思维和灵活的应对策略。

3. 开放性

开放性是PBL教学法中问题设计的重要原则之一。开放性问题允许多种解决方案，并鼓励学生提出不同的观点和思路。这样的问题设计有助于激发学生的创造力和独立思考能力，使他们能够在解决问题的过程中发挥主动性和创新性。

在免疫学教学中，开放性问题可以设计为要求学生对某一新兴免疫学技术进行评估和改进。例如，教师可以要求学生提出一种新的免疫检测技术，并分析其可能的优缺点。学生在这种问题下，可以提出多种技术方案，比较它们的有效性和应用前景。这种问题的开放性使学生能够自由探索，发挥他们的创造力，同时也促进了知识的深入理解和应用。

开放性问题还能够鼓励学生在团队合作中表达自己的观点，聆听他人的意见并进行有效的讨论。这种交流与合作的过程不仅提高了学生的沟通能力和团队合作能力，也促进了他们对问题的全面理解和多角度思考。通过这种方式，学生能够在讨论和反思中不断优化自己的观点，增强解决问题的综合能力。

二、明确的学习目标

1. 多层次的学习目标设定

学习目标的设定应具备层次性，不仅要明确学生需要掌握的知识，还要涵盖能力和素养等方面。知识目标应针对免疫学的核心内容，包括免疫系统的组成与功能、免疫应答机制等，以确保学生在学习过程中对基本概念和原理有扎实的理解。能力目标则注重培养学生的实验操作能力、数据分析能力和批判性思维，使他们能够将理论知识应用于实践。此外，素养目标的设定应强调培养学生的自主学习能力和团队合作精神等，引导他们在学习过程中主动参与、积极探索。

2. 与实际问题相结合

学习目标应与PBL教学中的实际问题紧密结合，确保学生在解决这些问题时能够有针对性地掌握相关知识和技能。例如，在探究免疫系统应答过程的案例中，目标可以包括让学生理解抗原—抗体反应的机制，掌握常用的免疫学实验方法，并学会分析和解释实验数据。这种将目标与实际问题相结合的方法，有助于学生在实际操作中更有效地应用和深化所学内容。

3. 可衡量的成果预期

为了确保学习目标的实现，设定可衡量的成果预期是必要的。这不仅包括知识掌握程度，还应涵盖技能水平和态度转变。通过具体的评估标准，如实验报告、案例分析和团队合作表现等，可以客观地衡量学生的学习效果。这样的成果预期有助于教师及时了解学生的学习进展，并根据需要调整教学策略，提高教学的针对性和有效性。

三、灵活的课程结构

1. 阶段性设计

（1）多阶段问题解决过程

在PBL教学中，将问题解决过程划分为多个阶段是确保教学活动顺利进行的关键。例如，将学习过程划分为问题分析、信息收集、方案制订、实验实施和结果分析等阶段。每个阶段都应设定明确的学习目标和任务，使学生能够逐步深入地理解和解决所研究的问题。

问题分析。在这一阶段，学生首先接触并理解所提出的问题或案例。他们需要对问题进行全面的分析，明确问题的核心和关键点。通过问题分析，学生可以找到研究的切入点，为后续阶段的学习做好准备。

信息收集。学生在此阶段进行广泛的资料查找和信息收集，包括查阅相关文献、寻找实验数据、分析案例研究等。这一阶段强调学生的信息获取能力和资源利用能力，培养他们从大量信息中提取有用数据的能力。

方案制订。基于所收集的信息，学生需要制订一个解决问题的方案。这一阶段考验他们的分析和综合能力，要求他们将理论知识与实际问题相结合，提出切实可行的解决方案。

实验实施。在该阶段，学生将制订的方案付诸实践，进行实验操作或模拟研究。通过实际操作，学生可以验证他们的假设，深化对免疫学原理的理解。实验实施不仅锻炼了学生的实验技能，还提高了他们的动手能力和创新思维。

结果分析。在最后阶段，学生对实验结果或研究发现进行分析和总结。他们需要对所获得的数据进行解释，评价方案的有效性，并提出进一步改进的建议。通过结果分析，学生能够反思整个学习过程，总结经验和教训，为今后的学习奠定基础。

（2）分阶段支持与反馈

在每个阶段中，教师应提供适当的指导和反馈，以确保学生在正确的方向上前进。例如，在问题分析阶段，教师可以引导学生提出有针对性的问题，并为他们提供分析问题的方法和工具。在信息收集阶段，教师可以提供资源和引导，帮助学生找到有效的信息来源。

（3）鼓励阶段间的反思

在每个阶段结束时，鼓励学生进行反思和总结，回顾自己在问题解决过程中的表现，找到成功之处和需要改进的方面。这种阶段间的反思有助于学生逐步提高他们的自主学习能力和批判性思维。

2. 时间安排

（1）灵活的时间分配

根据问题的复杂程度和学生的学习能力，灵活安排每个阶段的时间。对于较简单的问题，可以设置较短的时间，使学生能够迅速掌握基本概念和技能。而对于复杂的、需要深入探究的问题，则应预留更长的时间，让学生有充足的机会进行讨论、实验和分析。

（2）注重过程中的时间管理

教师在课程设计中应强调时间管理的重要性，指导学生在每个阶段合理安排自己的学习时间。例如，在信息收集阶段，鼓励学生高效地查找和整理资料；在实验实施阶段，指导学生合理安排实验步骤，确保实验在规定时间内顺利完成。

（3）提供缓冲时间

课程设计中应预留一些缓冲时间，用于处理可能出现的意外情况，如实验中的突发问题、设备故障等。缓冲时间的设置可以帮助学生在遇到困难时不至于过于紧张，有更多机会从错误中学习和改进。

3. 资源支持

（1）多样化的学习资源

为学生提供丰富多样的学习资源，如教材、实验设备、在线数据库、学术期刊、视频教程等。多样化的资源可以满足学生不同的学习需求，促进他们在不同学习阶段的知识获取和技能提升。例如，在实验阶段，提供先进的实验设备和详细的操作指南，有助于学生更好地进行实验操作。

（2）及时更新资源

免疫学领域发展迅速，新的研究成果和技术不断涌现。因此，课程设计应及时更新学习资源，使学生能够接触到最新的知识和技术。教师可以通过学术期刊、在线数据库和科研报告等途径，为学生提供最新的研究动态和前沿技术。

（3）自主学习资源库

为学生建立一个自主学习资源库，包含免疫学相关的各种资料，如学术论文、研究报告、实验数据、教学视频等。学生可以根据自己的学习需求，自主选择和使用这些资源，从而提高他们的自主学习能力和解决问题的效率。

（4）实验与实践资源

提供丰富的实验与实践资源，包括实验室设备、实验材料、实验指导手册等。确保学生在实验阶段能够获得充分的实践机会，通过亲自动手操作，深化对免疫学理论知识的理解。

（5）网络与科技资源

利用现代科技手段，如在线学习平台、虚拟实验室和模拟软件等，为学生提供额外的学习和实践机会。例如，通过虚拟实验室，学生可以进行模拟实验，进一步提高他们的实验技能和理解能力。

四、教师的角色

教师在PBL教学中的角色多元且关键，既是引导者、资源提供者，也是学习过程的评估者和环境的营造者。通过在教学中灵活运用这些角色，教师可以有效支持学生的自主学习与协作探究，培养他们的创新思维和解决问题的能力。

1. 引导者而非知识传授者

在PBL教学法中，教师的角色更倾向于引导者，而不是传统的知识传授者。教师通过设计和提出具有挑战性的问题，引导学生进入学习情境。在此过程中，教师的主要职责是为学生提供学习方向的指导，帮助他们明确问题的核心，避免在学习过程中迷失方向。然而，教师并不直接提供答案，而是通过设问、提示和提供资源，引导学生自主探索知识，并激发他们的思考与讨论。这样的角色转换，促使学生从被动的知识接受者转变为主动的知识构建者，培养他们独立思考和解决问题的能力。

2. 资源提供者与学习支持者

教师需要为学生提供丰富的学习资源，这些资源包括教材、实验设备、在线数据库以及与问题相关的文献等。教师应具备整合与优化这些资源的能力，根据学生在不同学习阶段的需求，为他们提供针对性的资源支持。同时，教师还应为学生的学习提供情感和策略上的支持，鼓励他们积极参与学习过程，帮助他们克服学习中遇到的困难。这种支持不仅体现在知识层面，也体现在对学生的学习态度和情感的关怀上，激发学生的学习兴趣。

3. 促进者与协作学习的组织者

PBL教学法强调学生之间的协作学习，教师在其中扮演促进者的角色。教师需要组织和引导学生的小组合作，确保每个学生都能积极参与到小组讨论与任务分配中。教师应关注小组内部的互动动态，及时发现并解决可能出现的沟通障碍或合作问题，促进小组成员之间的有效协作。通过引导学生进行角色分配、任务协调和团队决策，教师可以帮助学生培养团队合作能力、沟通技巧以及在集体中进行批判性思考的能力。

4. 学习过程的评估者与反馈提供者

在PBL教学过程中，教师不仅是引导者，也是学生学习过程的评估者。教师应根据预先设定的评估标准，对学生在学习过程中的表现进行持续评估。评估不仅关注学生最终的学习成果，还包括他们在解决问题过程中的思考方式、合作态度和技能应用等方面。教师通过提供及时的反馈，帮助学生认识到自己的优点与不足，指导他们在后续的学习中进行改进。这种评估方式使学生能够及时了解自己的学习进展，并通过反思不断提高自身的能力。

5. 学习环境的营造者

教师还承担着营造积极学习环境的责任。在PBL教学中，积极、开放的学习环境有助于激发学生的创新思维与探索精神。教师应鼓励学生大胆提出问题，积极发表观点，并尊重和包容不同的见解，为学生营造一个安全、自由的学习氛围。这样的环境不仅有利于学生的知识建构，也有助于培养他们的批判性思维和创新能力。教师应通过语言、行为和课堂管理等多方面来维护这种学习氛围，使学生在学习过程中感受到被支持与鼓励。

6. 学习者与实践者

在PBL教学法中，教师自身也应保持学习者的姿态。由于免疫学领域知识更新迅速，教师应不断学习新的理论与技术，以保持教学内容的前沿性。同时，教师还应在教学实践中不断反思和总结，改进自己的教学策略与方法。与学生共同参与学习和探索，教师可以在教学中不断成长，成为教学改革的积极实践者。

五、学生自主学习的促进

通过设计与问题相关的自主学习任务，学生在完成这些任务的过程中，能够巩固和拓展自己的知识。教师的引导和支持，包括学习策略的指导、资源提供和学习环境的营造，对于促进学生自主学习能力的发展至关重要。最终，PBL教学法通过自主学习的培养，使学生具备更强的独立思考、问题解决和持续学习的能力，为他们未来的发展奠定坚实的基础。

1. 自主学习任务

自主学习任务在PBL教学法中扮演着至关重要的角色，它不仅帮助学生巩固和扩展知识，还能够培养他们的实践技能和自主学习能力。

（1）文献查阅

学生在PBL教学中需要自主查阅相关文献，以获取解决问题所需的理论知识和最新研究进展。教师可以指定一些与问题相关的核心文献，或引导学生学会利用数据库检索科学资料。通过文献查阅，学生能够深入了解免疫学领域的前沿动态，培养他们获取和评价科学信息的能力。

（2）实验设计

在免疫学教学中，实验设计是培养学生实践能力的重要环节。教师可以引导学生根据问题情境自主设计实验方案，如验证某一免疫反应过程或检测某种免疫因子的作用。在这个过程中，学生需要结合理论知识制订实验步骤、选择适当的实验材料与方法，并预估可能的实验结果。通过自主实验设计，学生不仅能够加深对免疫学知识的理解，还能提高他们的创新能力和实验操作技能。

（3）数据分析

在解决问题的过程中，数据分析是学生需要掌握的重要技能之一。学生需要根据实验结果进行数据处理与分析，得出科学结论。教师可以为学生提供基本的统计分析工具和方法指导，帮助他们在自主分析中提升数据处理能力。通过对实验数据的分析与讨论，学生能够学会如何从数据中提取有价值的信息，并用以支持他们的研究结论。

2. 自主学习策略

（1）制订学习计划

教师应鼓励学生为每个阶段的学习任务制订详细的学习计划，包括时间安排、目标设定和资源利用等。通过制订学习计划，学生可以更好地管理自己的学习进度，明确每个任务的优先级，从而提高学习效率。学习计划还可以帮助学生在自主学习过程中保持动力和专注，减少因为目标模糊而导致的拖延和散漫。

（2）自我监控与调节

在自主学习过程中，学生需要不断进行自我监控和调节，包括对自己学习进展的评估、学习策略的调整以及对学习成效的反思。教师可以指导学生利用学习日志、反思记录等工具，定期记录和反思自己的学习过程，识别学习中的问题并及时调整策略。这种自我监控与调节能力的培养，有助于学生在未来的学习和工作中保持自主学习的积极性和自我驱动力。

（3）寻求反馈与合作

在自主学习过程中，学生应主动寻求教师和同学的反馈，以获得对自己学习成效的客观评价。教师可以通过定期的学习汇报、小组讨论等形式，为学生提供反馈机会。同时，学生也可以通过与同伴的合作学习，互相交流和分享学习心得，弥补个人知识和技能的不足。通过反馈与合作，学生能够更好地完善自己的知识体系，提高问题解决的能力。

3. 自主学习环境

（1）提供丰富的学习资源

教师应为学生提供多样化的学习资源，包括教材、学术论文、实验室设备、在线课程以及学习工具等。这些资源应具备实用性和针对性，以满足学生在不同学习阶段的需求。教师还应指导学生学会利用这些资源，如如何检索文献、如何使用实验仪器等，使学生能够在自主学习中充分利用和整合资源。

（2）营造自主学习氛围

教师应营造积极自主的学习氛围，鼓励学生积极探索、提出问题并大胆实践。通过创设一种宽松、开放的学习环境，使学生感受到学习的自主性与责任感。教师可以通过课堂讨论、学习小组等形式，增强学生之间的互动与合作，激发他们的学习兴趣和内在驱动力。

（3）技术支持与平台

为学生提供适当的技术支持与平台，如在线学习系统、虚拟实验室、数据分析软件等，有助于他们更好地开展自主学习。教师可以为学生提供这些工具的使用指导，帮助他们在自主学习中进行知识的获取、整合与应用。技术支持与平台的运用，可以使学生的自主学习更具灵活性和多样性。

六、反思与总结

鼓励学生在问题解决后进行反思和总结，分析自己的学习过程和成果。反思活动能够帮助学生识别自己的优点和不足，从而不断优化学习策略和提高解决问题的能力。

1. 反思的意义

反思是学生学习过程中的一个核心部分，它能帮助学生深入理解和评估自己在解决问题过程中的表现。通过反思，学生能够识别自己在问题解决中的优点和不足，从而不断优化学习策略。反思不仅涉及对学习过程的回顾，还包括对自身思维模式、行动步骤和解决方案的评估。通过系统的反思，学生可以获得宝贵的反馈，进而提升他们的问题解决能力和自我调节能力。

（1）自我评估

反思活动促使学生对自己的学习过程进行自我评估，帮助他们识别哪些策略和方法有效，哪些需要改进。通过对自己的思维过程和决策依据进行评估，学生可以更清楚地了解自己的优缺点，从而调整学习策略，增强解决问题的能力。

（2）知识内化

通过反思，学生能够将所学知识和技能内化为个人的认知资源。反思不仅帮助学生总结经验，还促使他们对知识进行深层次的理解和应用。通过将理论知识与实际问题结合起来，学生能够更好地掌握和运用知识。

2. 反思的实施

有效的反思活动需要有明确的实施步骤和指导。以下是反思过程中的关键环节：

（1）反思记录

在每个问题解决阶段或任务完成后，学生应记录自己的思考过程和学习成果。可以通过撰写反思日志、完成自我评估问卷或参与反思讨论等方式进行记录。记录的内容应包括问题解决过程中的关键决策、遇到的挑战、采取的措施以及最终的成果。

（2）反馈交流

鼓励学生与同伴和教师分享自己的反思记录。通过小组讨论、课堂分享或一对一交流，学生可以获得来自同伴和教师的反馈。这种反馈不仅有助于学生对自己反思的准确性进行验证，还能够从他人的经验中获得新的见解和改进建议。

（3）反思总结

在问题解决后，学生应进行全面的反思总结。总结应涵盖学习过程中的主要经验、成就以及需要改进的方面。通过总结，学生能够清晰地识别自己的成长和不足，从而制订进一步的学习计划和目标。

3. 反思的作用

（1）提升学习效果

反思能够帮助学生巩固和扩展所学知识，提高他们的学习效果。通过对学习过程的深入分析，学生能够识别和纠正错误，从而在未来的学习中避免类似问题的发生。

（2）增强解决问题能力

反思活动促使学生对解决问题的过程进行系统的回顾和分析，从而提升他们解决问题的能力。学生能够通过反思总结有效的策略和方法，增强解决类似问题的能力和信心。

（3）培养自主学习能力

反思是培养学生自主学习能力的关键环节。通过反思，学生能够更加自觉地管理和调节自己的学习过程，提高自我监督和自我改进的能力。这对于学生在未来的学习和职业生涯中具有重要意义。

反思与总结是PBL教学法的重要组成部分，通过系统的反思，学生能够深入理解和评估自己的学习过程，从而不断优化学习策略和提高问题解决能力。反思活动不仅帮助学生识别优点和不足，还促进了知识的内化和实际应用。通过有效的反思实施和反馈交流，能够提升学生的学习效果、增强解决问题的能力，并培养自主学习的能力。通过这些反思和总结活动，学生能够在学习过程中不断成长和进步，为未来的学术研究和职业发展奠定坚实的基础。

第三节　教学案例的选择与开发

一、教学案例的选择标准

选择合适的教学案例是实施PBL教学法的关键步骤，有效的教学案例能够提高学生的学习兴趣、增强理解力和创新能力。

1. 相关性

选择与课程学习目标紧密相关的教学案例，是确保PBL教学法成功的基础。通过精心挑选符合免疫学核心概念的案例,教师能够有效地引导学生将理论知识应用到实际问题中,深化他们对免疫学复杂机制的理解。以下是选择案例时需要考虑的几个重要方面:

(1)与核心概念的匹配性

案例内容必须与免疫学的关键理论紧密契合,特别是涉及免疫系统的核心功能,如免疫应答机制、病原体识别、抗体生成等。例如,选择一个关于免疫检查点抑制剂(如PD-1/PD-L1阻断剂)在癌症治疗中的案例,可以让学生深入分析T细胞在抗肿瘤免疫中的作用。通过这一案例,学生可以学会如何理解和应用免疫逃逸的概念,以及肿瘤免疫治疗的实际临床应用。此外,涉及CAR-T细胞疗法的案例也能够展示如何通过免疫细胞的工程化改造来靶向杀死癌细胞,帮助学生更好地理解免疫学与生物技术的结合。

(2)结合最新研究进展

选择的案例应当反映免疫学领域的最新研究进展和应用实例。例如,可以选取一个关于疫苗开发的案例,讲解疫苗如何通过激发免疫记忆来保护机体,尤其是近几年备受关注的mRNA疫苗开发案例。这一类案例不仅能够帮助学生理解免疫反应的基本原理,还可以展示疫苗技术的革新如何应对全球健康危机。此外,这类案例还能引导学生思考疫苗接种对群体免疫的影响,激发学生对公共卫生政策的思考。

(3)涵盖多领域和多学科交叉内容

免疫学作为一门交叉学科,其教学案例应涵盖免疫学的不同分支领域和相关学科的内容。例如,关于自身免疫性疾病(如类风湿性关节炎、系统性红斑狼疮等)的案例,可以让学生理解免疫系统如何失去对自我的识别和耐受,从而引发疾病。这类案例能够引导学生深入探讨免疫耐受机制,同时也为设计调节性免疫治疗策略提供讨论空间。此外,免疫遗传学的案例也非常重要,如涉及人类白细胞抗原(HLA)多态性如何影响个体免疫应答的差异,这类案例有助于学生理解基因多样性对免疫反应的调节作用。

跨学科的内容,如分子生物学、遗传学与免疫学的结合案例,也有助于学生将多学科知识整合到一起。例如,通过介绍CRISPR-Cas9基因编辑技术在免疫学研究中的应用,学生不仅可以加深对免疫学的理解,还能够学习前沿生物技术如何应用于疾病的免疫治疗。

(4)适应不同学生需求

教学案例的选择应考虑到学生的多样化需求与兴趣。例如,对于有志于临床医学的学生,可以重点选择与免疫诊断、疫苗接种或免疫治疗相关的案例。这类案例可以帮助学生理解如何将免疫学知识应用于疾病诊断与治疗中,例如,免疫检测技术如何帮助诊断自身免疫病或癌症。

而对于那些更倾向于科研方向的学生,选择涉及基础免疫学研究或新兴技术应用的案例则会更具吸引力。比如,一个探讨如何通过基因编辑技术开发新的免疫检测技术的案例,可以让学生深入思考实验技术在疾病研究中的应用,帮助他们在未来的研究中更好地应用这些知识。

（5）增强实践性和现实感

具有现实基础的案例可以大大增强学生的学习兴趣和实践能力。例如，选择真实的临床病例或医疗研究项目作为教学案例，可以让学生了解免疫学在实际应用中的挑战与机遇。通过对现实问题的讨论，学生不仅能够学会理论知识，还可以将这些知识应用于解决现实中的医学问题。

2. 真实性

教学案例的真实性是确保PBL教学法有效性的重要因素之一。优选源自真实情境的案例，如实际的临床疾病案例、疫苗开发过程或免疫治疗的成功应用，能够让学生在学习过程中更深入地理解免疫学理论如何应用于现实世界中。通过解决真实问题，可以培养学生解决复杂问题的能力，并增强他们的实践技能和创新思维。以下是如何将真实性原则应用于案例选择的几个关键点。

（1）临床疾病案例

选择与真实临床情境相关的免疫学案例，可以帮助学生将免疫学知识与实际医疗实践联系起来。例如，选择一个关于系统性红斑狼疮或类风湿性关节炎等自身免疫疾病的真实病例，可以让学生分析免疫系统如何失去对自我抗原的耐受性，进而导致疾病发生。这类真实病例的学习不仅能够帮助学生掌握免疫耐受的机制，还可以让他们学习如何运用免疫检测技术进行疾病的诊断和监测。

此外，选择肿瘤免疫治疗的案例，也能够展示免疫学理论在治疗癌症中的应用。比如，利用真实的临床数据分析某种癌症患者在接受免疫检查点抑制剂（如PD-1/PD-L1阻断剂）治疗后的免疫反应，可以让学生了解免疫逃逸机制及免疫疗法的实际效果。通过这些真实案例的讨论，学生不仅能够加深对免疫学基础理论的理解，还能进一步学习如何设计并优化临床治疗方案。

（2）疫苗开发过程

将真实的疫苗开发过程作为教学案例是另一种提升教学真实性的有效方式。例如，可以选择关于HPV疫苗的开发过程，HPV疫苗是全球范围内预防宫颈癌的有效工具。通过分析该疫苗的开发和推广，学生可以了解如何设计疫苗以针对特定病毒，如何评估其安全性和有效性，如何解决公共卫生挑战，以及疫苗接种的伦理问题。

（3）免疫治疗的实际应用

选择真实的免疫治疗应用案例能够帮助学生将免疫学知识与现代医学进展紧密结合。例如，选择一个CAR-T细胞治疗案例，可以让学生了解如何通过基因工程技术设计出能靶向癌细胞的免疫细胞，并探讨其在治疗急性淋巴细胞白血病和非霍奇金淋巴瘤中的应用。通过这些真实数据的分析，学生可以学习到个性化免疫治疗的原理，并深入理解这种疗法的优势、局限性及其未来的改进方向。

此外，可以选择涉及移植免疫的案例，例如探讨如何通过免疫抑制治疗避免器官移植后的排斥反应。这类案例不仅能够解释免疫排斥的机制，还能帮助学生理解如何在临床中平衡免疫抑制和免疫监测，以最大限度地提高移植成功率。

（4）科研与临床的结合

在某些情况下，教学案例还可以结合前沿科研进展和临床应用。例如，用一个真实的关于如何利用CRISPR基因编辑技术修复与免疫缺陷相关的基因突变的案例，来展示如何将最新的生物技术应用于免疫治疗。这类真实案例的选择不仅能够加深学生对免疫调控的理解，还能激励他们探索新兴技术在免疫学中的潜在应用，激发科研兴趣。

（5）提升解决现实问题的能力

真实的案例能够帮助学生体验并解决现实中的复杂问题，而非仅仅停留在理论层面。通过让学生参与到真实问题的分析与讨论中，他们能够培养出与现实情况对接的分析能力和决策能力。例如，在设计一个与疫苗推广策略相关的案例时，学生不仅需要了解疫苗的免疫学原理，还需考虑到疫苗分发、公共卫生政策、社会接受度以及文化背景对疫苗推广的影响。这样的综合性问题能够帮助学生学会从多角度思考，提升其处理现实问题的能力。

3. 复杂性

案例应具有适当的复杂性，包含多个相关问题和多种可能的解决策略。复杂的案例不仅包含多个层面的知识，还应引入多重变量，涉及多个相关问题，并允许学生探索不同的解决路径。这种复杂性促使学生进行批判性思考、综合性分析，从而提高他们的理解力和创新思维能力。以下是关于如何设计和选择具有复杂性的教学案例的几个关键方面。

（1）多层次的问题设定

一个复杂的案例通常会包含多个层次的问题，涉及免疫学的不同方面。这使学生不仅需要理解单一机制，还必须把各个知识点整合起来。例如，选取一个自身免疫疾病的案例，不仅要让学生理解免疫系统如何丧失对自我的识别，还要让他们探索多种治疗方法的适用性，比如免疫抑制剂的使用、基因治疗的潜力等。通过多层次的问题设计，学生可以从多个角度深入探讨问题，并理解不同免疫学机制之间的相互作用。

例如，关于系统性红斑狼疮（SLE）的案例可以从多个方面引发学生的思考：首先是病因层面，涉及免疫耐受失调及其与基因突变的关系；其次是临床症状的解释，涉及免疫复合物的形成和沉积；最后是治疗选择，包括免疫抑制剂、生物制剂和个性化治疗策略的利弊分析。通过多层次问题的设定，学生可以从宏观和微观两个角度理解免疫疾病的复杂性。

（2）多变量与交叉学科内容

复杂的教学案例往往涉及多个变量，这些变量可能包括不同的免疫反应、药物反应、患者个体差异等。通过引入多变量的案例设计，学生必须综合考虑各种因素之间的相互作用。例如，在一个肿瘤免疫治疗的案例中，学生不仅要分析肿瘤微环境中免疫逃逸的机制，还要考虑患者的基因背景、肿瘤的分子特征，以及不同免疫治疗方案（如免疫检查点抑制剂、CAR-T疗法）的有效性和副作用。

这种多变量的复杂性不仅增强了案例的挑战性，还帮助学生学习如何在面对不确定性和多样化问题时做出科学决策。在真实的临床实践中，患者的病情往往复杂多变，个体差异和外界环境的变化可能影响治疗结果。通过案例模拟这些复杂情境，学生能够提前锻炼其应对多重变量的能力，提高应对复杂临床问题的思维灵活性。

（3）开放性问题与多种解决策略

复杂性的案例通常是开放性的，允许学生探索多种可能的解决方案。这种开放性可以引导学生在解决问题时不仅考虑一种方法，还需比较、评估多种不同的方案。例如，关于疫苗开发的案例中，学生可以探讨不同类型疫苗（如灭活疫苗、mRNA疫苗、载体疫苗等）的优缺点，并根据实际需求（如生产速度、成本、存储要求、免疫原性）提出最适合某种病原体或人群的疫苗策略。

在关于移植免疫的案例中，开放性问题可能包括如何最大化减少排斥反应，学生可以分析现有的免疫抑制药物，探讨它们的作用机制和长期副作用，同时可以考虑基于基因编辑技术或个性化医疗的新方法来减少排斥。这种开放性案例为学生提供了探索创新方法的空间，培养了他们的发散思维和独立思考能力。

（4）跨学科整合

复杂案例通常需要学生将免疫学与其他学科知识进行整合，以解决更为复杂的问题。现代免疫学本身就与分子生物学、遗传学、药理学等学科密切相关，因此设计复杂的案例时可以结合这些交叉学科的内容。比如，设计一个探讨如何通过基因编辑技术（如CRISPR-Cas9）修复先天性免疫缺陷的案例，不仅需要学生理解基因编辑的分子机制，还需要他们了解免疫系统的功能和基因对免疫反应的调控作用。

复杂的跨学科案例可能是关于肠道微生物群与免疫系统的相互作用，这种案例要求学生结合免疫学、微生物学和代谢学的知识，分析如何通过调节微生物群来改善免疫疾病的症状或预防疾病的发生。通过这些跨学科的案例，学生能够更好地理解现代医学中的综合性问题，并学习如何将不同领域的知识应用于创新性治疗方案中。

（5）批判性思维的培养

复杂案例为学生提供了大量分析和批判性思考的机会，学生需要学会评估证据、质疑假设并提出合理的解决方案。例如，在分析一个关于癌症免疫治疗失败原因的案例时，学生不仅要理解癌症免疫逃逸的机制，还要学会批判性地分析现有的治疗方案，找到其不足之处，提出改进策略。这样的训练能够增强学生的科学素养，并提高他们的批判性思维能力，使他们在未来能够成为独立的科研人员或临床医生。

通过复杂的案例设计，学生不仅能够理解单一概念，还能够发展出系统的思维方式，学会如何处理实际临床或科研中遇到的复杂问题。这种深度分析和综合能力的培养，使他们能够应对复杂的现实问题。

总之，具有适当复杂性的案例为学生提供了批判性思考、跨学科整合和解决复杂问题的机会。通过设计多层次、多变量且允许多种解决方案的案例，教师可以帮助学生深入理解免疫学的复杂性，并培养他们的综合分析和创新能力。这种方法不仅提高了学生的学术能力，还为他们应对现实世界中的复杂问题做好了充分准备。

4. 教育价值

教学案例的教育价值在于其能够有效引导学生思考、讨论与探索复杂问题，并通过解决这些问题提升学生的学术能力和批判性思维。一个具有高教育价值的案例不仅仅是知识传递的工具，还应成为促进学生深入理解、激发求知欲和创造性的催化剂。教育价值的核心在于案例能够提供多角度的分析、引发讨论，以及解决问题时的多种可能性，使学生在学习过程中形成更全面的知识结构和应用能力。

（1）引发深度思考

高教育价值的案例应能够激发学生的深度思考，促使他们在学习过程中不仅停留在表面理解，而是深入探讨问题的本质。例如，关于公共健康的案例可以引导学生思考免疫学知识如何应用于疫苗开发和推广，但不仅仅是停留在疫苗的免疫反应机制上，还可以引发更深层次的讨论：疫苗推广过程中遇到的社会和伦理问题，如何应对疫苗不信任，如何平衡个人自由与公共卫生政策的矛盾。

通过这种引发深度思考的案例设计，学生不仅会思考技术问题，还会从伦理、社会和政策角度探索科学问题的复杂性。这样的多维度思考能够帮助学生在面对真实世界问题时，有更广阔的视野和更全面的分析能力。

（2）引导多角度讨论

高教育价值的案例应具备多角度讨论的潜力，能够促使学生从不同立场和观点出发进行分析。例如，关于免疫治疗副作用的案例可以让学生探讨不同类型免疫疗法（如免疫检查点抑制剂、CAR-T细胞疗法）在治疗不同类型癌症中的有效性，同时分析这些疗法可能带来的不良反应，如细胞因子风暴、免疫相关的自身免疫反应等。在讨论中，学生可以从临床医生的角度思考如何平衡治疗效果与副作用的风险，从患者角度探讨免疫疗法的伦理问题，或从科学研究者的角度提出如何改进免疫疗法以降低副作用。

这种多角度的讨论不仅有助于学生对问题进行深入分析，还能培养他们在不同情境下运用科学知识的能力。通过小组讨论和观点分享，学生将更具团队合作精神，学会从不同立场看待问题，并提高表达能力和批判性思维。

（3）包含争议点与多种见解

具有高教育价值的案例往往包含争议点或可以产生多种不同见解的问题。通过这种设计，学生可以在解决问题的过程中探索多个不同的答案，并在讨论和辩论中加深对问题的理解。例如，一个关于肿瘤免疫治疗的伦理争议的案例可以引导学生思考：在使用新兴的CAR-T疗法或免疫检查点抑制剂时，应该如何平衡患者风险和治疗创新？是否应对某些高风险群体进行更严格的临床筛查？在争议点的引导下，学生可以从科学、伦理和法律的角度展开讨论，分析这些技术的应用边界和潜在风险。

这种充满争议的案例不仅可以激发学生的探究欲，还能够引导他们在解决问题时不局限于单一视角，学会从多个角度评估问题。这种学习方式能够帮助学生培养批判性思维，学会分析复杂问题时的优缺点，权衡不同方案的利弊，进而做出更加全面的判断。

（4）激发探索与创新

高教育价值的案例应当激发学生的探索欲和创新思维，通过设计开放性问题，鼓励学生在解决方案中提出创新性的方法。例如，关于应对抗生素耐药性与免疫系统调节的结合策略的案例，可以让学生从免疫学、微生物学和药理学等多学科的角度分析问题，并鼓励他们设计新的免疫疗法或药物组合，以解决抗生素耐药性带来的全球健康危机。通过这样的开放性探索，学生可以培养自主学习能力和创造性思维，并有机会将创新理念应用于现实问题中。

这样的案例设计，不仅能引导学生掌握免疫学的基础理论，还能让他们有机会提出和测试新的想法，增强解决问题的创新能力。这对培养未来的科学研究者或临床医生尤为重要，因为他们在面对复杂医疗问题时，需要有能力提出新思路，打破现有的思维框架。

（5）促进综合能力的培养

高教育价值的案例可以帮助学生综合运用他们的知识和技能，以应对复杂的实际问题。通过涉及多种能力的综合训练，如实验设计、数据分析、团队合作、决策能力等，学生能够在真实的情境下应用所学知识。例如，关于慢性炎症与代谢性疾病关联的案例，可以要求学生从实验数据分析、文献研究到临床实践的角度提出治疗方案。在这个过程中，学生不仅要运用免疫学知识，还需要结合生物化学和代谢学等其他学科的内容，提出综合性的解决方案。

这种多方面能力的培养，不仅有助于学生掌握知识，还能帮助他们在未来的科研或工作中更具竞争力，能够应对实际工作中的复杂挑战。

总结来说，一个具有高教育价值的案例不仅能够引发学生的思考、讨论与探索，还能够通过多角度的分析、争议点的引入和创新性解决方案的激励，培养学生的批判性思维和综合能力。通过这样的案例设计，学生不仅能够深入理解免疫学的核心知识，还能够在解决现实问题的过程中，掌握分析、讨论、创新和决策的技能。

5. 更新易性

选择具有更新易性的教学案例，是确保PBL教学法在免疫学领域长期有效性和保持前沿性的重要因素。免疫学作为一门快速发展的学科，新的科研成果和技术进展不断涌现，这就要求教师能够及时调整和更新教学内容，使学生能够接触到最新的研究进展和前沿技术。易于更新和扩展的案例不仅可以保持课程内容的新鲜感，还能帮助学生更好地理解学科的动态变化，增强他们适应未来科技发展的能力。

（1）与科研进展紧密相关

更新易性的关键之一在于教学案例必须与当前的科研进展保持紧密联系。免疫学领域每年都有大量新研究成果发表，特别是在肿瘤免疫治疗、疫苗研发、自身免疫疾病治疗等领域。因此，教师选择的案例应具备动态调整的可能性，以便根据最新的科研发现对案例进行优化。例如，在疫苗开发方面，随着新技术的应用（如mRNA疫苗平台的成功应用），教学案例可以适时更新，将最新的疫苗研发策略和技术整合进教学内容。最初的案例可能侧重于传统的蛋白质疫苗，但随着mRNA疫苗在COVID-19中的广泛应用，案例可以扩展为探讨mRNA疫苗的开发过程、原理和挑战，从而引导学生思考新技术的潜力及其局限性。

（2）灵活调整以适应新技术

具有更新易性的案例应当具备灵活性，能够随着新技术的发展而做出调整。例如，随着基因编辑技术（如CRISPR-Cas9）在免疫学研究中的广泛应用，教师可以逐步引入关于基因编辑如何用于修复免疫缺陷、改进CAR-T疗法或调节免疫反应的案例。最初的案例可能只讨论基因编辑在动物模型中的应用，但随着技术的成熟，案例可以扩展到临床应用中，探讨基因编辑如何直接影响人类免疫疗法的发展。

这种灵活的调整可以让学生时刻处于技术前沿，了解技术如何从实验室研究走向临床应用。这不仅有助于学生掌握当下的技术，还能增强他们对未来科研工作的兴趣和参与感。

二、开发教学案例的步骤

开发教学案例是一个系统化的过程，要求教师具备创新能力、严谨的逻辑思维和扎实的专业知识储备。在开发过程中，教师需要结合教学目标、课程内容和学生的实际需求，设计出能够促进学生深度学习的案例。以下是开发教学案例的基本步骤：

1. 确定教学目标

教学案例的开发首先要明确其目的和教学目标。教师需要仔细考虑学生通过案例学习应掌握的知识、技能和态度。例如，在免疫学课程中，教学目标可能包括学生对免疫系统反应机制的理解、掌握免疫疾病的诊断和治疗策略，以及培养他们的批判性思维和问题解决能力。教学目标越具体，案例开发就越具有方向性，能够确保学生在学习过程中清楚要取得的成果。

同时，教学目标应与课程大纲保持一致，体现学生在不同学习阶段的进步。对于初学者，案例可能侧重于基本概念的理解，如免疫细胞的类型及其功能；对于高年级学生，案例可以更具挑战性，深入探讨免疫治疗的机制或免疫系统在特定疾病中的作用。

2. 案例设计

在确定教学目标后，教师需要设计案例的基本框架，这包括案例背景的设置、涉及的免疫学问题、学生需要解决的任务，以及预期的学习活动。案例背景应与学生的学习目标和实际需求相关联。例如，教师可以设计一个涉及肿瘤免疫治疗的案例，背景可以设置为一位晚期癌症患者的治疗选择，要求学生通过分析患者的病情、实验数据及文献资料，提出最优治疗方案。

此外，教师应确保案例设计有足够的挑战性和复杂性，既能够激发学生的求知欲，又能够引导他们在解决问题的过程中，应用所学的理论知识。案例中的任务设置应鼓励学生自主学习、团队合作，以及多角度的思考。

3. 收集与整合资料

有效的教学案例必须建立在真实的科学资料和背景信息基础上。教师需要收集相关领域的文献、研究报告、临床数据等资源，以确保案例内容的科学性和准确性。例如，在设计一个关于自身免疫疾病的案例时，教师可以查阅最新的科研文章、疾病诊断指南和患者案例研究，将这些资料整合到案例中。

4. 编写案例情境

在收集到必要的资料后，教师需要编写具体的案例情境。这一环节要求案例情境必须真实可信，并具有足够的复杂性，能够促使学生进行深入讨论和分析。案例情境应包括明确的问题描述、具体的情境细节（如患者背景、实验室数据、治疗方案），以及需要学生解决的核心问题。

例如，一个关于疫苗研发的案例情境，可以设计为一个疫苗公司在面对新型传染病时的研发挑战。教师可以提供关于病毒特性和免疫反应数据的详细说明，让学生通过这些情境信息，分析疫苗开发中面临的困难，并提出创新的解决方案。案例情境应当具有开放性，促使学生在多种可能的答案中权衡利弊，做出合理的决策。

5. 设计问题和任务

设计具有挑战性的问题是确保学生达到教学目标的关键。问题的设置应当是开放性的，即没有唯一的正确答案，而是允许多种可能的解决路径。通过这种设计，学生可以从多个角度进行探讨，提出不同的方案，并在比较和分析中深化对知识的理解。

例如，一个关于免疫耐受机制的案例任务，可以要求学生讨论如何在治疗自身免疫疾病时，抑制不正常的免疫反应，同时保护患者的正常免疫功能。这一任务将引导学生探讨多种免疫调节策略，分析不同治疗方案的效果和副作用。

6. 提供必要的资源

为了帮助学生有效完成任务，教师需要为案例提供解决问题所需的资源。这些资源可以包括实验方法的介绍、数据分析工具的使用指南，以及相关专家的访谈视频等。通过这些支持性资源，学生能够更好地理解案例背景，掌握完成任务所需的知识和工具。

7. 评估与反馈

开发教学案例的最后一个步骤是设计适当的评估方法，以便教师能够检测学生对案例的理解和分析。评估形式可以多种多样，包括小组讨论、案例报告、角色扮演或实验设计方案的提交。通过这些评估方式，教师可以观察学生如何在讨论和分析中运用所学知识。

同时，及时的反馈也是学生进步的重要推动力。教师需要在学生完成案例后提供具体的反馈，指出他们在分析过程中的优点和不足，并帮助他们改进解决问题的思路。

第四节 教学目标设定与学习成果预期

教学目标设定是PBL教学法的核心步骤之一，它为整个教学过程提供明确的方向和框架。教学目标不仅包括知识的传授，还应涵盖能力培养和素养塑造。在PBL教学法中，教学目标应与案例紧密相关，帮助学生在解决问题的过程中逐步达成各项学习成果。下面详细介绍教学目标的设定方法及预期的学习成果。

一、教学目标设定

在PBL教学法中，教学目标需要根据具体的课程内容和学生的学习阶段来设定，通常分为知识目标、能力目标和素养目标三个主要层面。

1. 知识目标

（1）掌握核心概念和理论知识

教学目标应首先明确学生需要掌握的核心免疫学概念和理论知识。例如，在学习免疫系统的结构和功能时，学生需要理解免疫细胞（如T细胞、B细胞、巨噬细胞等）的作用、免疫器官（如脾脏、淋巴结、胸腺等）的功能，以及先天免疫与适应性免疫的区别与联系。教学目标还应包括学生对免疫反应机制的理解，如抗原识别、抗体生成、免疫调节机制等。

例如，在一个关于自身免疫疾病的案例中，知识目标可以包括让学生了解免疫耐受机制如何失调导致身体攻击自身组织，从而引发疾病，如类风湿性关节炎或系统性红斑狼疮。通过这些知识目标的设定，学生不仅能掌握免疫学的基础知识，还能将其应用于具体的临床情境中。

（2）理解最新的研究进展

在设定教学目标时，教师还应考虑到学生需要了解最新的免疫学研究进展。现代免疫学技术的发展，如CAR-T细胞疗法、免疫检查点抑制剂的应用，已成为前沿研究的重要领域。因此，教学目标可以包括让学生了解这些技术的原理、应用场景和临床效果。

例如，在学习肿瘤免疫治疗时，知识目标可以设定为学生理解CAR-T疗法如何通过基因改造增强T细胞对肿瘤的杀伤作用，并探讨其在治疗急性淋巴细胞白血病中的应用。

2. 能力目标

（1）培养问题解决能力

PBL教学法的核心在于通过真实案例引导学生自主解决问题。因此，教学目标应明确学生需要培养的问题解决能力。例如，学生在面对免疫治疗失败案例时，应能够分析导致失败的原因，评估可能的改进方案，并提出创新性的解决策略。这种能力目标可以帮助学生将免疫学知识应用于复杂的临床问题中，培养他们独立思考和解决问题的能力。

（2）提高实验设计与数据分析能力

在免疫学课程中，实验技能是学生必须掌握的核心能力之一。能力目标应包括设计实验方案、操作实验技术以及分析实验数据。例如，在一个关于疫苗开发的案例中，学生需要掌握如何设计疫苗的有效性试验，包括实验组与对照组的设置、免疫反应的监测、抗体滴度的检测等。同时，学生还应具备分析实验数据的能力，能够通过数据结果得出科学结论。

（3）提升批判性思维与团队合作能力

PBL教学法注重批判性思维的培养，要求学生在解决问题的过程中能够质疑现有的假设，并提出独立见解。教学目标应包括让学生能够通过分析案例中的复杂问题，提出不同的解决方案，并评估每个方案的优缺点。批判性思维不仅帮助学生提高分析问题的深度，还能培养他们面对不确定性和复杂性时的应对能力。

此外，能力目标还应包括学生的团队合作能力。通过小组合作解决问题，学生可以在相互讨论、分工协作中提高沟通技巧和协作能力。这种能力在实际科研和医疗工作中至关重要，能够帮助学生在团队环境中高效完成任务。

3. 素养目标

（1）培养科学精神与创新意识

在设定素养目标时，教师应注重培养学生的科学精神，包括对科学探究的兴趣、严谨的态度和开放的心态。通过PBL案例，学生在解决复杂问题时，通过反思不断改进自己的学习方法和解决策略。同时，素养目标还应包括创新意识的培养，鼓励学生在解决问题时提出新颖的思路和方法。

例如，在探讨免疫治疗的未来发展时，学生可以提出利用基因编辑技术或新型纳米材料来改进现有的免疫治疗手段，这种创新意识的培养有助于学生在未来的科研和医疗工作中保持开拓精神。

（2）增强伦理意识与社会责任感

免疫学的实际应用经常涉及伦理和社会问题，因此素养目标还应包括伦理意识和社会责任感的培养。例如，学生在讨论疫苗接种政策或免疫治疗时，应了解如何平衡个人选择与公共健康需求，如何处理免疫疗法可能带来的伦理争议。这些目标帮助学生在未来的职业生涯中，既能做出科学决策，又能够考虑到社会影响。

二、学习成果预期

通过设定明确的教学目标，教师可以预期学生在完成课程后将达到一系列学习成果。这些成果主要体现在知识掌握、能力提升和综合素养的发展上。

1. 知识掌握成果

学习成果预期的第一个方面是学生对免疫学核心知识的掌握。通过完成PBL案例，学生应能够清晰理解免疫系统的结构和功能、免疫反应的基本机制，并能够将这些理论知识应用于实际问题的分析和解决中。此外，学生还应能够跟上免疫学领域的最新研究进展，理解如CAR-T疗法、免疫检查点抑制剂等前沿技术的临床应用和发展趋势。

2. 能力提升成果

在能力提升方面，学生应表现出问题解决能力的显著提高。他们能够自主分析复杂的免疫学问题，提出创新的解决方案，并通过批判性思维评估这些方案的可行性。同时，学生还应具备较强的实验设计与数据分析能力，能够设计有效的实验并对结果进行科学的解读。

学生的团队合作能力也将得到明显提升，能够在小组讨论和合作中发挥积极作用，并学会通过有效沟通和协调解决问题。这些能力的提升将为学生未来的科研和临床实践奠定基础。

3. 素养发展成果

在综合素养方面，学生应表现出更强的科学精神与创新意识，能够主动探索免疫学领域的未知问题，提出创造性解决方案。同时，学生的伦理意识和社会责任感也应有所增强，能够在解决问题时考虑到科学决策对个人、社会和环境的影响。

通过PBL教学法，学生不仅能够掌握免疫学的理论和能力，还能够培养出适应未来复杂环境的综合素养。这些学习成果将为他们未来的科研、医疗和社会服务提供坚实的基础。

总结来说，教学目标设定与学习成果预期是PBL教学法中不可或缺的部分。通过明确知识、能力和素养目标，教师可以有效引导学生在解决实际问题的过程中，达成全面的学习成果，并为他们的未来发展打下坚实的基础。

第五节 学生分组与角色分配策略

在PBL教学法中，学生的分组与角色分配是确保小组合作顺利进行的关键步骤。合理的分组和角色分配不仅能够增强学生的团队合作能力，还可以促进个体学习效果的最大化。为了让学生更有效地解决问题，教师需要在分组和角色分配时遵循一定的原则，并根据学生的特质、学习目标和问题情境进行有针对性的安排。

一、学生分组策略

学生分组是PBL教学中必不可少的一环。分组的合理性直接影响到小组的协作效率和学习效果。教师在进行分组时应考虑以下几种策略:

1. 异质分组

(1) 多样化背景与能力平衡

异质分组是指根据学生的不同背景、能力、兴趣和经验,将其分配到不同的小组中。这种分组方式能够让学生在小组合作中相互学习,利用彼此的优势来补足短板。通过将不同学习水平的学生分配在同一个小组中,既能够让学术成绩较高的学生帮助成绩相对较弱的学生,又能够让所有组员在互动中加深对问题的理解。

例如,在免疫学课程中,可以根据学生的学术背景、实验技能、讨论参与度等因素进行分组。某些学生可能在理论上表现优秀,而其他学生则擅长实践操作或数据分析,将他们分配到同一小组可以实现更好的知识共享与协同工作。

(2) 促进不同视角的碰撞

异质分组不仅有利于能力互补,还可以引入多样化的视角和思维方式。不同背景的学生在分析问题时会从不同的角度出发,形成更丰富的讨论内容。例如,生物信息学背景的学生可能侧重于数据分析,而临床医学背景的学生则可能更关注实际应用。这种多元化的思维方式能够帮助小组从多个维度分析问题,找到更创新的解决方案。

2. 同质分组

(1) 基于具体任务和项目需求

在某些情况下,教师也可以选择同质分组策略。通过将能力相似的学生分在同一小组,能够让小组在某些特定的任务上更加专注和高效。例如,如果某一任务需要进行复杂的实验操作或数据分析,教师可以将技术能力相对较强的学生分在一起,以确保任务高质量完成。这种分组方式特别适合实验项目或任务分配明确、难度较高的学习活动。

(2) 增强小组成员的竞争意识

同质分组有助于增强组内成员之间的竞争意识,使他们更加注重个人能力的提升和任务的高效完成。例如,在进行某项实验设计或数据分析时,同质分组的学生可以相互激励,促使每位成员在解决问题时发挥出更高水平。竞争意识的激发能够提高学生的主动性,并促使他们在任务中展现最佳的学习状态。

3. 随机分组

(1) 打破固有的交往圈子

随机分组有助于打破学生之间固有的交往圈子,使他们在新的小组中接触不同的同学和思维方式。对于有些学生来说,随机分组可以提供一个开放的环境,使他们更积极地融入团队,参与合作学习。随机分组还能防止小组中出现过度依赖某一成员的情况,促使每一位成员平等参与讨论和任务完成。

（2）增强团队合作意识

随机分组能够培养学生的团队合作意识，因为它促使学生在不熟悉的环境中与不同背景的同学合作。通过在多次随机分组中与不同的同学共同完成任务，学生能够逐步适应不同的合作模式，增强其在团队中协调和沟通的能力。这种能力在未来的职业生涯中极为重要。

二、角色分配策略

在PBL教学中，合理的角色分配能够确保小组成员高效合作，并且每个成员都能在小组任务中发挥重要作用。通过明确的角色分配，学生可以更有针对性地完成任务，并在合作中培养多方面的能力。

1. 角色多样化

（1）任务协调者

任务协调者负责组织和协调小组成员的活动，确保小组讨论和任务进展顺利进行。协调者需要安排小组会议、分配任务并督促小组成员按时完成任务。这一角色要求学生具备较强的组织能力和沟通能力，能够在团队中发挥领导作用。

任务协调者不仅是小组任务的推进者，还是解决组内问题的桥梁。当小组成员在意见上出现分歧时，协调者可以帮助各方找到共识，推动小组更有效地运作。

（2）资料搜集员

资料搜集员的主要职责是为小组任务提供必要的背景资料和相关数据。他们需要通过查阅文献、分析数据、参考实验结果等方式，提供支持任务解决的关键信息。这一角色能够锻炼学生的研究能力和信息整合能力，帮助他们学会如何从海量信息中筛选出最有价值的资料。在实际操作中，资料搜集员还需要与小组成员密切沟通，确保所搜集的信息符合任务需求，并对小组的决策提供支持。

（3）记录员

记录员负责记录小组讨论中的关键要点和决策过程。这一角色的职责不仅是记录讨论内容，还要为小组后续的任务提供参考。通过详细的记录，组员们能够清晰了解每次讨论的进展，避免重复讨论和遗漏重要问题。记录员的角色有助于培养学生的细致思维和信息整理能力，确保小组任务在执行过程中不遗漏关键环节。

（4）时间管理者

时间管理者负责确保小组能够在规定时间内完成每一阶段的任务。他们需要制订任务的时间表，分配各项任务的优先级，并督促小组成员按时完成各自的任务。这一角色要求学生具备较强的时间管理能力，能够平衡各个任务的进度。时间管理者还需要在小组讨论中确保时间的有效利用，避免讨论过于冗长或偏离主题。

（5）陈述发言者

陈述发言者是小组的代表，负责在课程中向其他小组和教师展示小组的讨论成果和解决方案。这个角色要求学生具备良好的沟通表达能力，能够清晰地阐述小组的思路和结论。

陈述发言者不仅是小组成果的展示者，还负责回答其他小组或教师提出的问题。因此，这个角色有助于提升学生的表达能力和应变能力。

2. 轮换角色机制

为了确保每个学生都能从小组合作中获得全面的能力发展，教师可以采用角色轮换机制，即在不同的任务或项目中，学生轮流扮演不同的角色。这种机制能够让学生在各种任务中锻炼不同的技能，如领导能力、研究能力、时间管理能力等。

例如，在某个案例中，某位学生担任资料搜集员，负责为小组提供相关数据和背景资料；而在另一个案例中，学生则可能担任协调者，负责组织小组讨论和任务分配。通过轮换角色，学生可以在不同的任务中获得多方面的锻炼，提升其综合素质。

3. 根据特长分配角色

除了轮换机制外，教师也可以根据学生的特长进行定向角色分配。例如，某些学生可能在表达和沟通方面有优势，适合担任陈述发言者；而另一些学生则擅长组织和计划，适合担任时间管理者。根据学生的特长进行分配，可以让他们在角色中发挥最佳表现，同时促进小组的高效合作。

三、角色分配的灵活性与动态调整

尽管角色分配在小组合作中起到重要作用，但教师和学生都需要认识到角色分配并非固定不变的。根据小组的任务进展和学生的反馈，教师可以灵活调整角色分配，以确保每个成员的能力得到充分发挥。例如，在小组任务遇到困难时，可以临时调整任务协调者的职责，让经验丰富的学生接手解决问题。这种灵活的角色分配方式能够让学生在不同的任务阶段扮演不同的角色，不仅能够提升其团队合作能力，还能帮助他们更好地理解任务的全局，并培养独立思考和解决问题的综合能力。

通过合理的分组策略和多样化的角色分配，教师能够确保学生在小组中发挥各自优势，提升协作效率。角色轮换机制以及灵活的分配方式，不仅可以培养学生的多方面能力，还能增强他们的批判性思维、沟通技巧和问题解决能力，从而在PBL教学中实现全面发展。

参考文献

[1] 黄兰香,潘国庆.新形势下《动物免疫学》课程改革探索与思考[J].蚕学通讯,2020,40（4）:40-43.

[2] 李贞,任育婵,陈振坤,等.医学免疫学PBL教学模式的实践与反思[J].就业与保障,2020(21):152-153.

[3] 卜庆盼,朱妮娜,倪秀珍,等.生物学科核心素养视角下"免疫学"活动型课堂的构建[J].长春师范大学学报,2020,39(10):79-82.

[4] 李雪茹,来月,吴钒.免疫学课程教学模式改革探究——以伊犁师范大学为例[J].创新创业理论研究与实践,2023,6(12):34-36,60.

[5] 宋华,潘璇.新时代案例教学的理论基础及应用——基于本体论和建构主义视角[J].管理案例研究与评论,2023,16(5):658-667.

[6] 于良芝,刘鸿彬,杨天德.教学实践的目的情感结构对学生信息获取的影响:基于案例调研的规律探索及现实反思[J].中国图书馆学报,2023,49(5):26-43.

[7] 刘俊荣,李樯.基于案例教学法的医学人文融合教育之路径[J].医学与哲学,2022,43(23):12-16.

[8] 任艳峰,杨桂茂,付晓静,等.提升案例教学在医学统计学教学中应用效果的探讨[J].中国卫生统计,2022,39(4):619-620,624.

[9] 吴浩,于重重,孙践知,等.基于分层次PBL教学模式的在线仿真教学探索[J].计算机仿真,2023,40(12):342-347.

[10] 常向彩,杨焕春,李勇,等.《免疫学》课程案例的融合分析[J].现代畜牧科技,2023(1):116-118.

[11] 董好叶,金光华.不同学分组学生的成就目标、学业求助的比较研究[J].教育探索,2007(9):66-67.

[12] 夏鸣菊.在课堂分组活动中培养学生的主体意识[J].上海教育,2000(12):41.

[13] 龚德明.按学生专业素质分组教学的探索[J].教育与职业,1995(2):15.

[14] 孙洪昌.莫斯顿互惠分组教学模式对学生教学能力的影响[J].上海体育学院学报,1994(2):71-80.

[15] 刘美凤,刘文辉.能力分组教学何以促进学生个性化发展[J].现代远程教育研究,2023,35(1):37-48.

[16] 刘侃.基于学生意愿的混杂分组法及其操作模式[J].全球教育展望,2010,39(2):83-84.

[17] 毛景焕.谈针对学生个体差异的班内分组分层教学的优化策略[J].教育理论与实践,2000(9):40-45.

[18] 李芳.小组合作学习设计优化提升翻转课堂有效性的研究[J].英语广场,2022(28):80-84.

第三章
PBL 教学法在免疫学中的实施过程

PBL教学法的核心在于引导学生自主发现和解决问题，将免疫学的理论知识转化为实际应用能力。通过引导和组织小组讨论、实验操作、信息搜集与分析等活动，PBL教学法能够有效培养学生的批判性思维、团队合作精神和自主学习能力。本章将详细阐述PBL教学法在免疫学课程中的具体实施步骤，并提供可操作的教学策略，帮助教师在课堂上有效开展PBL教学活动。

第一节 教学实施计划与步骤

一、制订明确的教学计划

在PBL教学模式中，教学计划的制订是成功实施教学的前提。教师需要根据免疫学课程的目标、学生的学习水平以及学习内容，制订出详细的教学计划，以确保PBL教学顺利展开，达到教学目标。以下是制订教学计划的三个关键要素：

1. 课前准备

课前准备是确保PBL教学顺利开展的基础。教师应仔细设计与免疫学课程相关的问题情境，这一问题情境应该符合课程的核心知识点，并且具有挑战性和现实意义。问题情境应与免疫学的实际应用密切相关，比如讨论自身免疫疾病的机制，或者设计针对特定病毒的疫苗策略。

此外，教师还需要准备学生完成问题解决所需的资源和工具，包括实验设备、在线数据库、相关学术文献等。例如，如果问题情境是研究某种免疫疾病，教师应为学生提供详细的病例报告、最新的科研文章以及相关的数据集，以确保学生拥有足够的资源来支持其问题解决过程。

2. 教学时间安排

教学时间的合理分配是PBL教学计划中的重要组成部分，确保学生有充足的时间完成各个阶段的学习活动。根据问题情境的复杂性和教学目标，教师需要灵活设计时间安排，使学生能够充分参与到问题分析、资料收集、实验设计、实验操作、讨论和汇报等不同环节中。

例如，文献查阅和问题分析阶段的时间可以设定为1周，学生在此阶段需要查阅与问题相关的文献和数据，并对问题进行深入分析。接下来的2周时间可以安排用于实验设计和操作阶段，这里学生需要设计实验方案，进行数据收集和验证。

如果不安排实验操作，可以替代性地安排案例分析或数据模拟活动。教师可以为学生提供真实的病例数据、临床试验报告或科研数据集，要求学生通过分析这些数据来解决问题。

在没有实验任务的情况下，教师还可以安排小组研讨和报告撰写。学生通过小组合作对所研究的问题进行讨论，并根据讨论结果撰写一份完整的分析报告或研究方案。这类活动不仅提升学生的合作能力，还能锻炼他们的批判性思维和解决问题的能力。时间安排可以为2周，期间学生通过集体讨论、数据整合，最终形成书面成果并进行展示。

非实验性的活动也可以是角色扮演或模拟辩论，时间可为1~2周。教师可以为学生设定一个争议性的免疫学问题，如疫苗接种策略、免疫治疗伦理问题等，学生可以分别扮演不同的角色，如科学家、政策制定者、患者等。通过模拟辩论，学生能够从不同的角度理解和分析问题，培养他们的沟通技巧和批判性思维。

此外，教师应预留足够的时间让学生进行成果汇报与反思。汇报可以是通过展示实验结果、提出解决方案或总结研究过程。反思环节则可以引导学生对自己的学习过程进行评估，讨论学习中遇到的挑战和改进策略。

3. 预期成果设定

在PBL教学过程中，预期成果不仅是教学设计中的关键环节，也是衡量学生学习效果的重要标准。教师应根据具体课程目标和问题情境，设定清晰且多层次的学习成果。这些成果应该不仅限于知识掌握，还要涵盖实验设计、跨学科整合、团队合作以及创新思维等方面，从而全面提升学生的学术与实践能力。

在免疫学课程中，知识掌握是基础，但PBL教学法更强调学生在真实情境中对知识的深度理解与应用。预期成果应该明确要求学生不仅能掌握免疫学的基本概念，还能将这些概念灵活应用于复杂问题的分析和解决。

例如，在免疫系统的章节中，学生不仅要了解免疫系统的基本组成和功能，还应能将这些知识应用于解释复杂的生理现象，如免疫系统在应对不同类型病原体时的反应机制。教师应期待学生能够以深入的视角分析病理案例，提出多维度的解释，展示他们对免疫学知识的灵活运用。

二、分阶段实施

PBL的实施可以分为多个阶段，每个阶段都应设有具体的任务和策略。教师应提前明确各个阶段的目标，并引导学生逐步完成。

1. 问题提出与分析

教师首先引导学生对问题情境进行分析，帮助他们理解问题的核心要素，明确问题解决的方向。以免疫学为例，教师可以提出一个关于疫苗研发的开放性问题，要求学生分析疫苗免疫原的选择标准。

教师在这一阶段的角色是引导者，提供具有挑战性且具有实际意义的情境问题。问题应具有现实意义，能够激发学生的学习兴趣，同时有助于他们将理论知识应用到实际问题中。

学生需要识别问题中的核心要素，如免疫原的作用机制、疫苗开发过程中面临的挑战、如何衡量疫苗的有效性等。在分析过程中，学生应逐步明确问题的关键，提出初步的假设或解决思路。

在问题提出后，教师可以引导学生将问题进行细化，进一步明确研究的方向和范围。例如，学生可以将问题细化为"如何优化疫苗的抗原选择以增强其免疫反应"或者"哪些因素影响疫苗的长期免疫记忆"通过这一过程，学生将逐渐从宽泛的问题中确定具体的研究路径。

2. 资料收集与探讨

这一阶段，学生应开始自主进行资料收集，并通过小组讨论深化他们对问题的理解。这个阶段的任务是帮助学生掌握背景信息，并通过讨论形成初步的解决思路。

学生应通过查阅相关文献、科学报告和研究数据来获取解决问题所需的背景知识。教师可以为学生提供一些关键文献或资源，但同时鼓励学生自主寻找信息。这一过程中，学生的文献查阅能力和批判性思维将得到锻炼。

学生在完成资料收集后，应通过小组讨论整合信息，分析不同文献中的观点，并结合他们对问题的初步分析提出假设。例如，在疫苗研发问题中，学生可以讨论不同免疫原的选择标准，结合现有的实验数据探讨哪种免疫原可能具有最佳的免疫效力。

教师应引导学生对所收集的信息进行评估，帮助他们区分重要信息与次要信息，判断数据的科学性和可信度。通过评估，学生能够更有效地利用已有资源，为后续的实验设计或问题解决奠定基础。

3. 解决方案制订与实施

在这一阶段，学生需要根据之前的分析和讨论，制订并实施解决方案。教师应帮助学生在实验设计和问题解决过程中保持科学严谨，并提供适当的支持。

如果问题情境需要实验验证，学生应设计实验方案，并合理规划实验步骤。例如，在疫苗研发的案例中，学生可以设计一个实验方案来测试不同免疫原的有效性，或评估某种抗原在动物模型中的免疫反应。实验方案应包括实验变量、对照组的设置、预期结果以及数据处理方法。

学生在实施实验时，教师应适时提供技术支持与反馈，帮助他们解决实验过程中遇到的问题。当学生发现实验结果与预期不符时，教师可以引导他们反思实验设计中的可能缺陷，并通过数据分析进行调整。

如果问题不需要实验操作，学生可以通过其他方式解决问题，如模拟分析、案例研究或数据建模。在模拟疫苗免疫效力的分析中，学生可以通过已有的临床数据进行统计分析，并根据分析结果提出理论上的改进建议。

4. 结果汇报与反思

在教学结束时，学生应展示他们的解决方案，解释问题的解决过程，并反思改进之处，巩固他们在问题解决过程中的学习成果。

学生通过小组汇报展示他们的研究成果，包括问题分析、解决方案、实验结果或分析数据。展示形式可以多样化，如口头报告、书面报告、海报展示或数字化演示。教师可以通过评估学生的汇报内容来了解他们对问题的理解深度和解决方案的科学性。

在汇报后，其他小组或教师应对汇报内容进行讨论和反馈。通过反馈，学生可以发现他们在问题解决过程中的不足之处，并根据反馈进行修改和完善。

最后，学生应对整个学习过程进行反思，评估他们的学习策略、实验设计和团队合作。反思不仅帮助学生巩固他们的学习成果，还能培养批判性思维和自主学习能力。例如，学生可以讨论在未来类似问题中如何优化他们的实验设计或数据分析策略。

第二节 教师的引导策略与具体操作

PBL教学法不仅要求学生进行自主学习，也对教师的引导提出了更高的要求。教师在PBL教学中的角色发生了转变，不再是传统意义上的知识传授者，而是学习过程中的促进者、支持者和引导者。尤其是在免疫学这样复杂且实验性强的学科中，教师的引导策略至关重要。教师需要通过巧妙设计问题情境、提供资源支持、引导讨论等方式，帮助学生从理论学习过渡到实际问题的解决中。

1. 激发学生的探索欲望

在PBL教学法中，激发学生的探索欲望是至关重要的一环。教师在设计问题情境时，应注重选择那些具有挑战性、现实性和广泛应用价值的案例，以有效调动学生的积极性和主动性。尤其是针对免疫学这门高度前沿且实践性强的学科，问题情境的设计不仅要覆盖基本的理论知识，还要结合当前的科学研究和社会热点，使学生能够在解决问题的过程中感受到所学知识的真实意义和未来应用的可能性。

首先，教师可以结合当前的免疫学热点来设计问题情境。例如，COVID-19疫情的全球爆发促使病毒免疫逃逸、免疫疗法等成为热门研究领域。这些内容不仅引发广泛的公共关注，还充满复杂的科学背景，极具挑战性。通过这样的问题情境设计，学生可以直接接触现实中的挑战，如病毒变异对疫苗效果的影响、群体免疫策略的选择等。学生需要查阅相关文献、收集数据，并在讨论中提出自己的观点与方案。这一过程不仅让学生学到免疫学的基础理论，还能帮助他们理解免疫系统在实际应用中的作用及其面对的复杂问题。

其次，教师可以引入肿瘤免疫治疗作为另一个现实问题的案例。肿瘤免疫治疗是近年来免疫学领域的突破性进展，其核心理念是通过激活或增强患者自身的免疫系统来识别并杀灭癌细胞。这类问题不仅具备高学术价值，还涉及复杂的免疫调节机制、肿瘤微环境的理解以及免疫逃逸的处理。因此，学生在解决肿瘤免疫治疗问题时，需要学习肿瘤抗原的识别机制、T细胞活化的调控过程，以及免疫检查点抑制剂的使用原理。在此过程中，学生将感受到免疫学理论知识与临床治疗实际需求之间的紧密联系，激发他们的探索欲望。同时，通过深入分析肿瘤免疫治疗的创新性治疗手段，学生还会逐步建立起对未来科技发展的兴趣与责任感。

除了这些具体的学科热点，教师还可以设计更加广泛的社会和伦理问题情境，进一步激发学生的探索欲望。为了有效激发学生的探索欲望，教师还需要注意以下几个策略：

（1）设定开放性问题

问题的设计应尽量开放，避免提供现成的答案。这种开放性问题可以鼓励学生发挥创造力，提出不同的解决方案，并通过团队合作的方式进行批判性分析与讨论。

（2）突出问题的现实应用

教师应强调学生所研究问题的现实应用，使他们能够意识到自己的学习成果将对社会和科学发展产生实际影响。例如，探讨疫苗接种的有效性不仅仅是理论分析，还关系到全球抗疫策略的实施和公共卫生政策的制定。

（3）鼓励跨学科思维

通过引入医学、公共卫生、伦理学等其他学科的视角，教师可以激发学生对问题情境的多维度探索。这样的跨学科思考方式能够开阔学生的思维边界，让他们更好地理解免疫学问题的复杂性与广泛影响。

2. 提供必要的工具和资源

教师应为学生提供足够的资源支持，如实验设备、在线数据库、学术期刊等。此外，教师应根据学生的需求，提供适时的指导和帮助。例如，在学生查阅文献时，教师可以建议他们使用特定的数据库或参考相关科研文章，以确保学生能够获取有效的信息。

3. 问题讨论中的引导

在小组讨论过程中，教师的引导是确保学生围绕核心问题深入探讨并逐步解决问题的关键。在PBL教学中，小组讨论是学生分析问题、交换观点、共同寻找解决方案的重要环节，而教师在这个过程中所扮演的引导角色，决定了讨论的深度与方向。有效的引导不仅能够帮助学生集中精力探讨问题的关键点，还能培养他们的批判性思维和团队合作能力。

在讨论免疫学中的复杂问题时，教师可以通过适当的提问引导学生深入思考。例如，当学生讨论免疫系统如何应对特定病原体时，教师可以提出一些开放性问题，帮助学生逐步分解问题的各个方面，如"不同类型的免疫细胞在应对病原体的过程中分别发挥了哪些作用""先天性免疫和适应性免疫如何相互配合来抵御入侵的病原体"这样的提问方式，能够引导学生集中注意力，思考免疫系统的多层次反应，同时让他们通过互动来整合已有的知识。

此外，教师的提问还可以鼓励学生深入分析每个讨论环节的细节。例如，当学生讨论体液免疫反应时，教师可以通过追问："抗体在这一过程中起了什么具体作用？它们是如何识别和中和病原体的？"进一步引导学生去探讨免疫反应的微观机制。通过这些层层递进的问题，教师能够帮助学生将讨论逐步引向深入，让他们不仅关注宏观的免疫系统运作，还能理解其中的具体分子和细胞机制。

在引导讨论的过程中，教师应注意保持讨论的开放性，避免过早地提供答案。教师的任务是引发思考，而不是直接干预。比如，学生在讨论免疫应答中的T细胞作用时，可能会出现不同的观点或假设。此时，教师可以适当引导："这个假设有无科学依据？你们可以通过查阅文献或者设计实验来验证吗？"这样，学生能够在教师的引导下，自主分析问题，进行更加深入的探讨，并在讨论中逐步形成科学的思维方式。

同时，教师还应注意通过提问来帮助学生保持讨论的方向，避免讨论偏离主题。例如，当讨论逐渐偏向与问题无关的细节时，教师可以适时介入："这个讨论与我们当前的问题有多大关系？你们觉得哪一个方面更值得继续深入探讨？"通过这种方式，教师能够巧妙地引导学生将讨论拉回正轨，确保他们的思维集中于问题的核心要点上。

教师在引导学生讨论的同时，还需要培养学生的自主讨论能力。这意味着教师的引导应逐步减少，随着学生能力的提升，给予他们更多的独立思考和讨论空间。通过一开始的提问与引导，学生会慢慢学会如何在小组讨论中找到关键问题、提出假设、验证证据，从而逐步形成一种良好的讨论习惯。在后期，教师可以更多地扮演观察者的角色，仅在必要时提供引导，给学生留出更多自主讨论的机会。

总结来说，教师在小组讨论中的引导，主要通过适当提问、逐步深入、保持讨论的开放性和方向性，帮助学生进行深入且有针对性的讨论。有效的引导不仅能够提升讨论的质量，还能促使学生在讨论中实现知识的构建和思维的提升，培养他们的独立分析能力和团队合作意识。这一过程有助于增强学生对免疫学知识的理解，推动他们从被动学习者向主动探究者的转变。

4. 实验操作中的指导

免疫学课程由于涉及复杂的实验操作，对学生的动手能力和科学思维要求较高，如果教师在教学过程中涉及实验和操作，应提供详尽的指导。这不仅包括实验流程的讲解，还涵盖实验中各个环节的科学性、可行性以及实验安全的规范。

在PBL教学中，如果需要自行设计实验方案以验证假设或解决问题。教师在这个过程中应充当引导者，帮助学生理解如何将理论知识应用到实际操作中，并确保实验设计具备科学性和可行性。例如，当学生讨论设计免疫反应的检测实验时，教师可以引导他们考虑实验的关键变量，如抗原的选择、抗体的浓度、实验的控制组设置等。通过这种方式，教师能够帮助学生优化实验方案，使其不仅能回答问题，还能确保实验结果具有较高的可靠性。

科学性是实验设计中至关重要的一个方面。教师应鼓励学生在设计实验时，基于已有的理论知识，做出合乎逻辑的假设，并设置相应的实验条件。例如，在探讨不同抗原如何引发免疫反应时，学生应考虑抗原的浓度、种类以及时间跨度等因素。教师可以通过引导性问题帮助学生评估这些变量的合理性："你们设定的抗原浓度是否足以引发明显的免疫应答？是否考虑到不同抗原之间的交叉反应？"通过这些问题，教师不仅能帮助学生优化实验参数，还引导他们思考如何通过实验获取有意义的结果。

在确保实验可行性方面，教师应帮助学生考虑实验所需的设备、试剂和时间限制。例如，在设计复杂的免疫检测实验时，学生可能设想使用多种高端实验仪器，但在实际操作中，可能因为设备或时间的限制而无法实现。此时，教师应引导学生调整实验方案，寻找更简化但同样能够验证假设的方法。例如，使用简便的ELISA实验检测抗体反应，而不是过于复杂的流式细胞仪分析。通过这种方式，学生能够在实践中理解资源和条件的限制，同时提升解决问题的灵活性。

实验安全是教师指导实验操作时必须重点强调的内容。免疫学实验通常涉及生物样本、化学试剂或生物安全隐患，教师必须严格规范实验室操作规程，确保学生掌握实验安全知识。例如，教师需要指导学生正确处理生物样本，避免交叉污染和生物安全隐患；在操作危险化学品时，教师应确保学生穿戴合适的防护设备，并严格按照操作规程进行实验。为了强化安全意识，教师还可以通过实例说明实验操作不当可能带来的风险，并在实验操作前进行详细的安全培训，确保学生对可能的安全隐患有所了解并采取相应的预防措施。

在实际操作过程中，教师的现场指导也是至关重要的。教师应在实验过程中密切关注学生的操作，提供适时的反馈和纠正。例如，在学生进行抗原抗体反应实验时，教师可以观察学生是否正确掌握了操作步骤，并在他们遇到问题时及时给予指导："这个步骤中你们是否已经充分混合了抗原与抗体溶液？"或"你们是否已经按照规定的时间进行孵育？"通过这种及时的反馈，学生能够更好地掌握实验技巧，确保实验结果的准确性。

数据分析是实验操作中不可或缺的一部分，教师应指导学生如何进行合理的数据分析和结果解释。在获取实验数据后，学生可能会遇到数据的变异或异常，教师应引导他们通过统计分析、数据对比等方法，科学地分析数据背后的原因。例如，教师可以提出问题："你们的实验数据中是否存在异常值？这些数据是否符合预期？可能的原因是什么？"通过这些问题，学生能够进一步理解实验现象，发展他们的数据处理和分析能力。

通过在实验设计、操作、分析各个环节中提供支持，教师能够帮助学生培养实验设计思维和科学严谨性。这种动手实践与理论知识的结合，不仅提升了学生的实验技能，也让他们在实际操作中感受到免疫学的应用性与前沿性，从而对学科有更深的理解与热情。

5. 灵活的应变能力

在PBL教学过程中，教师的灵活应变能力是确保教学活动顺利进行的重要保障。面对不确定性和突发情况，教师应具备有效应对的能力，并引导学生在挑战面前保持积极的态度，从而培养他们的适应力和解决问题的能力。

例如，在免疫学实验中，学生可能会遇到实验结果与预期不符的情况。此时，教师的应变能力显得尤为关键。与其直接给出答案，教师应鼓励学生首先自主分析问题的根源。例如，教师可以提出引导性问题，如："你们是否检查了所有实验步骤？试剂的配比和实验环境是否有偏差？"通过这种引导，学生能够重新审视自己的实验过程，找到可能的错误环节。

当学生发现问题后，教师应鼓励他们调整实验设计并再次尝试。这不仅是对学生科学思维的考验，也是提升他们耐心和抗挫折能力的过程。通过让学生参与到实验设计的调整中，教师可以帮助他们理解科学实验中的不确定性和反复性。学生在不断修正和优化实验方案的过程中，逐步培养独立思考和解决问题的能力。

在实验过程中，教师还需要具备灵活的应对不同学生学习节奏的能力。在同一实验环境下，不同学生的学习进度和能力水平可能有所不同，教师应根据学生的具体情况调整自己的指导策略。例如，对于进度较快的学生，教师可以通过提供更多挑战性的任务，激发他们的深度学习兴趣；对于进度较慢的学生，教师应当提供更多的帮助和时间，确保他们能够跟上整体进度，避免因挫败感而丧失学习兴趣。

在实际教学中，教师应具备足够的经验和灵活性，能够快速应对突发问题。例如，当实验设备发生故障或关键试剂短缺时，教师可以迅速调整课程安排或设计替代实验方案，以确保教学活动不被中断。这不仅要求教师熟悉各类实验方案，还需要他们能够在时间紧迫的情况下做出合理的决策，保持教学节奏的连续性。

此外，PBL教学中常常涉及跨学科知识的整合，教师在遇到学生跨学科的探究需求时，应灵活调整教学内容，为学生提供适当的支持和资源。例如，在讨论免疫学问题时，学生可能会涉及生物化学、分子生物学甚至计算机科学等领域。教师应通过灵活应对这些跨学科需求，帮助学生找到适合的学习资源或邀请其他学科专家参与讨论，从而引导学生进行更深入的学习。

灵活应变能力还体现在课堂讨论的组织上。当学生的讨论偏离主题或出现僵局时，教师应当敏锐地察觉，并通过适当的干预引导学生回归正轨。例如，当学生在讨论免疫细胞的功能时，如果讨论陷入细枝末节，教师可以通过提出更具方向性的问题，例如："哪种免疫细胞在这一过程中起到了关键作用？"这种方式可以帮助学生集中精力在问题的核心上，避免时间浪费或讨论的无效性。

在小组合作过程中，学生可能因意见不合或分工不均产生冲突。教师需要灵活处理这些问题，促进团队合作，确保每个学生都能积极参与到问题解决中。当学生之间出现意见分歧时，教师可以通过引导讨论让学生各自表达观点，并帮助他们从理性角度分析各自的解决方案。例如，教师可以让学生从不同的实验结果中提取共同点，或者通过让小组成员轮流承担不同角色（如实验设计者、数据分析者）来调节分工不均的情况。

总之，教师在PBL教学中通过灵活应变能力，不仅能够确保教学活动在面对突发情况时顺利进行，还能够有效引导学生提高他们的独立思考、问题解决和实验操作能力。

第三节　学生自主学习能力的培养

在PBL教学法中，学生的自主学习能力培养是关键的一环，特别是在免疫学这样涉及大量前沿知识和复杂实验的学科中。自主学习能力的培养能够促使学生主动探索知识、发现问题并寻求解决方案，从而为他们的长期学习和科研奠定坚实的基础。

1. 信息搜集与批判性分析能力

信息搜集和批判性分析能力是自主学习能力的核心组成部分，尤其是在免疫学领域，快速获取高质量的文献和数据资料至关重要。虽然前面的章节提到了学生需要进行文献查阅和资源整合，但本节将更加侧重于培养学生如何高效地搜集、筛选和评估这些信息，以及如何将这些信息与免疫学知识结合，从而形成有力的论据。

（1）培养精准的信息搜集能力

在免疫学教学中，信息搜集的广度和精准度对于学生理解和解决问题至关重要。教师不仅要提供基本的文献检索工具和方法，还需指导学生如何提高信息搜集的精准性，特别是面对大量的科研文献和数据时，如何快速有效地获取最相关的资料。

信息的来源不仅限于教科书，还包括最新的科研文献、数据库、科技报告、临床研究数据等。学生需要学习如何通过不同类型的资源来支撑其研究。例如，免疫学领域的前沿研究往往出现在PubMed、NCBI等权威学术数据库中，学生必须能够利用这些平台，进行精确检索并筛选出有用的信息。

为了提高检索效率，教师应教授学生如何使用关键词优化搜索结果。通常，科学研究中的术语会不断演变，因此，选择合适的关键词并结合布尔运算符（如"AND""OR""NOT"）能够显著提高检索效率。教师可以通过实例演示，例如："在研究COVID-19疫苗的免疫反应时，可以使用关键词组合'COVID-19 AND vaccine AND immune response'进行检索，进一步限制结果为'clinical trials OR immunogenicity'，以获得更相关的研究文献。"

此外，学生还需学习如何判断文献的权威性和实用性。教师可以通过分析科研文献的引用次数、期刊影响因子，以及作者背景等标准，帮助学生评估其质量。例如，判断某篇论文是否来自权威的学术期刊，或其作者是否为该领域的知名学者，能够帮助学生甄别出值得参考的文献。因此，教师还应强调，不同信息源的可信度各不相同，学生需根据研究需求选择最为可靠和权威的资源。

通过这种训练，学生不仅能掌握信息搜集的技巧，还能培养出科学严谨的思维，确保他们在未来的学习和研究中能够精准、有效地获取必要的知识。

（2）发展批判性分析能力

学生在搜集到相关文献和数据后，教师应进一步引导他们进行批判性分析。学生应学会如何从多个维度评估文献的可信度。例如，当面对某项免疫疗法研究时，学生需要判断研究所用的方法是否严谨，实验设计是否合理，以及数据的统计分析是否准确。教师可以通过示例引导学生评估文献的关键要素，如实验样本是否具有代表性、实验是否经过随机分配、对照组是否恰当等。同时，研究数据的统计方法也需要被仔细分析。学生应关注研究是否使用了适当的统计工具，数据是否经过严格的统计检验，以确保结论的科学性和可靠性。

学生在批判性分析的过程中还需结合自己的学习任务，进行结果的实际应用。例如，在讨论某种免疫疗法时，教师可以提出具体的问题，鼓励学生从不同角度评估其有效性和适用性。通过分析文献中的实验设计，学生需要探讨该疗法的优势、可能的局限性以及未来的改进方向。这样的分析可以引导学生深入思考，不仅关注研究的结果，还要理解研究背后的假设和逻辑推理。

此外，批判性分析还包括质疑研究中的潜在偏差和不确定性。教师可以设计一些问题，让学生在分析时考虑影响结果的外部因素，如个体差异、实验条件的变化以及研究者的主观倾向等。这一过程不仅帮助学生深入理解问题的复杂性，还促使他们对待学术研究保持开放和质疑的态度。

2. 主动学习计划的制订与执行

学生自主学习能力的核心在于他们是否能够有效制订并执行学习计划。PBL教学法强调学生在解决问题的过程中自主规划学习进程，尤其在免疫学这样复杂且知识更新迅速的学科中，合理的计划制订和执行至关重要。

（1）长短期目标设定

在免疫学的学习过程中，学生需要根据所面临的任务设定长短期的学习目标。短期目标可以包括完成特定的实验任务、分析文献或解决某个具体问题。例如，在学习某种免疫反应机制时，短期目标可以是理解其中的主要细胞过程或掌握某一免疫器官的功能。在实验操作中，短期目标则可以是掌握一种实验技术，如酶联免疫吸附实验（ELISA）的操作方法。通过设定这些短期目标，学生可以逐步突破学习中的具体难点，达到阶段性学习成果。

相比之下，长期目标则涉及学生在整个免疫学课程中的核心掌握能力。例如，学生可以设定在学期结束前全面理解免疫系统的整体结构与功能，掌握免疫应答机制中的关键环节，或者具备自主设计和执行免疫学实验的能力。长期目标的设定有助于学生在更大范围内把握学科知识的全貌，并为未来的深入学习或研究打下坚实的基础。

教师应帮助学生根据自己的学习进度和能力水平，设定合理的目标。教师可以通过诊断性测试或讨论来识别学生在知识结构中的不足，帮助学生意识到需要提升的领域，引导学生制订符合个人发展需求的学习计划，并确保学习目标的分解和执行。合理的目标设定不仅能帮助学生保持学习的动机，还能让他们在每个阶段都有明确的方向。

此外，目标设定应具有灵活性。在免疫学这样具有较高复杂性和前沿性的学科中，知识的变化和新问题的出现可能随时打乱学生的原有计划。因此，教师可以帮助学生在学习过程中进行自我评估，及时调整学习目标和策略。通过这种动态调整，学生能够不断适应学习进程中的变化，并提高自主学习的效率。

（2）自我评估与调整

自主学习还意味着学生能够在学习过程中不断评估自己的进展，并根据需要进行调整。在PBL教学过程中，学生往往需要面对复杂的实验设计、文献查阅、数据分析等任务，如果发现原定计划未能如预期那样顺利进行，他们需要具备迅速调整策略的能力，以确保学习成果的质量和完整性。

自我评估的第一步是定期检查学习进展。学生需要定期反思和衡量他们在学习目标和任务上的进展。例如，学生可以在完成文献查阅后，反思自己是否掌握了足够的信息来理解某个免疫学概念。如果发现知识的掌握仍有不足，他们应主动延伸阅读或向教师寻求建议。教师可以引导学生设立阶段性的检查点，比如在每个实验设计的关键步骤之后进行反思，明确自己是否完全理解了所使用的实验技术、实验变量和期望结果。

当学生发现学习进度偏离计划或者学习方法不如预期有效时，需要学会主动调整自己的学习策略。例如，如果学生发现查阅的文献并不能提供足够的数据来支持其实验设计，可以考虑调整文献检索策略，转向相关领域的交叉研究，甚至使用不同的检索工具。自我评估过程中，学生不仅应反思学习结果，还需反思学习过程中的方法、步骤，判断是否需要调整策略以提高学习效果。

教师在这一过程中应起到顾问和支持的作用。当学生遇到学习瓶颈时，教师可以提供参考和反馈，帮助学生识别问题的根源，并指导他们如何重新制订学习路径。例如，教师可以向学生推荐更多数据库或者鼓励学生参与学术讨论，以帮助他们拓宽视野、获取不同的研究角度。教师的反馈在此不仅仅是对结果的评估，而是更多地帮助学生认识到如何灵活运用资源和调整策略，以适应学习过程中的变化。

假设学生在进行免疫细胞因子实验时，实验结果与预期不符。首先需要通过自我评估，分析问题可能出现在实验步骤、试剂选择、实验条件控制等方面。通过这一过程，学生可能发现实验条件设定不当导致了结果的偏差。接着，需要迅速调整实验策略，重新设计实验步骤，修改变量设置或尝试不同的试剂浓度，确保实验更加严谨和有效。在这一过程中，教师可以通过反馈帮助学生识别实验中容易忽略的细节，指导他们如何精确控制实验变量，或者推荐不同的实验方法，帮助他们提高实验设计的科学性。这种调整过程不仅是对实验结果的反思与改进，同时也培养了学生在实际科研中的应变能力。

PBL教学不仅强调知识的掌握，还注重培养学生面对复杂问题时的灵活应对能力。当原定的学习计划出现问题时，学生应具备迅速分析问题并制订调整方案的能力。教师可以通过设置一些意外情境来帮助学生锻炼这种能力。例如，教师可以故意提供部分不完整或模糊的数据，要求学生在分析数据过程中自行发现问题，并提出相应的调整策略。这种情境能够有效锻炼学生的灵活应对能力，使他们学会如何在复杂的学术任务中做出判断和决策。

3. 培养独立研究和创新能力

除了搜集信息和制订计划，PBL教学法在免疫学课程中还致力于培养学生的独立研究能力和创新思维。在前面的章节中，更多强调了学生的合作能力和小组讨论，但本节将更加关注如何通过自主学习让学生具备独立思考和创新的能力，特别是在面对免疫学的复杂问题时，能够提出新颖的研究假设并进行自主探索。

（1）独立设计实验与研究

学生在自主学习的过程中，特别是在免疫学的实验环节中，需要逐步具备独立设计实验的能力。教师应鼓励学生在实验任务中发挥创新，提出有别于标准实验流程的设计思路。例如，学生可以在标准免疫检测实验中，探索不同实验条件对实验结果的影响，从而培养他们的创新思维。

（2）鼓励创新性问题解决

在PBL教学中，教师应设计开放性的问题情境，鼓励学生通过自主学习提出创新性解决方案。例如，教师可以设置一个有关疫苗开发的新挑战，要求学生自主查阅最新的免疫学文献，结合已有知识提出新的疫苗设计思路。通过这种方式，学生不仅能够提升自主学习能力，还能够在实际操作中锻炼创新思维和解决复杂问题的能力。

4. 长期学习习惯的养成

在PBL教学中，培养学生的长期学习习惯是提高其自主学习能力的重要目标。免疫学作为一门快速发展且涉及广泛的学科，要求学生不仅在学期内完成各类任务，还需具备持续学习的意识和能力。这种习惯的养成不仅是应对学术需求，更是适应未来职业发展的必要素质。

（1）自我监督与学习计划的持续优化

培养学生的自我监督能力是形成长期学习习惯的关键。PBL教学法提倡学生在完成每一阶段的学习任务后进行自我反思和评估，并根据实际进展调整学习计划。这种方法不仅适用于短期任务的完成，也能通过不断优化学习计划帮助学生在长期学习中保持稳步提升。学生可以定期复盘自己在免疫学课程中的学习进展。每个学期末，可以反思哪些学习策略帮助他们掌握了核心概念，哪些方面仍然存在困难，并制订针对性的改进措施。这种自我监督和计划调整不仅能提高学习效率，还能帮助学生在长时间的学习过程中逐渐养成系统的学习方法。

教师在这一过程中，可以引导学生制订长期目标和阶段性目标相结合的学习计划。例如，在一个学期的免疫学学习中，学生可以将免疫应答机制、抗体生成、免疫治疗的基本理论作为长期目标，而阶段性目标则包括完成文献查阅、实验设计和数据分析。

通过这种清晰的目标设定，学生能够持续跟踪自己的学习进展，逐步建立良好的学习节奏。

（2）积极主动的学习态度

长期学习习惯的另一个重要方面是培养学生的积极主动性。PBL教学法强调学生的自主学习和主动探索，教师应通过各种方式激发学生的学习兴趣，让他们自发地去寻找问题的答案，推动学习进程。为了培养这种学习态度，教师可以鼓励学生提出他们感兴趣的研究课题，并自主设计相关的学习和实验计划。例如，当学生对免疫学中的疫苗开发产生浓厚兴趣时，教师可以支持他们自主设计研究方向，如探讨疫苗开发过程中抗原选择的影响因素，或研究新兴疫苗技术（如mRNA疫苗）的免疫原性表现。通过支持学生自主发掘感兴趣的课题，教师能够帮助他们养成持续探索和主动学习的习惯。

此外，教师可以通过课外任务、学术讨论和科研竞赛等方式，进一步培养学生的学习主动性。通过这些任务，学生会逐渐意识到他们的学习不仅限于课堂内容，还能够通过主动探索和实验操作进一步深化知识和技能。

（3）多样化的学习资源与工具的使用

在信息化时代，学习资源的获取不再仅仅依赖于课堂和书本。教师可以通过PBL教学法引导学生利用多样化的学习资源，包括在线数据库、开放课程、科研论文、学术论坛和数字工具等，培养他们自主获取信息和终身学习的能力。

同时，教师还可以介绍一些数字工具和软件来支持学生的学习和科研工作。例如，使用统计分析软件（如SPSS或GraphPad）进行实验数据处理，利用文献管理软件（如EndNote或Mendeley）进行文献整理，或者借助在线学习平台学习免疫学相关的前沿课程。

（4）定期反思与改进

长期学习的习惯不仅体现在持续的知识积累和技能提升上，还包括对学习过程的定期反思与改进。反思是促使学生在长期学习中不断成长的关键，能够帮助他们识别学习过程中的优点和不足，从而在后续学习中不断优化学习方法和策略。

教师可以鼓励学生定期进行学习反思，尤其是在每个学习阶段结束后。例如，在完成某一学期的免疫学实验课程后，学生可以通过反思总结他们在实验设计、数据分析和团队合作中的表现。通过这些反思，学生不仅能够巩固所学知识，还可以改进在下一阶段学习中的学习方法。

教师还可以引导学生写学习日志或反思笔记，帮助他们记录自己的学习过程和感悟。每隔一段时间，学生可以回顾这些记录，观察自己在学习中的进步轨迹，并通过反思继续改进学习策略。这种长期坚持的反思习惯，能够促使学生在不断总结与改进中获得持续成长。

（5）培养科学精神与求知欲

科学精神和求知欲是长期学习习惯的重要内驱力。通过PBL教学，学生在不断探索和解决问题的过程中，逐渐培养出独立思考、严谨求证、质疑权威和追求真理的科学精神。这些品质不仅使他们能够面对复杂的免疫学问题时保持开放和批判的态度，还能促使他们主动探索未知领域，养成持续学习的习惯。例如，在学习免疫系统中的记忆T细胞时，教师可以鼓励学生提出自己的假设，并设计实验验证假设。通过这一过程，学生会逐渐体验到探索未知的乐趣，并理解科学探索中的不确定性和创新性。随着学生不断深入学习和实践，求知欲和科学探索精神将进一步增强，推动他们在长期学习中不断追求新知识和新发现。

第四节　小组讨论与问题解决过程的组织

小组讨论是PBL教学中的核心环节，通过有效的讨论，不仅可以帮助学生从不同角度分析和理解问题，还能促进学生之间的协作与知识共享。在免疫学课程中，小组讨论特别适用于处理复杂的免疫机制或实验设计等，因为学生需要共同探讨、分析、解决实际问题，并从多样化的观点中获得启发。通过有效的组织与引导，教师可以确保小组讨论顺利进行，使学生能够从讨论中获得最大的学习收益。本节将详细探讨如何组织和优化小组讨论，以及在此过程中有效解决问题的策略。

一、小组讨论的有效组织策略

1. 合理分组

教师应根据学生的学术水平、兴趣和技能进行合理分组。每个小组的成员应具备不同的特长和背景，以便在讨论中互相启发和补充。免疫学是一门跨学科领域，不同学术背景的学生可以从不同的角度贡献独特的观点。例如，在讨论肿瘤免疫治疗时，部分学生可以侧重实验设计，另一些学生则专注文献查阅和数据分析。这种多样性为讨论带来更加全面和深入的思考。

教师还应确保每个小组的规模适中，通常4～6人为佳，这样可以确保每个成员都有机会发表意见，并避免小组规模过大导致个别学生被忽视。

2. 设定明确的讨论目标

在小组讨论之前，教师应为学生设定明确的讨论目标。这些目标可以是具体的免疫学问题，或一个开放性任务，例如"设计出一种新型免疫疗法的基本原理和实施方案"。明确的讨论目标帮助学生集中注意力，确保讨论围绕教学内容展开，最终能够提出有效的解决方案。

教师应结合课程目标和学生的水平，设定适度复杂的讨论任务，既激发学生的思维挑战，又确保讨论结果可应用于实际问题解决。

3. 任务分配与角色设定

为了确保每位学生都能积极参与讨论，教师应引导小组成员进行任务分配和角色设定。例如，小组成员可以分配不同角色，如资料搜集者、实验设计者、数据分析者、报告撰写者等。这种任务分配促使小组成员发挥各自优势，并确保讨论内容得到多维度的覆盖。

举例来说，在讨论免疫应答的案例时，一名学生可以负责查找最新的T细胞功能研究，另一名学生则可以分析相关临床数据，第三名学生可以汇总小组讨论结果并展示。这样分工能够提高小组讨论的效率，也促进了团队合作的有效性。

二、小组讨论中的引导策略

1. 引导学生进行批判性思维

教师在小组讨论中应起到引导者的作用，适时通过提问引导学生进行批判性思维和深入讨论。例如，在讨论免疫系统如何应对病毒感染时，教师可以提出类似"为什么不同免疫细胞在应对同一病毒时作用不同"或"免疫记忆如何在免疫反应后维持"等问题。通过这些引导性问题，学生能够打破表面思维，深入剖析问题的复杂性。

2. 推动多角度思考

教师应鼓励学生从多角度思考问题，避免局限于单一学术观点或解决方案。例如，在讨论疫苗开发时，教师可以引导学生从科学、伦理、经济等不同层面进行分析。如科学层面讨论疫苗如何产生免疫应答，伦理层面讨论疫苗接种政策的公平性，经济层面讨论疫苗开发的成本问题。推动多角度思维，有助于学生全面分析问题，提出更完善的解决方案。

3. 提供即时反馈和调控讨论方向

当学生在讨论过程中遇到困惑或偏离主题时，教师应及时提供反馈，帮助学生重新聚焦。例如，如果学生讨论过度聚焦于实验细节，而忽略大问题的背景，教师可以引导他们回到问题整体架构上，重新审视实验设计的目的和价值。

三、问题解决过程的组织

在小组讨论中，学生的最终目标不仅是理论讨论，更重要的是提出切实可行的解决方案。在PBL教学中，问题解决过程是核心，不仅要求学生提出解决方案，还需要他们验证方案的可行性。

1. 系统化问题解决步骤

教师应帮助学生将问题解决的过程系统化，明确每个步骤的任务。学生可以按照以下步骤组织问题解决过程：①问题分析：首先明确问题的核心要素和背景信息，如免疫系统的异常表现。②资料收集与研究：查阅相关文献、实验数据，了解类似问题的解决方法和研究进展。③假设提出：基于已有资料，提出可行的解决方案或假设。比如针对免疫疾病，学生可以提出采用新型免疫抑制剂的治疗方案。④实验设计与验证：设计实验或模拟方案，对假设进行验证。⑤结果分析与汇报：通过分析实验或讨论结果，得出结论并通过汇报展示成果。

2. 模拟实验与实践

在免疫学的PBL教学中，问题解决不仅限于理论讨论，还应结合实际操作。即使没有条件进行实际实验，教师可以通过模拟实验或虚拟实验室来帮助学生验证假设。通过这些模拟操作，学生能够更加直观地理解问题，并通过实验数据来检验他们的解决方案。

3. 团队合作中的任务协调

在问题解决过程中，小组成员的任务协调至关重要。教师应帮助学生合理分配任务，确保每个成员都能在自己的领域发挥作用。例如，负责实验设计的学生需要与查阅文献的学生合作，确保实验方案基于最新的科学研究成果。通过任务的合理协调，学生能够高效合作，提出创新性问题解决方案，并培养团队协作和沟通能力。

参考文献

[1] 丁振兴,谈媛媛,俞凤.线上教学结合PBL学习模式在急诊医学临床实习生教学中的应用[J].中国大学教学,2022（10）:42-47.

[2] 董艳,和静宇.PBL项目式学习在大学教学中的应用探究[J].现代教育技术,2019,29（9）:53-58.

[3] 吕艳娇,姜君.PBL教学方法对美国研究生创新能力影响[J].黑龙江高教研究,2018,36（11）:113-116.

[4] 石瑛,杜青平,李艳晖,等.问题推进式PBL教学模式在师范类大学教学中的应用[J].教育理论与实践,2015,35（36）:53-55.

[5] 孙天山.指向"基于问题的学习（PBL）"模式的思考与实践[J].教育理论与实践,2014,34（26）:53-55.

[6] 刘东.对PBL中教师权威的思考[J].教育科学,2012,28（3）:70-73.

[7] 刘莉,惠晓丽,胡志芬.基于PBL理论的工科人才培养途径探究[J].高等工程教育研究,2011（3）:104-108.

[8] 高志军,陶玉凤.基于项目的学习（PBL）模式在教学中的应用[J].电化教育研究,2009（12）:92-95.

[9] 梁燕,汪青,钱睿哲,等.从学生的视角看PBL教学实践的效果和努力方向[J].复旦教育论坛,2009,7（4）:92-96.

[10] 杜翔云,Anette Kolmos,Jette Egelund Holgaard.PBL:大学课程的改革与创新[J].高等工程教育研究,2009（3）:29-35.

第四章 免疫学 PBL 教学效果评估

在免疫学PBL教学的实施过程中,评估其教学效果是确保教学目标得以实现的重要步骤。本章将详细探讨如何通过构建科学的评估体系和合理的指标设定,全面评估学生的知识掌握情况、实践能力以及团队合作与沟通能力。同时,学生的反馈和学习满意度调查也是检验教学效果的重要手段,能够为后续教学的改进提供依据。

第一节 评估体系的构建与指标设定

评估体系是衡量PBL教学效果的重要工具,其目的是全面评估学生的学习成果、实践能力、合作与沟通技巧等多方面内容。有效的评估体系不仅要关注学生的学术成绩,还要考虑他们在学习过程中的态度和能力发展。

一、构建评估体系的基本原则

1. 全面性

在PBL教学法的实施过程中,评估体系的全面性是确保学生能力得到全面发展的一项关键原则。传统的评估模式通常仅关注学生对理论知识的掌握,而PBL教学法的评估不仅应覆盖知识层面,还需涵盖实践操作、团队合作、问题解决、批判性思维、自主学习能力等多方面的综合表现。

知识掌握的评估仍是评估体系的重要组成部分,但需要结合PBL教学的特点加以调整。在免疫学课程中,学生不仅要掌握免疫系统的基本原理和机制,还需理解免疫学知识在疾病预防、治疗等实际问题中的应用。因此,评估应设计成情境化的考核,如通过案例分析或实际问题解决来测试学生对知识的理解和应用能力。这种考核方式相比传统的闭卷考试,能够更好地反映学生在实际情境下运用知识的能力。

实验操作能力的评估对于免疫学这样实践性强的课程也尤为重要。在PBL教学中,学生通过实验设计和操作验证其对理论知识的理解。评估应重点关注学生在实验中的细节把控、实验流程的合理性和实验结果的解释能力。教师可以通过实验报告、实验过程观察以及实验结果展示等方式来评估学生的实验能力。同时,还应关注学生是否具备在实验中发现问题、调整实验方案的能力,从而进一步反映学生的实际动手能力和科学素养。

团队合作与沟通能力的评估是PBL教学的一个特色部分。学生在小组讨论和问题解决过程中，不仅需要各自完成分配的任务，还需要有效沟通、协作共事。评估时可以采用小组内部互评、教师观察、任务完成度评估等多种方式，确保对团队合作能力的客观考量。重点评估学生在小组中是否能够有效地提出和接纳意见、如何解决团队内部的分歧，以及他们在合作过程中展现出的领导力和协作精神。这种评估有助于培养学生在未来工作中所需的团队合作能力。

问题解决能力也是PBL教学评估体系中的重要一环。在问题驱动的学习模式中，学生的学习过程往往从解决实际问题出发。因此，评估不仅应着眼于学生是否得出了正确的结论，还需关注他们在问题解决过程中展现出的逻辑推理能力、创新思维能力以及解决方案的可行性和创造性。教师可以通过学生的汇报、案例分析结果等形式评估其解决问题的全过程，并提供相应的反馈。

此外，自主学习和批判性思维的评估也需要纳入评估体系。PBL教学要求学生在问题解决过程中主动查阅文献、搜集信息并进行自主学习，评估应关注学生在这一过程中的主动性与效率。同时，批判性思维是学生面对复杂问题时不可或缺的能力，评估时应考查学生对信息的辨别能力、对实验设计和文献的分析能力，以及他们在学习中的反思能力。

全面性评估不仅仅限于期末考核，而应贯穿整个学习过程。教师可以通过阶段性评估和最终评估相结合，持续跟踪学生的学习进展并为其提供及时的反馈，从而帮助学生不断调整学习策略、提升综合能力。

2. 持续性

与传统教学中的单一终结性评估不同，持续性的评估强调在整个学习过程中对学生的表现进行阶段性反馈，帮助学生及时调整学习策略并不断优化自身能力。这种动态、持续的评估方法能够促进学生在解决问题和实际操作中的深度学习与反思，从而实现学习效果的最大化。

首先，持续性的评估体现在对学生学习过程的全面追踪上。在PBL教学中，学习过程通常是从提出问题到解决问题的逐步推进，包括问题分析、文献查阅、实验设计、结果讨论和汇报等多个环节。每个阶段都对学生的学习能力和实践能力提出了不同的要求，教师需要在这些阶段对学生的表现进行分阶段评估。例如，教师可以在文献查阅阶段评估学生的信息检索能力、资料分析能力；在实验设计阶段，评估学生的方案合理性和创新性；在实验实施阶段，关注学生的动手操作能力和实验细节的把控。通过对每个学习阶段的持续性评估，教师能够及时发现学生在学习过程中的优点与不足，并提供针对性的指导与反馈。

其次，持续性的评估能够帮助学生在学习过程中进行自我反思和调整。PBL教学注重学生的自主学习和批判性思维培养，学生在每个阶段的学习过程中都会遇到不同的挑战和问题。通过阶段性评估，教师可以引导学生对自己的学习效果进行自我评估，帮助他们发现问题所在并及时调整学习计划。例如，在实验设计过程中，学生可能会因为实验参数设置不当而导致实验结果偏差。通过教师的持续评估和反馈，学生可以认识到自己在实验设计中的不足，并在后续的实验过程中进行改进。这样，学生不仅能够提升学习效果，还能够培养出自主学习和问题解决的能力。

持续性评估可以增强学生的学习动机和参与度。由于评估贯穿整个学习过程，学生能够在每个阶段获得及时的反馈和认可，进而激发他们的学习兴趣和探索欲望。特别是在面对复杂的免疫学问题时，持续性的评估能够帮助学生看到自己学习的进展，增强他们的信心。例如，学生在完成实验阶段后，通过教师的阶段性评估和反馈了解到自己在实验操作中的优点和不足，能够更加有针对性地进行下一阶段的文献分析或结果讨论。这种积极的学习反馈循环能够帮助学生不断巩固和深化所学知识，避免在学习过程中产生挫败感。

持续性评估还可以帮助教师对教学效果进行及时调整。在PBL教学中，教师的任务不仅是提供知识和引导，还包括评估学生的学习进度和教学效果。通过持续性的评估，教师可以了解学生在不同阶段的表现，识别出学生在学习过程中遇到的困难和问题。例如，如果在文献查阅阶段大部分学生无法有效找到相关资料，教师可以及时调整资源提供和文献检索指导的方式，帮助学生更好地完成任务。这种基于评估的动态调整教学策略的过程，能够确保PBL教学法的实施效果更加科学和高效。

最后，持续性的评估方式应多种多样，教师可以结合免疫学PBL教学的特点，采用多种形式的评估工具，如口头汇报、阶段性测试、实验报告、小组讨论记录、反馈问卷等，确保评估的多维性和全面性。

3. 客观性与主观性

评估指标应包含客观的学术成绩（如考试成绩、实验结果）和主观的能力提升（如团队合作、沟通技巧等）。这种结合能够更加全面和公正地反映学生在PBL教学中的表现。

客观性评估是评估学生学术水平的核心方法之一。客观性评估主要依赖于量化指标和标准化测量，确保评估结果具有可靠性和一致性。在免疫学PBL教学中，客观性评估常包括学生的考试成绩、实验报告质量、项目完成度等，这些指标通过数值和事实结果来评价学生的知识掌握和技能应用水平，便于进行量化分析。

通过这些具体的学术表现，教师可以量化评估学生在知识掌握和实验能力方面的进展。例如，期末考试成绩可以直接反映学生对免疫学基本理论的掌握情况；实验结果的准确性则可以作为评估学生操作能力和实验设计能力的依据。这类量化指标为教师提供了一个清晰的衡量标准，使评估结果更具可比性和可操作性。

主观性评估在PBL教学中同样不可或缺，尤其是对于那些难以通过量化指标评估的能力，如团队合作、沟通能力、创新思维等。PBL教学法强调的是学生在合作和实践中的综合能力，而这些能力通常无法通过单一的考试成绩或实验数据来反映。因此，主观性评估的引入有助于教师更全面地了解学生在解决复杂问题、与他人协作以及表达观点等方面的能力。例如，在小组讨论中，教师可以通过观察学生的参与度、团队合作能力以及在小组中的领导力来进行主观评估。对于这些软技能，教师可以采用多种方法进行主观性评估，如通过课堂观察、学生互评、个人反思报告等方式收集多方反馈，综合判断学生的能力提升情况。

客观性与主观性结合的评估方式，不仅能够确保评估的全面性，还能够更准确地反映学生的综合能力发展。在PBL教学中，学生的学术表现与软技能发展并不是孤立的，而是相辅相成的。例如，在一个涉及免疫系统应对病原体的PBL项目中，学生需要既掌握理论知识，又要具备与组员合作、共同解决问题的能力。仅仅依靠客观性评估，可能会忽略学生在合作过程中的表现；而单凭主观性评估，又可能无法准确反映学生的学术水平。因此，将这两种评估方式结合起来，既能衡量学生的知识掌握程度，也能评估他们在团队合作、问题解决和沟通技巧上的表现。

为了确保评估结果的公平与公正性，教师需要合理平衡客观与主观评估的比例，避免过度依赖某一方面。例如，对于实验操作的评估，教师可以结合学生的实验结果（客观性评估）和实验过程中的合作与沟通（主观性评估）来给出综合评估分数。通过这种方式，评估不仅能反映学生在学术知识方面的进步，还能关注他们在实际操作、团队合作和问题解决过程中的表现，形成更加立体的评价体系。

客观性与主观性结合的评估方式还能够为学生提供更加多样化的反馈，帮助他们认识到自己在各个方面的优势和不足。通过定量和定性的双重反馈，学生不仅能够了解自己在学术表现上的进展，还能够意识到自己在团队合作、沟通技巧、创新思维等方面的成长，从而进一步激发他们的学习动机和自我改进的意识。教师应在整个PBL教学过程中，持续收集和反馈学生的表现，确保学生在各个层面都得到全面的发展和提高。

二、评估指标设定

为了确保评估体系的有效性，教师需要设定明确的评估指标，确保学生在各个维度上都有所提升，以下是免疫学PBL教学中建议参考的评估指标。

（一）知识掌握程度

评估学生对免疫学核心知识的掌握情况，主要包括以下几个方面：

1. 免疫系统的基本原理

学生需理解免疫系统的组成及其功能，包括先天免疫和获得性免疫的基本概念。评估细化为：

理解先天免疫的组成部分（如皮肤、黏膜、免疫细胞）及其作用机制。

识别获得性免疫的特点，尤其是细胞免疫和体液免疫的区别。

理解主要免疫细胞（如T细胞、B细胞、巨噬细胞等）的功能、发育过程和相互作用。

2. 免疫应答机制

评估学生对免疫应答过程的认识，具体包括：

理解抗原识别的基本过程，特别是MHC分子的角色。

描述细胞免疫中T细胞的激活及其效应（如细胞毒性T细胞对病原体的清除）。

理解体液免疫中B细胞的激活及抗体产生过程，包括IgG、IgM等不同类型抗体的功能。

探讨免疫记忆的形成和维持，评估学生对疫苗原理的理解。

3. 免疫疾病的特点

学生应能够识别和描述各种免疫相关疾病，具体包括：

了解自身免疫病（如系统性红斑狼疮、风湿性关节炎）的发病机制、临床表现及治疗方法。

识别免疫缺陷病（如艾滋病、重症联合免疫缺陷）的特点及其对免疫系统的影响。

理解过敏反应（如哮喘、过敏性鼻炎）的机制，包括IgE的作用和肥大细胞的激活。

（二）实践能力

实践能力是学生将理论知识转化为实际操作的重要能力，包括实验设计能力、数据分析能力和实验操作技能。

1. 实验设计能力

（1）明确实验目的

学生在设计实验时，需要明确实验的研究问题或目标。这要求学生能够从实际问题出发，结合已学的理论知识，构建出科学的实验目的和假设。通过这一过程，学生不仅能够加深对免疫学核心概念的理解，还能提升逻辑推理和分析能力。教师可以通过对学生实验设计的目标和假设的合理性进行评价，从而评估其掌握科学研究基本流程的能力。

（2）选择合适的实验方法

学生需要根据实验目的和假设，选择合适的实验技术和步骤。免疫学中常用的实验方法包括ELISA、流式细胞术、免疫荧光、Western blot等。教师通过评估学生对实验技术选择的合理性、步骤的规范性和实验条件的控制等方面，判断其对相关实验技术的掌握程度。这不仅考验学生的知识储备，还要求他们具备一定的实践经验。

（3）考虑实验的可行性与可操作性

在设计实验时，学生还应充分考虑实验的可行性，包括实验设备的可获取性、实验时间的安排、所需的实验材料是否合理等。此外，还需要考虑实验的可操作性，确保实验步骤能够在实验室中顺利实施。教师可以通过学生对实验资源的合理安排和实验方案的可行性判断其综合设计能力，并给予适当的建议和指导。

2. 数据分析能力

学生在完成实验后，需对收集的数据进行统计分析。评估标准包括使用适当的统计工具（如SPSS软件等）处理数据的能力。要求学生撰写分析报告、阐述数据结果的科学意义，以及如何得出结论，确保学生能够从数据中提取信息。

数据分析能力是学生在实验科学学习过程中不可或缺的技能，涉及对实验数据的系统处理与解释。学生需掌握常用的统计分析软件，如SPSS等，了解其基本操作和功能，评估标准包括数据输入与整理能力，要求学生能够将实验数据导入软件，并进行必要的数据清洗，如处理缺失值和去除异常值。同时，学生需根据实验设计的类型选择适当的统计分析方法，如独立样本t检验、方差分析和回归分析。在数据分析过程中，学生应展示对分析流程的理解，包括描述性统计分析（计算均值、标准差、频率分布等）和推论统计分析（通过假设检验等方法检验实验假设的有效性，评估结果的显著性）。此外，结果可视化也至关重要，学生需使用图表（如柱状图、散点图、箱线图等）直观展示分析结果。在撰写分析报告时，学生需清晰展示数据结果，提供必要的图表和数据表，分析结果的科学意义，并阐释数据背后的生物学原理及其对研究假设的支持程度。结论部分应总结主要发现，并讨论结果的局限性和未来的研究方向，以培养学生的批判性思维。评估标准还需关注学生从数据中提取有价值信息的能力，要求学生识别趋势与模式，发现关键趋势、潜在关联或反常现象，并将数据结果与免疫学理论知识相结合，理解其在实际应用中的意义。通过这一评估指标的设定，旨在全面提升学生的数据分析能力，使他们不仅能够进行基本的统计分析，更能理解和解释数据背后的科学意义，从而在未来的科研和实际应用中具备更强的竞争力。

3. 实验操作技能

实验操作技能是学生在实际操作中能否规范、有效完成实验任务的重要评估维度。通过观察学生在实验室中的操作表现，可以全面评估其在使用实验仪器、处理样品以及记录数据方面的规范性和准确性。首先，学生需掌握实验室常用仪器的使用方法，包括但不限于移液器、离心机、显微镜、酶标仪等，评估标准应包括其对设备的正确设置、维护以及安全操作的能力。其次，在样品处理方面，学生需遵循严格的实验规范，确保实验操作的精准性和重复性。例如，在进行免疫测定时，学生需掌握准确加样、试剂混合和孵育等步骤；在细胞培养过程中，需保证无菌操作和细胞状态监测。教师在评估过程中可以通过观察学生是否严格按照实验流程操作，是否正确使用实验试剂，并对实验中的突发情况是否能够做出合理应对来判断其实验操作的熟练程度。

此外，数据记录的规范性也是实验操作技能评估中的重要组成部分。学生需在实验过程中详细记录实验数据和实验条件，如温度、试剂浓度、样品处理时间等，以确保实验结果的可追溯性和实验过程的透明性。在实验结束后，学生需整理实验数据，并根据实验要求撰写规范的实验报告，记录实验过程中的发现和问题，并提出合理的改进意见。为了更好地巩固学生的实验技能，教师可以定期进行实验技能测试，通过实操考核或模拟实验的方式，评估学生对实验技术的掌握程度。考核内容可以涵盖免疫测定、细胞培养、Western Blot、ELISA等基础实验技术，确保学生能够独立完成各项实验任务，并能够在不同实验场景中灵活应用所学技能。通过这一系列评估，学生不仅可以强化实验操作的规范性和熟练度，还能逐步提高解决实验中实际问题的能力，最终实现理论与实践的有机结合。

（三）批判性思维

批判性思维的评估指标是指学生能够深入思考、质疑现有知识体系，提出具有创新性和独立见解的能力。PBL教学法通过引导学生自主探究免疫学中的复杂问题，培养其独立思考与反思现有知识体系的能力。批判性思维评估标准不仅要关注学生对知识的理解，更侧重于其质疑现有假设、发现问题并提出解决方案的能力。

1. 理论知识的质疑与反思能力

在PBL教学过程中，批判性思维的首要体现是学生对理论知识的质疑与反思。这种能力要求学生不再被动接受现有的知识，而是积极主动地提出问题，并对现有的理论进行深刻思考。在免疫学教学中，当学生学习免疫应答机制时，教师可以通过设置具有挑战性的开放性问题，帮助学生思考现有理论的局限性。例如，教师可以提出"为什么人体对某些疾病的免疫应答会失败"这一问题，促使学生从多角度分析背后的可能原因。通过这个过程，学生会意识到理论并非无懈可击，且在实际应用中可能存在未解的矛盾和问题。

在评估学生的批判性思维能力时，关键在于学生是否能够发现现有理论的不足之处，是否能够在已有知识框架内提出新的假设或解释，并进一步运用逻辑推理对这些假设进行验证和分析。学生不仅需要具备质疑能力，还需要通过对现象的深层分析，提出富有建设性的新观点，这既是理论知识掌握的深化，也是批判性思维能力的重要表现。

此外，学生还应能够对不同假设进行比较分析，评估其合理性与可行性，并最终形成自己的观点。通过这种深刻的反思与质疑，学生的批判性思维能力将得到充分锻炼，为其在未来的科研和专业发展中奠定坚实的基础。

2. 实验设计与方法评估

批判性思维在实验设计与方法评估中同样发挥着重要作用，特别是当学生面临复杂的实验问题时。学生不仅需要根据免疫学中的实际问题，提出科学假设并设计实验步骤，还要在实验过程中不断反思并改进其方法。在此过程中，学生的批判性思维不仅表现在如何构建实验，还体现在对实验执行过程中可能出现的问题的分析与应对。

在评估学生实验设计能力时，教师应注重考察其实验方案是否符合科学规范，步骤是否合理有序，假设是否清晰明了。更为重要的是，教师需要关注学生在实验过程中遇到挑战时能否展现出批判性思维的能力。例如，在进行ELISA实验时，学生可能会遇到数据不稳定的情况。在此情境下，批判性思维的核心表现为学生是否能够识别出问题的潜在原因，如仪器校准不当、操作误差或试剂质量问题。之后，学生是否能够基于分析提出合理的改进建议，如优化实验条件、修改检测步骤，甚至重新设计部分实验，以确保数据的准确性和可靠性。

3. 复杂问题的多角度分析能力

在评估学生的批判性思维时，教师可以设计一些跨学科的复杂问题，观察学生能否从多角度进行分析并提出合理的解决方案。例如，在学习免疫学时，教师可以要求学生结合病理学、药理学等领域，探讨某种疾病的免疫治疗方案是否可行。

此类评估的关键在于学生不仅能识别出免疫系统的基本问题，还能将其他学科的知识融会贯通，从而多维度分析问题。学生需要考虑免疫治疗的临床效果、药物的副作用、患者的病理状态以及社会经济成本等多方面因素。通过这种综合分析，学生可以提出多个可能的解决方案，而不仅仅局限于一个固定的答案。

评估标准应包括学生是否能基于不同学科的视角提出多种方案，并能对每种方案的优缺点进行批判性评估。例如，在讨论一种新型癌症免疫疗法时，学生可能会提出其有效性，但也会注意到它的副作用及高昂的费用。在此过程中，学生应能够权衡每个方案的科学性、可操作性和社会可接受性，并最终做出科学决策。

4. 文献阅读与评价能力

批判性思维的重要表现之一是学生对文献的阅读和评价能力，尤其是在免疫学PBL教学中，这一能力显得尤为关键。学生需要通过查阅大量相关的文献资料，了解最新的研究成果和学术观点，并从中提出独立见解。在评估过程中，教师应重点考查学生能否批判性地分析现有文献中的论点与结论，是否能够识别出研究中的逻辑漏洞、不足之处，以及是否有能力提出具有建设性的改进建议。

文献阅读报告是评估这一能力的有效形式。在阅读报告中，学生应对文献的主要内容进行归纳，分析文献中的研究方法、数据结论是否严谨，并讨论其科学性及适用性。例如，在阅读关于免疫系统的新疗法或免疫疾病机制的研究文献时，学生不仅要评估研究结论的合理性，还需辨析是否存在数据分析不足、样本量过小或实验设计缺陷等问题。此外，学生应提出改进现有研究的具体建议，如优化实验方法、补充更多的实验数据或探索新的研究方向。

通过这种文献评价，教师不仅能够评估学生的批判性思维深度，还可以检测他们对不同学术观点的理解和判断能力。学生的批判性分析越深入，越能体现出其对复杂学术问题的理解力与反思能力。

（四）团队合作能力

团队合作能力是PBL教学中不可或缺的评估指标，尤其在免疫学等需要跨学科合作和知识整合的学科中，学生的团队合作能力对于学习效果的提升具有重要作用。在PBL教学法下，学生通过小组讨论、任务分配、共同解决问题的方式进行学习，因此团队中的协作、沟通、角色分配等能力的培养至关重要。

在评估团队合作能力时，教师可以从以下几个方面着手：

首先，观察学生在团队中的沟通能力，特别是他们能否清晰表达自己的观点，并能够积极倾听和回应其他成员的意见。良好的沟通不仅能提高小组的整体效率，还能促进知识的深度交流。例如，当团队成员讨论免疫应答机制中的复杂问题时，学生是否能够通过有效的沟通达成共识，从而推动问题的解决是评估的重点之一。

其次，评估学生的任务分配与合作策略。在PBL的团队合作中，合理分配任务并确保每个成员的参与度是评估合作能力的重要标准。教师可以通过小组汇报、团队反思报告等形式，评估学生在团队任务中是否能科学合理地分工，是否能够互相支持与协作，确保任务的顺利完成。例如，学生是否能根据个人的专长和兴趣分配不同的任务，如实验设计、文献查阅、数据分析等，并确保小组成员能够共同完成整个项目。

再次，团队合作中的冲突管理能力也是评估的关键。在合作过程中，团队不可避免地会遇到意见分歧或任务执行中的问题，教师应关注学生在此类情况下的应对方式。通过观察学生能否在团队内部化解冲突、达成妥协，以及在面对团队压力时如何解决问题，教师可以判断学生的合作能力及其在团队中的领导力。

最后，团队合作成果的质量也是评价标准之一。教师应通过小组完成的项目成果，如实验报告、问题解决方案等，评估团队合作的有效性。如果团队能够高效合作，完成任务时展示出更强的创新性和问题解决能力，那么可以认为学生在团队合作中发挥了良好的作用。

综上所述，团队合作能力不仅仅是指个体与他人的协作表现，更是学生在团队环境中发挥的综合素质与跨学科思维能力的体现。

（五）创新能力

创新能力的评估在免疫学PBL教学中占据重要位置，尤其是免疫学这样一个快速发展的学科领域中，创新能力决定了学生能否在未来的科研或工作中提出具有前瞻性和实际应用价值的新思路。该指标的设定应从多个维度进行考虑，具体如下：

1. 独立研究与问题解决能力

学生在学习过程中，能够识别并独立选择尚未解决的科学问题，是创新能力的重要体现。在PBL教学中，教师可以鼓励学生从现有的免疫学知识中寻找问题，提出独特的研究假设。评估标准包括学生是否能清晰地阐述所选问题的背景和重要性，是否能够合理地设计出研究方法，并在此基础上提出有创新性的解决方案。教师可以通过项目提案书的形式，要求学生提交关于他们研究的独特性和可行性的论证材料，从而评估他们在独立研究过程中的创新思维。

2. 跨学科的整合与应用

创新能力不仅体现在独立的研究问题上，还包括学生将多学科知识整合应用于免疫学的能力。评估应关注学生是否能够借鉴其他领域的理论、方法和技术，以解决免疫学中的复杂问题。例如，学生在讨论某种疾病的免疫机制时，是否能结合生物信息学、药物开发或生物工程等领域的知识进行综合分析。此时，教师可以设置任务，要求学生在小组中分享不同学科的视角，并鼓励他们共同探讨如何创新性地应用这些知识解决实际问题。

3. 创造性思维与灵活应变能力

创新能力还表现在学生的创造性思维与灵活应变的能力上。在面临研究挑战时，学生是否能够灵活地调整研究方向或方法，探索新的解决思路。例如，学生在进行文献综述时，能够提出与现有研究相对立的新观点，并尝试为这些观点设计相应的实验验证。教师可以通过定期的汇报和讨论会评估学生在团队讨论中的表现，观察他们是否积极参与、提出新思路，并在讨论中展示出独立的见解和反思能力。

4. 对新技术和新方法的探索能力

随着科学技术的不断进步，免疫学研究中涌现出许多新技术和新方法。评估学生在这一领域的创新能力时，应关注他们对新技术的敏感性和探索欲。例如，学生在研究中是否主动寻求和尝试最新的检测技术、数据分析工具或实验设备。教师可以通过让学生撰写技术探索报告或设计实验方案的形式，评估他们对新技术的理解及应用能力，确保学生不仅能掌握已有技术，还能主动探索更先进的方法。

5. 持续学习与终身学习能力

创新能力的培养并不止于课堂教学，更在于学生是否具备持续学习和终身学习的意识。在PBL教学中，教师应鼓励学生关注免疫学领域的前沿动态，定期参加学术讲座、研讨会等活动，并与学术界进行互动。评估标准应包括学生的主动性和参与度，例如参与学术会议的频率、是否能够主动发掘最新研究成果并与同伴分享等。这不仅有助于提高学生的创新能力，也能培养他们对科学研究的热情和责任感。

6. 沟通与表达能力

在创新过程中，良好的沟通与表达能力是学生将其创意转化为实际成果的重要保障。评估时应关注学生在小组讨论、学术汇报和文献评估中的表达能力，包括其能够清晰地传达自己的想法、观点以及研究成果。教师可以设计多种形式的评估任务，例如学术报告、海报展示或论文撰写，考查学生在不同场合下的沟通技巧，以及他们是否能够有效地说服听众接受自己的创新观点。

7. 风险意识与评估能力

在科学研究中，创新往往伴随着一定的风险。评估学生的创新能力时，教师应关注学生对风险的识别、评估和管理能力。学生在研究过程中，是否能够充分考虑实验的伦理、社会影响和潜在风险，并提出合理的应对策略。例如，在设计与人类疾病相关的研究时，学生是否能主动思考并评估研究对参与者的潜在风险。教师可以通过情境模拟、案例分析等形式，评估学生在面对复杂伦理问题时的决策能力和风险管理意识。

（六）科学精神

科学精神是指学生在学习和研究中表现出的求真务实和严谨的态度。科学精神是科学研究的基石，也是学生在免疫学PBL教学中需要重点培养的素质。科学精神不仅要求学生掌握科学知识和技能，还强调他们在科学探究中的态度和行为准则，包括求真务实、严谨的科学方法、探索的毅力、学术诚信以及开放与包容的学术心态。在免疫学领域，科学精神贯穿于理论学习、实验操作和问题解决的每个环节，是学生成为优秀科学工作者的核心素质。以下是科学精神的六个重要维度：

1. 求真务实的态度

求真务实是科学精神的核心，它要求学生在学习和科研过程中，始终坚持客观事实、科学依据，拒绝主观臆断。在免疫学PBL教学中，学生面对复杂的生物学问题时，需通过实验和数据来支持其假设与结论。求真务实的态度体现在学生是否能够准确记录实验数据，诚实反映实验结果，无论实验是否符合预期，都能实事求是地进行分析。

教师应鼓励学生在实验设计和分析中坚持科学原则，避免追求过于理想化的结果。求真务实不仅关乎科研数据的真实性，还体现在对科学问题的深入思考和不断探索上。学生应在免疫学课程中学会以事实为依据，严格遵循科学标准，从而提升他们在面对实际问题时的判断力和解决问题的能力。

例如，在研究某种疫苗的免疫原性时，学生可能会遇到免疫反应较弱或者实验结果不一致的情况。此时，求真务实的态度表现为学生不应为了迎合假设而修改或忽略数据，而应实事求是地反映实验结果，即便这些结果不符合预期。教师可以通过引导学生反思实验设计、实验条件或数据采集是否存在问题，从而培养他们的科学求真精神。这种态度不仅能够帮助学生提高科研的严谨性，还能让他们更好地理解科研失败也是科学发现的重要一环。

2. 科学探究精神

科学探究精神是推动科学进步的重要动力，体现在对未知事物的好奇心和探索欲望。学生在免疫学PBL教学中，面对许多尚未完全解开的生物学现象时，需要展现出强烈的求知欲和探索精神。这种精神不仅是对已知知识的巩固，更体现在对未知领域的大胆探索，学生需要不断提出问题，进行实验验证，并从结果中寻找新的研究方向。

科学探究精神还要求学生在实验中积极寻找新的方法或技术，通过跨学科的视角解决免疫学问题。教师应通过设置开放性的问题情境，鼓励学生运用创造性的思维去解决实际问题，激发他们的探索欲。通过这种探究性学习，学生能够提升其独立研究能力，并培养起对科学的持久兴趣。

3. 严谨的科学方法

严谨的科学方法是科学精神的重要体现，尤其在免疫学这样实践性极强的学科中，科学方法的严谨性是保障实验成功和数据可靠的关键。在PBL教学中，学生需要掌握科学研究的基本方法,包括实验设计、数据收集、变量控制、结果分析等。严谨的科学方法要求学生在每个环节中都能够保持逻辑性和规范性,确保实验过程中的每一个步骤都符合科学标准。

教师在指导学生时,应重视培养他们的实验技能和逻辑推理能力,确保学生在实验过程中不仅遵守操作规范,还能够有条理地进行推理和分析。学生在撰写实验报告或设计实验方案时,是否能够体现出缜密的思维和细致的实验步骤,也是衡量其科学精神的重要标准之一。

例如,在进行特定抗体水平检测的实验中,学生需要设计一个合理的实验流程,选择合适的实验方法(如ELISA),并控制好实验变量(如抗原浓度、温度、时间等)。在数据采集后,学生需要进行统计分析,判断实验结果是否具有显著性。在这个过程中,严谨的科学方法要求学生关注实验的每一个细节,从实验材料的选择到实验条件的设定,避免因为操作不当或变量控制不足导致实验失败。通过严格执行实验步骤,学生能够提升其逻辑推理能力和数据处理能力。

4. 执着与坚韧的科研态度

科学研究是一个长期的、充满不确定性的过程,执着与坚韧是科学精神中不可或缺的品质。在免疫学PBL教学中,学生可能会面对实验失败、结果不确定或数据偏差等问题,这时他们需要保持对科研的执着和毅力,克服困难,继续推进研究。执着与坚韧不仅体现在学生对实验的反复修改和优化,还体现在他们在面对挫折时,能够冷静反思问题的根源,并采取合理的措施进行改进。

教师应鼓励学生将失败视为科研过程的一部分,帮助他们树立正确的科研态度。在科研道路上,持之以恒的精神能够促使学生不断学习和进步,最终达到成功的彼岸。通过这种执着与坚韧的培养,学生能够在今后的科研工作中更加从容地应对挑战,提升其解决问题的综合能力。

比如,某种免疫细胞在实验条件下未能显示出预期的活性,这时学生可能感到挫败。然而,具有坚韧态度的学生会坚持重新审视实验设计、调整实验条件或重新选择实验材料,直至找到问题所在。

5. 学术诚信与道德规范

学术诚信与道德规范是科学精神的道德底线,是学生在学术生涯中必须坚守的基本准则。学术诚信体现在学生是否能够诚实地记录和呈现实验数据,是否能够尊重他人的科研成果,是否遵守实验伦理规范。尤其在涉及生物样本或临床数据的免疫学研究中,学生需要严格遵守科研伦理,确保研究过程中的每一个环节都符合道德规范。

教师应通过道德教育和学术讨论,帮助学生理解学术诚信的重要性。通过设置与科研伦理相关的情境案例或模拟实验,学生可以更好地理解如何在科研中保持诚实和透明。在免疫学PBL教学中,学生不仅要学会如何设计实验和分析数据,还要明白科学研究中应该承担的社会责任和道德义务,确保研究结果能够真正造福于社会。

例如，在处理一组实验数据时，学生发现某些数据与预期不符，可能会面临是否修改或删除异常数据的道德困境。具有学术诚信的学生应坚持保留所有数据，无论数据是否支持假设，都应在报告中详细说明。特别是在免疫学研究中，涉及生物伦理的问题更加复杂，如实验设计中对动物模型的使用或涉及人类样本时，学生必须严格遵守相关伦理要求。教师可以通过讨论学术诚信案例，引导学生认识到学术不端行为的危害，帮助他们理解科研中的诚信和道德底线对科学发展的重要性。

6. 开放与包容的学术心态

科学精神还包含开放与包容的学术心态。在免疫学PBL教学中，学生需要与同学合作，参与小组讨论和问题解决，这要求他们能够尊重和接受不同的学术观点。开放的学术心态体现在学生能够虚心听取他人的建议，并能够在学术讨论中保持理性和包容，寻求多方观点的碰撞与融合。

此外，开放的学术心态还要求学生能够不断接受新知识和新技术，适应免疫学领域中的前沿发展。教师应通过多样化的学习资源和跨学科讨论，帮助学生拓宽视野，培养他们从不同角度思考和分析问题的能力。在这种开放与包容的学术环境中，学生不仅能够提升学术水平，还能够建立起良好的学术合作意识，为未来的学术研究打下坚实的基础。

（七）社会责任感

社会责任感是学生在学习免疫学过程中应培养的重要品质，体现了科学教育与社会实践的紧密结合。作为未来的科学工作者，学生不仅需具备扎实的专业知识，还应具备为社会服务、关注公共健康、积极参与社会问题解决的意识和能力。

1. 关注公共健康问题

在免疫学课程中，学生可能会研究疫苗的开发或免疫治疗的设计，但他们需要进一步思考如何让这些科学成果服务于社会。例如，在研究如何开发新型疫苗的项目中，学生不仅要分析疫苗的免疫效应，还要讨论疫苗在全球推广中的可及性和成本问题。假设一组学生在PBL项目中研究了COVID-19疫苗的分配问题，他们发现经济欠发达地区的疫苗获取存在严重滞后。在这种情况下，学生设计的解决方案不仅考虑了疫苗的科学性，还涉及成本控制和全球疫苗分配的公平性。这种意识培养了学生关注公共健康的责任感，促使他们认识到科学成果应惠及所有社会阶层。

2. 促进社会公平

在免疫学研究中，学生需理解社会公平在科学应用中的重要性，特别是在治疗手段和新药开发方面。例如，学生在设计新的免疫疗法时，应意识到该疗法的成本和受众群体。如果他们的免疫疗法成本过高，仅服务于高收入群体，这就违背了社会公平的原则。学生分析一种新的免疫治疗方法后，提出了一种更具成本效益的治疗策略，以确保更多患者能负担得起，这种研究方式让学生理解到，科学进步不应成为进一步加剧社会不平等的手段，而是要为实现更大的社会公平服务。

3. 环境保护与可持续发展

在免疫学实验中，许多实验涉及使用有害试剂或耗费大量生物资源。学生在设计实验方案时，必须考虑如何降低实验的环境负担。例如，学生在开展免疫检测实验时，可以选择使用更环保的试剂或设计无废弃物的实验流程。

4. 关注伦理问题

伦理问题是免疫学研究中最具挑战的责任之一，尤其是涉及基因编辑、免疫治疗等领域时。学生必须学会在推动技术进步的同时，尊重伦理和社会规范。例如，在基因编辑治疗遗传性疾病的案例中，学生可能探讨了如何避免技术滥用或带来的伦理风险，并提出了在保障病人利益和尊重人类胚胎伦理的前提下，如何合理使用基因编辑技术的建议。这不仅增强了学生的伦理责任感，还让他们认识到科学技术的应用必须遵循社会和道德规范。

5. 公众科学素养的提升

学生不仅要在实验室内解决问题，还应具备向公众传播科学知识的能力。通过科普活动或公众讲座，学生能够提升公众对免疫学领域的了解，帮助公众更好地理解科学成果在日常生活中的应用。例如，在设计一场关于疫苗接种安全性的社区科普讲座时，学生通过简单易懂的语言向居民解释了免疫反应的原理，以及疫苗如何在人体中发挥作用，消除了公众对疫苗安全性的误解。这种活动不仅锻炼了学生的沟通能力，还让他们在科普教育中体会到自身的社会责任，认识到科学研究最终应服务于全社会。

6. 全球责任与合作意识

免疫学研究常常涉及全球性问题，如传染病防控和疫苗分配等。学生需要理解自己研究的全球影响，并具备跨国合作的意识。例如，在全球疫苗接种计划的案例中，学生可以探讨如何通过国际合作解决疫苗分配不均的问题，尤其是在资源匮乏的国家。通过分析全球疫苗接种计划中的挑战，学生能够意识到科学研究不仅要服务于本国，也要为全球公共健康作出贡献，特别是在应对全球性流行病等问题上。通过这些案例，学生能够形成全球视野，理解科学研究的社会责任不仅限于本地，还涉及全球合作与发展。

第二节 学生知识掌握与实践能力的评估

免疫学PBL教学法的一个重要目标是提高学生的知识掌握和实践操作能力。为了有效评估这些能力，教师需要设定相应的评估方式，以全面衡量学生在理论与实践两方面的表现。

一、知识掌握的评估

在免疫学PBL教学中，评估学生的知识掌握是教学效果的重要组成部分。学生不仅需要理解核心概念，还必须能够将这些知识应用到复杂的免疫学问题中。以下内容介绍了在免疫学PBL教学中评估知识掌握的主要方法。

（一）定期考试与测试

1. 内容覆盖

定期考试是评估学生对免疫学知识理解的重要手段。免疫学内容复杂，包括免疫系统的结构与功能、免疫应答的类型、免疫细胞功能等，考试设计应确保覆盖这些关键内容。每阶段的考试应根据学生的进度分层次进行，比如第一阶段侧重基础知识，后续阶段考查更为复杂的免疫机制和应用。

2. 考试形式

在免疫学PBL教学中，考试形式的多样化不仅能更加全面地评估学生对知识的掌握情况，还能有效反映学生的批判性思维、创新能力以及解决问题的能力。通过选择题、简答题、案例分析题和论述题等多种形式的结合，教师可以更为全面地考察学生的知识水平和应用能力。

（1）选择题

选择题作为一种常见的考试形式，能够快速有效地考察学生对基础知识的掌握情况。在免疫学中，选择题应设计得相对具体，涵盖免疫系统的基本组成部分、免疫细胞的类型及其功能、免疫应答的不同阶段等。例如，教师可以设计关于T细胞和B细胞的区别、细胞因子作用机制、抗原抗体相互作用的选择题，快速评估学生对这些核心概念的熟悉程度。

同时，选择题还可以帮助教师评估学生对较为复杂的生物机制的记忆和理解。例如，学生可能被要求选择正确的免疫反应顺序，或识别出某种病原体入侵时最先激活的免疫细胞。选择题的多样性和灵活性能够使其覆盖免疫学中的各个知识点，确保学生不仅仅理解局部概念，还能够在大范围内保持对整个免疫系统的把握。

（2）简答题

简答题在考试中可以帮助教师进一步评估学生对重要概念的理解深度。与选择题不同，简答题要求学生不仅要记忆知识，还要能够清晰、准确地表达对免疫学原理的理解。教师可以通过设计简答题来检查学生对免疫学中复杂概念的掌握程度，例如要求学生简述抗原呈递过程，或者解释先天性免疫和适应性免疫的区别。

此外，简答题还可以用来评估学生对免疫反应机制的理解，特别是在遇到病原体时不同免疫应答的触发机制。学生可以被要求描述补体系统的激活过程，或者说明某种免疫细胞在特定情况下的作用。简答题不仅能考查学生的知识储备，还能反映出他们在理解和表达科学过程方面的能力。

（3）案例分析题

案例分析题是免疫学考试中的重要组成部分，它能够模拟现实中的临床问题，帮助评估学生如何将理论知识应用于实际问题的解决。教师可以设计与真实世界密切相关的病例，要求学生基于所学知识进行分析。例如，一个案例可以涉及某患者的自身免疫疾病，学生需要结合免疫机制解释疾病的病理过程，并设计出可能的治疗方案。通过案例分析，教师不仅能够评估学生的知识掌握情况，还可以考察他们的问题解决能力和创新思维。

案例分析题的灵活性还在于它可以结合跨学科知识进行评估。比如，在分析一例感染疾病时，学生可能需要整合免疫学、病理学和药理学的知识，提出具有实际应用意义的治疗方案或疾病管理策略。这种形式的考试能够反映出学生在复杂场景中的知识整合能力，也能评估他们是否具备实际应用免疫学知识的潜力。

（4）论述题

论述题要求学生深入分析和探讨某一免疫学主题，这种题型能够有效评估学生的批判性思维、逻辑分析能力以及其对复杂问题的全面把握。在设计论述题时，教师应选择具有挑战性且能够引发深入思考的主题。例如，论述题可以涉及"疫苗接种的免疫原理及其社会影响""免疫逃逸机制与肿瘤免疫治疗的关系"等复杂议题，要求学生从科学角度展开详细的论证。

通过论述题，教师可以评估学生能否在深入理解免疫学知识的基础上，提出有理有据的观点和解释。论述题还可以帮助揭示学生的创新能力，尤其是在涉及免疫疗法创新或全球健康问题时，学生需要提出自己独特的见解。此外，论述题的开放性使得学生可以自由表达其对复杂问题的看法，并展示其在科学研究中的思维方式。

3. 评价标准

考试成绩的评估不仅依赖于对标准答案的判断，更应结合学生的逻辑推理、知识应用能力以及创新性思维。每一种题型都需要有针对性的评价标准，以便全面衡量学生的理解能力和综合运用免疫学知识的水平。

（1）选择题的评价标准

选择题通常用于评估学生对免疫学基础知识的掌握，包括免疫系统的组成、细胞功能、免疫反应的基本阶段等。对于选择题，评价标准应注重学生的正确率、知识覆盖广度及对核心概念的理解。

准确性：学生的解答是否正确，是基础的评价标准。选择题考查的是对免疫学概念的直接理解，答案的准确性能够反映学生是否能够熟练掌握免疫系统的结构、功能和疾病机制等基本知识。

广度与深度：选择题设计应涵盖免疫学各个领域的知识点，评估学生的知识广度。教师应确保问题涵盖免疫细胞、抗原-抗体反应、免疫疾病等多方面内容，以测试学生对基础知识的全面掌握。

（2）简答题的评价标准

简答题的评价标准主要着重于学生对重要免疫学概念的解释与应用。这类题型要求学生简洁而准确地表达免疫学知识，因此其评价标准需要考虑学生对问题的概括能力、表达的清晰性和对关键细节的掌握。

概念理解：学生是否能够准确描述免疫学核心概念，例如抗原呈递过程或免疫应答类型的原理。评估时应重点关注学生是否能够将这些复杂的生物学过程简明扼要地解释清楚，并表现出对其本质的理解。

信息的清晰度与组织性：在答简答题时，学生的回答应逻辑清晰、条理分明，能够将信息有效组织起来。一个高质量的答案应体现出学生对概念的结构化理解，并能在有限的篇幅中传达出完整的信息。

细节掌握：教师还应评估学生在回答问题时，是否能够掌握并引用重要的细节。例如，学生在描述免疫细胞的功能时，是否提及了各类细胞在免疫反应中的具体角色和机制。

（3）案例分析题的评价标准

案例分析题的设计意图在于让学生通过对真实或模拟免疫学案例的分析，展示他们对知识的应用能力。评估学生在此类题型中的表现时，教师应关注以下标准：

应用能力：学生是否能够有效应用免疫学知识来解释案例中的现象。例如，针对一个自身免疫疾病的病例，学生是否能够分析出疾病的免疫病理机制，或者对于一个疫苗开发案例，学生是否能够提出合理的免疫应答机制解释和应对策略。

逻辑推理：案例分析题需要学生展示逻辑推理能力，特别是在疾病诊断和免疫治疗设计中，学生是否能够从已知的病理信息中推导出可能的解决方案。教师应关注学生推理过程的清晰度，确保其结论是基于合理的分析和数据支持的。

问题解决的深度：案例分析题应鼓励学生深入思考问题的多维性和复杂性。一个优秀的答案不仅要能够解决表面问题，还应展示对更深层次原因的理解，提出多角度的分析和解释。教师应评估学生的答案是否能够揭示出问题的复杂背景，并提出全面而科学的解决方案。

（4）论述题的评价标准

论述题是评估学生对复杂问题的分析、批判性思维和综合知识应用能力的有效手段。评估论述题的标准应着重于学生对特定主题的深度探讨、逻辑性、创新性和科学推理能力。

分析深度：论述题要求学生对特定的免疫学问题进行全面的分析。教师应评估学生是否能够从多个角度探讨问题的背景、现象、机制以及可能的解决方案，展示出对问题的深刻理解。例如，论述题可以涉及疫苗免疫原选择的复杂性，学生是否能够讨论不同免疫原的优缺点及其对免疫反应的影响。

创新性思维：优秀的论述题应体现学生的创新性思维。学生是否能够提出新颖的见解或解决方案，并展示其对前沿研究的理解。例如，学生在讨论某种免疫治疗时，是否能够提出基于新型免疫技术（如CAR-T细胞疗法）的独特见解，体现出对创新技术的敏锐洞察。

逻辑与论证：论述题的评价还应注重学生是否能够在解答过程中形成一个逻辑严密、论据充分的论证过程。教师应评估学生的论述是否基于科学证据和理论推理，是否能够清晰地支持其结论，并展示出对免疫学知识的融会贯通。例如，学生在讨论免疫逃逸机制时，是否能够结合实验数据或临床研究来支持其论述。

总结来说，考试的评价标准应根据不同题型的特点，灵活调整评估重点，既涵盖对基础知识的掌握，也关注学生在知识应用、逻辑推理、创新性思维等方面的表现。通过设定全面的评价标准，教师能够更好地了解学生在免疫学领域的综合能力发展，并为他们提供针对性的反馈和支持。

（二）作业与课程项目

作业和课程项目是评估学生知识掌握与应用能力的重要途径之一。免疫学的复杂性和前沿性要求学生不仅具备扎实的理论基础，还要能够分析和解决复杂的现实问题的能力。通过多样化的作业设计，教师可以更全面地考察学生的知识应用和批判性思维能力。

1. 作业类型

在免疫学课程中，作业形式应多样化，以确保全面评估学生的理解能力、应用能力以及创新思维。以下是几种典型的作业类型：

（1）研究报告

研究报告是一种经典的作业形式，要求学生深入探讨免疫学中的某个前沿热点问题，如疫苗研发、肿瘤免疫治疗或自身免疫疾病的机制。学生通过查阅文献、分析现有的研究进展，撰写详细的报告，展示他们对该问题的深入理解。例如，学生可以研究新型mRNA疫苗的开发机制和临床应用，探讨其对全球公共卫生的影响。研究报告不仅要求学生熟练掌握理论知识，还需展示他们在信息整合、问题分析和批判性思维方面的能力。

（2）文献综述

文献综述要求学生对特定免疫学主题进行全面梳理和总结。学生需查阅大量相关文献，并在此基础上撰写综述报告，梳理研究现状，识别当前研究中的不足和未来发展方向。例如，学生可以撰写关于T细胞介导的免疫反应的文献综述，分析近年来T细胞在感染、肿瘤和自身免疫疾病中的作用。该作业有助于培养学生的文献检索、批判性分析和学术写作能力，确保他们能够跟上学术前沿的发展。

（3）问题解决型作业

问题解决型作业侧重于学生将理论知识应用于实际病例的能力。教师可以提供特定的免疫学病例，例如某种自身免疫疾病或免疫缺陷案例，要求学生设计合适的治疗方案，并详细解释其科学依据和实施过程。例如，学生可以针对某患者的免疫抑制情况，设计免疫调节方案，提出合理的药物选择和治疗步骤。这种作业形式评估学生对免疫学原理的理解及其在临床和科研中的实际应用能力。

2. 评估目标

作业的评估不仅关注学生对理论知识的掌握，还应包括他们在信息检索、科学写作、批判性思维和创新能力等方面的表现。评估的目标应明确、全面，具体可以涵盖以下几个方面：

（1）理论理解的深度

教师应评估学生在作业中对核心免疫学概念的理解深度。例如，在撰写关于疫苗开发的研究报告时，学生需要展示出对抗原选择、免疫原性、疫苗效力评估等复杂概念的清晰理解。这体现了学生是否能够将教科书中的理论知识应用于实际问题，揭示其学习的深入程度。

（2）信息检索与资料整合能力

高质量的作业要求学生具备强大的信息检索和整合能力。教师应评估学生能否从大量的科学文献中有效提取有用信息，并整合成逻辑清晰、内容充实的报告。例如，在文献综述中，学生需展示其能够综合来自多个不同研究的结论，并形成对某个主题的全面观点。

（3）批判性思维与分析能力

作业应能展示学生的批判性思维能力，尤其是在分析现有研究的优缺点时。例如，学生在讨论肿瘤免疫治疗的过程中，是否能够识别出当前治疗手段的局限性，并提出有根据的改进建议，这将是评估他们批判性思维能力的关键指标。

（4）创新与问题解决能力

教师还应评估学生在作业中展示的创新思维和问题解决能力。特别是在问题解决型作业中，教师应关注学生能否提出新颖且可行的解决方案。比如，针对某个复杂的免疫疾病案例，学生是否能够设计出创新的治疗方案，并考虑到实际的临床可操作性和科学依据。

（5）科学写作与表达能力

科学写作能力是评估作业质量的重要标准之一。学生是否能够将复杂的免疫学原理和研究成果清晰地表达出来，将直接影响作业的质量。教师应评估学生的写作结构是否合理，论证是否充分，语言是否规范等。优秀的作业不仅需要深刻的内容，还需要通过严谨的科学表达传递出来。

通过设定清晰的评估目标，教师能够更好地衡量学生在不同类型作业中的表现，从而全面了解其在知识掌握、科学写作、批判性思维和创新能力等方面的发展。这不仅有助于学生的个人成长，也为教学方法的改进提供了有力的数据支持。

（三）小组讨论与汇报

通过小组形式，学生可以共同探讨特定免疫学问题。教师在观察中可以评估学生对知识的掌握程度，以及其在讨论中的参与积极性和逻辑表达能力。

1. 讨论内容

在PBL教学模式中，小组讨论是学生深化知识理解、培养团队合作和解决实际问题的重要环节。为了推动学生在讨论中的深入思考和知识应用，讨论内容应具有挑战性和现实意义。教师可以设计多样化的讨论主题，这些主题可以围绕免疫学的最新前沿研究、复杂疾病的免疫机制、免疫技术的革新等展开。例如，讨论内容可以包括：

（1）疫苗开发中的免疫策略。可以讨论针对特定疾病的疫苗研发过程，涉及抗原选择、疫苗载体的选择、佐剂的使用，以及疫苗的免疫原性与安全性评估。学生需要从免疫应答原理、临床应用和疫苗接种政策等角度进行讨论。

（2）自身免疫性疾病的机制探讨。可以聚焦某种自身免疫疾病（如多发性硬化症、系统性红斑狼疮等）的免疫病理机制，探索免疫系统如何错误识别自身抗原，并提出相关的治疗策略，如免疫抑制剂的应用和免疫耐受的诱导。

（3）肿瘤免疫逃逸机制。讨论内容可以围绕肿瘤细胞如何通过免疫逃逸机制避免被免疫系统识别和杀灭。学生需要分析肿瘤微环境的变化、免疫抑制分子的作用机制以及最新的免疫治疗策略，如免疫检查点抑制剂。

（4）移植免疫排斥反应。学生可以讨论器官移植后的免疫排斥问题，探讨不同类型的排斥反应（急性、慢性和超急性）及其机制，并提出可能的免疫抑制治疗方案。讨论还可以延伸至免疫耐受的实现与移植成功的长期监控策略。

（5）免疫系统与感染性疾病。小组可以分析免疫系统在应对细菌、病毒或寄生虫感染中的不同反应机制，如针对细胞内和细胞外病原体的免疫应答差异，讨论疫苗、抗体治疗以及抗病毒免疫反应的最新研究进展。

2. 评估标准

评估标准将根据小组讨论和汇报的表现进行分级评估，涵盖学生的参与度、逻辑表达能力、知识应用、创新思维和合作精神。评价标准如下：

90~100分（优秀）：学生积极参与讨论，展示出对话题的深刻理解和深入研究。能够提出独到且合理的见解，结合最新的研究成果或临床应用。逻辑清晰、表达流畅，能够充分论证观点，展示出较强的批判性思维与综合分析能力。在讨论中表现出极强的团队合作意识，与小组成员的互动良好，并在小组中发挥领导作用。

80~89分（良好）：学生在讨论中表现积极，展示出对话题的较好理解，能够提出有效的见解并进行合理的推论。表达较为清晰，论证充分，思路较为连贯。批判性思维和知识应用能力较好，能够结合理论和案例进行分析。团队合作表现较好，能够与小组成员有效互动并做出积极贡献。

70~79分（中等）：学生在讨论中有一定参与度，能够对话题进行基本的讨论和分析，提出的见解相对简单但合理。表达较为清晰，但论证和推理的深度较弱。批判性思维和知识应用能力一般，讨论中的思路较为单一，较少结合创新性的分析。团队合作中表现尚可，但对小组整体贡献有限。

60~69分（及格）：学生的参与度较低，对话题的理解较为表面化，提出的见解缺乏深入思考。表达不够清晰，论证逻辑不够严密，批判性思维和知识应用能力较为薄弱。团队合作表现一般，较少与小组成员互动，对整体讨论的推动作用较小。尽管能够完成基本任务，但整体贡献和分析能力有限。

60分以下（不及格）：学生在讨论中几乎没有参与，或者表现出明显的知识不足，无法提出合理的见解。表达能力较差，逻辑混乱，未能有效论证观点。缺乏批判性思维和创新性思考，讨论中对知识的应用几乎没有展示。团队合作意识薄弱，对小组的贡献微乎其微，无法积极配合小组成员完成任务。

二、实践能力的评估

在免疫学PBL教学中，实践能力的评估是教学效果的核心组成部分。通过实验设计、操作技能、数据分析与结果解释等方面的系统评估，教师能够全面了解学生在实践中的应用能力。

（一）评估形式

实践能力的评估需要多维度、多形式地展开，确保学生在不同场景中的表现得到全面考察。以下是几种常用的评估形式：

1. 实验设计报告

学生需要提交详细的实验设计报告。此报告应包括实验目的、假设、设计步骤、方法选择、数据收集计划、预期结果等内容。评估学生的实验设计思路、逻辑性和可操作性。

评估重点：实验方案的科学性与合理性、假设提出的明确性、实验变量控制与实验步骤的详实性。

2. 实验操作观察

在实验室中，教师通过现场观察学生的实验操作，评估其动手能力、实验技能和实验规范的执行情况。此类评估可通过评分表对操作过程的细节进行标准化量化。

评估重点：实验器材的正确使用、无菌操作的规范性、样本处理的精确性以及对实验步骤的遵守程度。

3. 实验数据分析报告

学生需提交实验结束后的数据分析报告。此报告应包括实验数据的处理方法、数据分析的工具使用情况、结果的可视化展示，以及科学结论的形成过程。

评估重点：数据处理的准确性、统计工具的正确使用、数据分析的逻辑性及结论与实验假设的匹配度。

4. 团队合作与小组讨论

实践任务往往需要团队合作完成。评估学生的团队合作能力与实践任务中的互动情况。讨论重点应聚焦于如何合理分工、协作处理实验操作中的问题以及团队决策的科学性。

评估重点：小组内分工的合理性、合作的效率、讨论问题的实际解决效果以及沟通中的协作能力。

5. 实验成果展示

学生通过实验成果展示或汇报的形式，将实验设计、操作过程、数据分析和结论进行综合展示。评估学生能否清晰地表达实验思路、展示结果并回应提问。

评估重点：实验展示的清晰度、逻辑性和完整性，特别是对实验结果的科学解释和讨论中的应变能力。

（二）评估标准

根据不同实践环节的特点，设定详细的评估标准，有助于全面、客观地反映学生的实践能力。以下是每项实践活动的具体评估标准，按评分档次进行划分：

1. 实验设计报告的评估标准

90~100分（优秀）：实验设计具有高度的逻辑性和创新性，实验步骤详细且易于操作，所有实验变量得到严密控制，假设清晰且基于科学理论，预期结果与设计方案高度契合。

80~89分（良好）：实验设计合理，实验步骤大致完整，变量控制基本到位，但设计缺少创新性或细节考虑不够周全。假设清晰，但部分实验步骤可能操作性不足。

70~79分（中等）：实验设计基本合理，但存在逻辑不清晰或步骤较为简略的问题。变量控制不够严谨，假设提出较为模糊，实验操作可能缺乏实际可行性。

60~69分（及格）：实验设计缺乏逻辑性或步骤不完整，变量控制不足，假设模糊且与设计不完全匹配，预期结果缺乏科学依据。

60分以下（不及格）：实验设计存在明显错误，实验步骤不合理或无法操作，变量控制不当，假设模糊且缺乏科学依据。

2. 实验操作观察的评估标准

90~100分（优秀）：实验操作规范、熟练，仪器使用正确，样本处理精确，实验步骤严格遵守。能够独立处理实验中的突发情况，展现出良好的应变能力和问题解决能力。

80~89分（良好）：实验操作较为规范，仪器使用正确，样本处理较为准确，但在某些细节上存在轻微偏差。应变能力较强，能够解决大部分实验中的问题。

70~79分（中等）：实验操作基本规范，仪器使用熟练度一般，样本处理偶有偏差，实验步骤执行不够严谨。应变能力有限，可能依赖他人帮助解决问题。

60~69分（及格）：实验操作不够规范，仪器使用不当或不熟练，样本处理不准确，实验步骤时有遗漏。应变能力不足，难以独立处理实验问题。

60分以下（不及格）：实验操作混乱，仪器使用错误频繁，样本处理失误，实验步骤严重不遵守，无法应对实验中的问题。

3. 数据分析报告的评估标准

90~100分（优秀）：数据处理方法合理且科学，统计工具使用正确，数据分析逻辑清晰，结果可视化展示直观，结论严谨且充分解释了实验结果。对数据中的问题有明确的反思和解释。

80~89分（良好）：数据处理较为合理，统计工具使用基本正确，数据分析较为连贯，结论大致合理但缺乏深入分析或未充分解释部分现象。

70~79分（中等）：数据处理有一定错误，统计工具选择不完全合适，数据分析过程较为表面化，结论与数据不完全匹配，分析深度不足。

60~69分（及格）：数据处理不合理或存在明显错误，统计工具使用不当，数据分析逻辑混乱，结论缺乏依据，无法解释实验结果。

60分以下（不及格）：数据处理严重错误，统计工具使用不当或未使用，数据分析不具备逻辑性，无法得出合理结论。

4. 团队合作与小组讨论的评估标准

90~100分（优秀）：小组分工合理，成员间配合默契，讨论深入且问题解决效率高，团队内交流频繁且有效，每个成员都发挥了积极作用。团队在实验中表现出高度协作精神。

80~89分（良好）：小组内分工较为合理，讨论内容较为深入，但存在少数沟通障碍。团队协作良好，但在解决复杂问题时偶有分歧。

70~79分（中等）：小组分工不完全合理，部分成员参与度较低，讨论内容较为表面化，问题解决较为缓慢。团队协作存在一定障碍。

60~69分（及格）：小组内分工不当，讨论较为混乱，成员之间的交流有限，问题解决效率低，团队内出现较多沟通问题。

60分以下（不及格）：小组内几乎没有有效分工，讨论缺乏深度，成员参与度极低，问题无法解决，团队合作失败。

5. 实验成果展示的评估标准

90~100分（优秀）：实验成果展示清晰、逻辑连贯，实验设计、数据分析和结论解释充分，能够从容应对提问，并提供深入的讨论和解答。展示形式生动、吸引人，展示内容全面。

80~89分（良好）：展示内容较为清晰，实验设计和数据分析基本到位，结论合理且大致解释了实验现象。能够回答大部分提问，但缺乏更深入的讨论。

70~79分（中等）：展示内容基本清楚，但逻辑不够紧密，部分实验设计或数据分析存在问题。能够回答简单问题，但在深入探讨时表现较弱。

60~69分（及格）：展示内容较为混乱，逻辑性不强，实验设计或数据分析较多漏洞，结论解释不充分，无法应对复杂提问。

60分以下（不及格）：展示内容严重不足，逻辑混乱，无法有效展示实验过程和结果，提问环节无法给出有意义的回答。

第三节　团队合作与沟通能力的培养效果

团队合作和沟通能力是PBL教学法中的关键素质。通过团队合作，学生不仅能够共享知识，还能锻炼他们在实际工作环境中需要的协作和沟通能力。鉴于前文已经对团队角色的分配进行了详细阐述，本节将重点强调团队合作与沟通能力的实际培养效果，并从评估角度探讨这些能力在PBL教学中的表现与应用。

一、团队合作的深度培养

在PBL教学法的实践中，团队合作不仅仅是完成任务的手段，更是学生相互学习、共享资源和协同解决复杂问题的关键环节。学生通过团队合作能够共同面对开放性、跨学科的问题，培养分析能力和创新思维。

1. 团队合作中的协同效应

在PBL教学模式下，团队合作能够有效激发协同效应，即团队成员通过相互支持和合作，产生的综合解决能力往往远超个体的简单相加。这种效应不仅体现在任务完成效率的提升上，更重要的是团队成员可以通过互动，拓展思维广度和深度，实现知识与能力的高度整合。

在团队合作中，每个成员各自的经验、背景、知识储备和技能都能得到充分地发挥与共享。尤其在免疫学的复杂课题中，团队的力量至关重要。免疫学本身涉及的学科领域广泛，学生通常在特定领域具备较强的知识，而通过团队合作，可以有效弥补个人的局限。例如，一名擅长实验操作的学生可以为团队提供实验技术上的支持，而另一名擅长数据分析的学生则能够优化实验数据处理流程，从而实现互补。在角色分配时，不仅要考虑各自的学术背景，还需要关注个人的软技能，如沟通能力、领导能力和时间管理能力，这些都影响着团队协作的效果。

在跨学科任务中，协同效应尤为突出。比如，在涉及免疫学与药理学交叉的研究任务中，学生必须将两门学科的知识进行整合，才能得出合理的研究方案。药理学中的药物作用机制与免疫学中的免疫反应需要共同探讨，才能设计出有效的免疫治疗策略。此时，团队中的成员通过共享各自的学科专长，不仅提高了任务的完成质量，还实现了知识的跨界融合与创新。

此外，协同效应也可以促进学生的个人发展。通过团队合作，学生不仅学习了如何更好地理解和使用他人的意见和建议，还能更清晰地认识自身的长处和不足。相互之间的反馈能够激励个人在团队中找到自身的定位，并积极参与讨论，培养批判性思维和创新能力。

在评估团队合作效果时，教师应特别关注团队是否能够有效整合成员的不同视角、知识背景和技术专长，最终通过合作超越个体能力的局限，形成新的解决方案。同时，团队协作中的有效沟通和成员间的相互支持也是产生协同效应的关键要素，因此团队合作的评估不仅限于最终结果的质量，还包括过程中的互动、交流与合作效率。

2. 团队内部的动态合作

在 PBL 教学法中，团队合作并不是一成不变的。团队成员的角色、责任和任务可以根据具体学习任务和阶段的需求进行动态调整。这种灵活的合作模式使得每个学生在不同任务中都能承担新的职责，从而不断锻炼和提升个人多方面的能力。

在长期的教学过程中，教师可以设计多样化的学习任务，例如实验设计、文献调研、数据分析等。这些任务通常需要不同的专业知识和技能。因此，团队成员可以根据任务特点轮换角色。例如，在一次实验设计任务中，某位学生可能负责方案的构思与设计，而在数据分析任务中，另一位学生则会接管数据处理的工作。通过这种方式，团队中的每个成员都有机会从事不同类型的任务，全面发展他们的实践能力、分析能力以及合作沟通能力。

动态合作不仅帮助学生在实践中发展多元技能，还能够锻炼他们的团队协调与管理能力。在团队任务的分工与执行过程中，学生必须学会根据团队目标灵活调整自己的角色，并在必要时协助其他成员。每个成员都有机会承担领导和支持角色，这种角色轮换的合作模式能有效提高团队的适应能力和效率。此外，这也培养了学生的责任感，使他们学会在不同情境下为团队作出贡献，并认识到团队成功依赖于每个人的积极参与。

团队内部的动态合作还增强了成员之间的信任与默契。在不断变化的合作环境中，学生需要更加频繁地沟通与协调，从而在彼此之间建立起更紧密的合作关系。长期的动态合作可以促进团队成员在互相支持的同时，学会如何适应不同的任务要求和工作环境。这种灵活性不仅适用于学术任务，也对他们未来进入多变的工作场景有着重要的帮助。

在评估团队内部的动态合作时，教师应关注团队在任务角色分配中的灵活性和适应能力。评估的重点不应只放在最终任务的完成上，而是要关注学生在团队中的不同角色表现，观察他们如何在多样化的任务中应对挑战、学习新技能并与他人协作。团队内的沟通效率、协作默契度和成员间的互相支持是动态合作成功的关键，因此在评估中，这些过程性的要素也需得到充分重视。

动态合作的培养不仅能帮助学生提升学术表现，还能为他们提供灵活适应复杂环境的能力。这种技能对于应对未来职业生涯中的多变挑战至关重要，使得学生能够更加自如地承担不同的任务和角色，并且能够在团队合作中实现个人价值与团队目标的统一。

3. 团队反思与改进机制

在PBL教学模式下，团队合作的成功不仅体现在任务的顺利完成上，还体现在团队能够通过持续的反思与反馈机制不断改进合作方式与工作流程。有效的团队反思机制有助于学生从任务执行的过程中学习，并在实践中提高团队的整体效率与合作质量。

反思机制的设置可以通过定期的团队反思环节来实现。在每一项任务结束后，教师可以组织学生进行团队反思会议，审视合作过程中存在的问题与不足。反思内容应涵盖任务执行的各个方面，包括团队的沟通效率、任务分工的合理性、冲突管理的策略、决策过程的科学性等。通过这种全面的反思，学生可以清晰地意识到团队合作中的薄弱环节，并从中总结经验教训，为后续的任务做出更为有效的调整。

反思过程中，教师可以引导学生进行结构化讨论，提出开放性问题以促使团队深入思考。例如，教师可以询问："在这次任务中，团队遇到的最大挑战是什么？我们可以如何改进决策过程？"这些问题能够帮助学生意识到团队内部的问题，并为改进合作提供明确的方向。团队成员也可以借此机会讨论彼此的贡献与不足，从而达成共同的理解，并提升团队的信任与默契度。

团队反思不仅仅是对过去工作的总结，它更是一种自我提升的过程。通过反思，学生能够认识到合作中的某些行为或策略，在未来任务中可能会产生负面影响，因此需要进行改进。例如，在决策过程中，如果某个成员的意见未能充分表达出来，团队可能会在未来遇到决策失误的问题。反思机制可以帮助学生提前发现并解决这些潜在问题，防止其在后续合作中重复发生。

教师在引导反思时，还应注重学生对冲突管理能力的提升。在团队合作中，冲突不可避免，尤其是在涉及跨学科任务或复杂决策时。通过反思，学生可以分析冲突产生的原因，讨论如何通过有效沟通与妥协解决冲突，并在未来的合作中制订相应的预防与管理策略。这不仅有助于提高团队的合作质量，也培养了学生处理人际关系与团队冲突的能力。

除了反思合作中的问题，教师也可以引导学生讨论合作中的亮点和成功经验，强化正向反馈。学生可以通过反思团队中的高效策略和成功经验，将其作为未来任务中的参考与借鉴。例如，某个团队成员在解决特定技术问题时所采用的创新方法，可能在未来任务中继续应用和推广。这种正向的反思机制能够增强团队的凝聚力与自信心，帮助学生在不断改进的过程中维持积极的合作氛围。

反思与改进机制的持续性也是培养团队合作能力的关键。通过不断地评估与优化合作方式，团队可以在每一次任务中实现渐进式的提升。教师应当在整个教学过程中保持对团队反思的关注，并鼓励学生将其视为学习的一部分，形成自我评估和调整的意识。这种能力不仅能够帮助学生提升在校期间的学习效果，还能够为他们在未来工作中建立起有效的自我提升机制，适应职场中的复杂合作环境。

二、沟通能力的提升与评估

沟通能力是团队合作中的核心技能之一，在PBL教学中，学生不仅需要清晰地表达自己的观点，还需在团队讨论中积极倾听他人的意见。

1. 学术表达能力的提升

在PBL教学中，学生需要频繁地进行团队汇报和任务答辩，这为他们提供了宝贵的学术表达机会。在团队汇报中，学生需以清晰的逻辑结构展示其学习成果，既要能够阐述理论知识的关键点，又要能够将复杂问题的解决方案简明扼要地呈现给听众。

通过频繁的团队汇报和任务答辩，学生得以不断练习其口头表达与学术沟通的能力。这种形式的表达不仅要求学生具备基础的口语技巧，还强调其逻辑思维能力、信息整理能力以及对学术内容的精炼表达。

在团队汇报中，学生需要具备清晰的逻辑结构，将学习成果有效展示给听众。这一过程既包含对所学理论知识关键点的准确阐述，也包括对复杂问题解决方案的简明呈现。PBL教学所要求的解决问题过程往往涉及多学科内容，学生需在表达中合理组织这些内容，并以一种简明而系统的方式呈现，以确保听众理解他们的分析思路和结论。因此，学术表达能力的提升不仅仅局限于如何有效地说出内容，还包括如何整合多样的学术信息，并清晰地传递核心思想。

学生在这一过程中逐步发展出一种高效的信息组织能力。通过反复的汇报与讨论，他们不断优化自己的表达方式，学会如何从海量的知识点中提炼出核心内容，并在汇报中进行有逻辑性的展示。学术表达不单单是知识的展示，还需兼顾听众的理解水平与反馈，这使得学生不仅是表述者，还是有意识的沟通者，能够根据听众的反应及时调整表达内容。

除了口头表达，学术写作能力也是学术表达能力的重要组成部分。在PBL的学习中，学生常常需要撰写报告、研究论文或团队任务总结。通过这些书面形式的表达，学生可以进一步提升其逻辑思维的缜密性和文字表述的精准度。在撰写过程中，学生需将其口头表述中的思维转化为书面文字，这一转化过程要求他们以更严谨的态度对待学术内容，从而提高其学术写作能力。

学术表达能力的提升与学生的思维方式密切相关。通过多次的汇报、答辩和书面报告，学生逐渐学会如何将复杂的信息条理化，如何在表达中突出重点，如何根据目标对象的特点调整表达方式。PBL教学法的这种频繁表达训练，有助于培养学生更具条理性和针对性的学术沟通能力，使其能够在未来的学术和职业场景中具备清晰高效的沟通技巧。

2. 有效倾听与反馈能力

在PBL教学模式中，倾听与反馈能力在团队合作中占据重要位置，与表达能力相辅相成。倾听不仅是被动的信息接收过程，更是主动参与的沟通行为，尤其是在学术讨论和解决问题的过程中，倾听的质量直接影响团队的合作效果。学生在讨论中需要学会有效倾听，通过理解他人的意见与视角，结合自己的思考，做出建设性的反馈，进而推动团队朝着共同目标迈进。

有效的倾听需要学生在讨论中保持开放的心态，尊重他人的观点，尤其在团队成员之间观点发生冲突时，能够冷静地分析每个观点的优缺点。这不仅有助于保持讨论的理性氛围，也促使团队成员在思想的碰撞中产生新的洞见。在这个过程中，学生不仅要注意倾听话语的表层内容，更要深刻理解对方所表达的核心思想，从而为团队的讨论和决策提供有力的支持。良好的倾听能力还帮助学生学会从多角度看待问题，使其能够在团队合作中更灵活应对复杂的学术任务。

反馈作为倾听的延续，是团队合作中不可或缺的部分。在PBL教学中，学生的反馈不仅局限于简单的认同或否定，还需通过批判性思维进行深度分析，并提出建设性的意见。有效反馈要求学生能够通过倾听获取足够的信息，结合自身的学术背景和思考提出改进建议，以帮助团队成员优化其思路或解决方案。例如，当一名学生在讨论中提出了某个免疫学实验的设计思路，其他成员在倾听后可以通过反馈帮助其完善实验步骤或调整假设。

反馈的质量决定了团队进步的速度与方向。通过积极、具体且建设性的反馈，团队成员能够不断修正错误、填补知识空白，最终提升整个团队的工作效率。反馈不仅应当指出问题，还应当帮助对方看到可行的改进方案，这不仅提升了个人的思维能力，也带动了团队整体能力的提升。

在教学评估中，教师可以通过观察学生在讨论中的表现，评估其是否具备有效倾听与反馈的能力。学生是否能够识别出讨论中的关键点，是否能够提出有针对性的反馈意见，是否在团队讨论中展现出建设性的合作态度，这些都成为教师评估的关键点。同时，教师也可以引导学生进行自我反思，通过定期的团队反馈环节，学生能够逐步提升其在沟通中的倾听与反馈能力。

有效倾听与反馈能力的提升不仅使团队合作更加高效，还在团队内营造出积极、互助的氛围。当团队成员能够相互倾听、理解并提供有益的反馈时，团队的凝聚力和协同效应将得到显著提升。这种能力的培养对于学生未来的学术合作和职业发展都具有深远的影响，帮助其在不同情境下进行有效的沟通与协作。

3. 沟通效果的评估标准

在评估沟通能力时，教师需要设定一套多维度的评估标准，既要评估学生的表达能力，也要评估其在沟通过程中的互动表现。评估标准可以包括语言表达的清晰度、逻辑结构的严密性、倾听与反馈的有效性等多个维度。

首先，语言表达的清晰度是评估的重要指标。教师应观察学生在汇报或讨论中使用的语言是否准确，表达是否简洁明了，是否能够用恰当的术语和概念进行交流。学生在阐述复杂概念时，能够用通俗易懂的语言来解释是沟通能力的重要体现。例如，在阐释免疫系统的工作机制时，学生需能够将专业术语与日常语言结合，使听众能够理解其论述。

其次，逻辑结构的严密性是另一个重要评估维度。教师可以通过分析学生的汇报内容，评估其论点是否有序排列，论证是否严谨。逻辑结构良好的表达使得听众能够轻松跟随思路，理解学生所阐述的观点。通过案例分析，学生在讨论中能够将理论与实践相结合，以论据支持自己的观点，这种严密的逻辑结构是沟通效果的重要体现。

最后，倾听与反馈的有效性同样不可忽视。在小组讨论中，学生是否能够积极倾听他人的意见，以及在倾听后能否提供建设性的反馈，直接影响团队的协作效率。教师可以观察学生在讨论中是否表现出开放的态度，是否能够有效回应他人的观点，并提出合理的建议。通过同伴互评，学生能够从中认识到自己在倾听和反馈方面的优劣，从而在今后的合作中进行改善。

评估的方式应采用多元化的手段，以确保能够全面了解学生的沟通能力发展情况。团队汇报可以是一个主要的评估方式，通过汇报，学生展示自己的学习成果，教师能够直观地观察其表达和互动能力。讨论观察则可以帮助教师在真实的沟通环境中评估学生的表现，关注他们在动态交流中的反应和互动。互评也是一种有效的评估方式，通过让学生对彼此的沟通表现进行评估，不仅提高了他们的自我反思能力，还促进了相互学习与进步。

沟通效果的评估标准需涵盖语言表达的清晰度、逻辑结构的严密性、倾听与反馈的有效性等多个维度，通过多元化的评估方式，教师可以全面了解学生的沟通能力，并针对其不足提出改进建议。

这一评估体系的实施将有助于学生在PBL教学中不断提升沟通能力，进而更好地适应未来的学术和职业挑战。

三、团队合作与沟通能力的综合培养效果

在免疫学PBL教学中，团队合作和沟通能力的培养效果直接影响到学生在实践学习中的整体发展。通过不断的合作与互动，学生不仅提升了知识掌握的深度，也锻炼了他们在实际工作中必备的软技能，这些软技能对于他们未来的职业生涯至关重要。综合来看，团队合作与沟通能力的培养效果体现在以下几个方面：

1. 增强学生的协作意识和责任感

PBL教学法将学生置于以小组为基础的学习环境中，学生需要共同完成复杂的任务。通过合作，每个学生在团队中的角色变得重要，这种分工明确、合作协调的模式提升了学生的协作意识和责任感。在项目执行过程中，学生必须分担工作，彼此支持，确保团队目标的达成。在这种环境下，学生学会了如何在团队中贡献自己的力量，并理解到团队成功是每个人共同努力的结果。

2. 提高团队解决问题的能力

通过实际的团队合作任务，学生不仅要应对理论问题，还要面对来自实践中的挑战。在解决复杂的免疫学问题时，团队成员需要相互分享知识，发挥各自的优势，通过讨论和集思广益提出创新性方案。学生在这个过程中，不断锻炼解决问题的能力，能够更加从容地应对复杂情境，培养了多维度的分析和应对能力。这一能力在未来的工作场景中尤为重要，特别是在跨学科的合作中，学生能够应用这种经验应对多样化的科研或行业挑战。

3. 促进学生的沟通技巧和领导力发展

团队合作要求学生在沟通中做到清晰、准确和有效，良好的沟通技巧是成功的团队合作的基石。在PBL的团队学习环境中，学生频繁地进行意见交流、观点碰撞，并通过沟通达成一致。在不断的沟通过程中，学生学会了如何有效表达自己的想法，同时也学会了如何尊重和倾听他人的意见。部分学生还在团队中逐步发展出领导力，带领团队达成目标，展示了他们在复杂任务中的组织和协调能力。通过不断的团队合作，学生的沟通能力与领导力得到了有效的培养。

4. 培养批判性思维和多维视角

团队合作为学生提供了不断交换意见的机会，使他们能够通过他人的观点发现自己思考的盲点和不足。学生在团队讨论中，能够看到问题的不同维度，并通过他人的反馈进行反思与调整。这种开放性的学习环境，培养了学生的批判性思维和多维视角，使他们不仅能够从自身的角度思考问题，还能够综合团队成员的意见进行更为全面的分析与决策。通过不断的团队互动，学生的思维方式更加灵活，面对复杂问题时能够进行深度的分析和思考。

5. 提升学生的社会化能力和职业素养

团队合作和沟通不仅限于学术任务，它还培养了学生在社交和职业环境中的重要素质。在团队合作中，学生学会了如何处理与他人合作时的分歧和冲突，学会了如何在多样化的团队中发挥自己的作用。这种社交技巧的培养，让学生在未来的职业生涯中能够更好地适应团队工作，具备了优秀的职业素养。此外，学生在PBL教学中培养的合作精神、责任感和沟通技巧，能够为他们在职场中的合作与竞争打下良好的基础。

第四节　学生反馈与学习满意度调查

学生反馈与学习满意度调查是评估免疫学PBL教学效果的重要环节，通过这些手段能够深入了解学生对教学方法、学习过程及其学习效果的评价。学生反馈不仅为教师提供了了解教学中存在问题的机会，还为课程的持续改进提供重要依据。与此同时，学习满意度调查能够衡量学生在课程中的整体体验，帮助教师和教学设计者及时调整教学策略，优化学习环境。

一、学生反馈的重要性

1. 了解学生的学习体验与需求

学生反馈为教师提供了了解学生在课程中的学习体验、困难和需求的机会。通过收集学生的意见，教师可以识别出教学中的问题和盲点。例如，学生可能反映某些课程内容过于复杂或者某些资源不足，通过反馈，教师可以及时调整课程难度或增加相关资源支持。这种反馈机制促进了教师与学生之间的互动，使教学更加贴合学生的学习需求，进而提高教学效果。

2. 提升教学效果

学生反馈对教学改进具有重要作用。通过分析反馈信息，教师可以明确教学中需要改进的部分，例如教学内容的深度、教学节奏、课程资源的提供等。教师可以根据学生的意见调整教学计划，改进教学策略，从而提升教学效果。反馈不仅能够帮助教师优化课堂教学，还能够为整个课程设计提供建设性意见。例如，如果多数学生认为PBL小组讨论的时间不够充分，教师可以在后续课程中增加讨论时间，以确保学生有足够的机会进行深入思考和互动。

3. 激发学生的学习积极性

学生反馈的一个重要功能是激发学生的学习积极性。当学生的意见被重视并反映在教学改进中时，学生会感到自己的声音得到了倾听和尊重，从而增强他们参与学习的动力。这种积极的反馈循环可以使学生在课程中更加投入，增强他们的学习责任感和自主性。

二、学习满意度调查的评估维度

学习满意度调查通过多维度的评估方式，全面衡量学生对课程的满意程度，并为课程优化提供量化依据。以下是学习满意度调查中的关键评估维度：

1. 课程内容的适应性与难度

在满意度调查中，课程内容的适应性和难度是重要的评估维度之一。调查可以询问学生是否认为课程内容难度适中，是否符合他们的预期与学习目标，是否能够激发他们的学习兴趣。通过这些反馈，教师可以了解学生是否能够跟上课程进度，课程难度是否过高或过低，从而调整教学内容和教学策略。

2. 教学方法的有效性

满意度调查还可以评估PBL教学法的实际效果，了解学生是否认为这种教学法能够促进他们的知识掌握、实践能力的提升以及批判性思维的培养。例如，调查可以了解学生是否认为通过小组讨论和案例分析他们对免疫学知识的理解更为深刻，是否认为PBL教学能够提高他们解决问题的能力和自主学习能力。

3. 教师的教学能力与支持

学生对教师的教学能力和课堂支持的评价是衡量课程成功与否的关键因素。学生的反馈可以涵盖教师在讲解内容时的清晰度、回应问题的及时性、给予的反馈和指导是否有效等方面。学生的评价可以帮助教师不断提高教学技巧，为学生提供更加清晰、有效的教学支持。

4. 课程资源与学习支持

学习资源的充分性与支持系统的有效性也在满意度调查中占据重要地位。学生可以反馈他们在课程中是否获得了足够的学习材料，是否得到了足够的技术和学术支持。例如，如果学生反映实验设备不足或在线资源不够完善，教师和教学团队可以据此改进课程资源配置，增强学生的学习体验。

5. 团队合作与沟通体验

PBL教学法强调团队合作与沟通，因此学生对这一过程的体验也应纳入学习满意度调查。学生可以评价他们在小组讨论中的参与度，团队合作是否顺畅，以及小组成员之间的沟通是否有效。这些反馈可以帮助教师了解学生在团队学习中的互动状况，从而针对性地优化团队合作的方式与结构。

6. 总体学习满意度与收获

学习满意度调查的最后一个重要评估维度是学生对整体课程的满意度以及他们的学习收获。学生可以评价他们是否对课程感到满意，是否认为课程达到了预期的学习目标，是否感到自己在知识、技能和素质上都有了显著提高。总体学习满意度能够反映出学生对课程的综合体验，教师可以通过此维度的反馈了解课程的成功与不足之处。

三、学生反馈与满意度调查的实施方式

1. 定期反馈机制

为了确保学生反馈和满意度调查的有效性，教师应建立定期的反馈机制。除了期末反馈，教师可以在课程的中期和不同阶段进行阶段性反馈，及时获取学生的意见。阶段性反馈可以针对具体的教学环节，如实验课程、案例讨论或小组合作，帮助教师迅速调整教学策略。

2. 匿名问卷与开放式反馈

匿名问卷是学生反馈与学习满意度调查中常用的方式，通过匿名的形式，学生可以更加坦诚地表达自己的意见与建议。此外，教师应提供开放式反馈的选项，让学生能够自由表达他们的看法，从而获取更加多样化、细致的反馈。

3. 学习满意度数据的分析与应用

在收集到学生的反馈和满意度调查结果后，教师和课程设计团队应对数据进行分析，找出教学中的优势与不足之处。通过对这些数据的分析，教师可以优化教学方法，改善学生学习体验，提升教学质量。此外，定期的反馈分析还可以为教学决策提供科学依据，促进课程的持续改进与发展。

四、反馈和满意度对课程改进的影响

学生的反馈和满意度调查不仅能够帮助教师了解课程的现状,还能对课程的未来改进产生积极影响。通过对学生反馈的分析,教师可以优化课程结构、提升教学方法、增加实践机会、提供更多的学习资源等,进而提高教学效果和学生的学习体验。有效的反馈循环还能够增强学生与教师之间的互动,建立起更为积极的学习氛围,使教学效果达到最佳状态。

五、学生反馈与学习满意度调查问卷

1. 维度划分

学生反馈与学习满意度调查问卷的维度划分主要依据PBL教学法的核心要素、学生学习过程中的关键影响因素,以及课程对学生综合素质提升的影响。通过多维度的问卷设计,确保全面覆盖学生在学习过程中的体验与反馈,最终为教学的持续优化提供依据。

(1) 课程内容与难度评价

该维度关注课程内容的适用性和难度,评估学生对课程知识点的掌握程度、内容的实用性及其与当前知识水平的匹配程度。学生在此维度的反馈有助于教师了解课程内容是否符合学生的学习需求,并做出适当的调整。

(2) 教学方法与教学效果评价

此维度评估PBL教学法在促进学生自主学习、问题解决能力和批判性思维发展方面的效果。学生将对PBL教学中教师的引导作用、课堂互动的效果、学习参与度以及实际收获进行评价。这一维度的反馈可以帮助教师改进教学策略,提升教学效果。

(3) 课程资源与支持评价

该维度评估学生在学习过程中所获得的支持,包括课程材料的充实性、实验设备的可用性以及学习辅助服务的有效性。通过对资源的充分性及获得方式的反馈,教师可以改善资源分配,使学生更好地利用这些资源。

(4) 团队合作与沟通能力评价

此维度着重评估PBL教学中学生团队合作与沟通能力的培养效果。通过评估学生在小组中的参与度、合作质量和沟通技巧的提升情况,问卷可以反映出PBL教学法在提升学生团队协作和沟通能力方面的效果。

(5) 学习满意度与课程建议

此维度评估学生对整个课程的满意度,包括对教师的评价、课程安排、学习氛围以及个人发展情况等。学生也可以提出改进建议,以供课程持续优化。

2. 问卷具体内容

问卷采用五点式李克特量表形式(表4-1),选项为:

A - 非常不同意(1分)、B - 不同意(2分)、C - 中立(3分)、D - 同意(4

分）、E‐非常同意（5分）。

表 4-1　学习满意度调查表

维度	题项	1	2	3	4	5
课程内容与难度	课程内容对我的学习有很大帮助					
	课程难度适中，符合我的知识水平					
	课程内容涵盖了足够的免疫学基础和应用知识					
	课程设计能够引导我进行深入的学习与思考					
教学方法与教学效果	PBL 教学法激发了我的自主学习能力					
	教师的引导对我理解课程内容有重要作用					
	我在 PBL 小组讨论中收获了丰富的知识与技能					
	PBL 教学提升了我分析和解决问题的能力					
课程资源与支持	课程材料（课件、文献等）充足且易于获取					
	实验设备和资源能够满足课程需求					
课程资源与支持	我得到了充足的学习辅助服务					
	教师在课后提供了足够的学习支持与指导					
团队合作与沟通能力	小组合作帮助我提升了团队协作能力					
	我在小组中能够有效表达自己的观点					
	我在小组中学会了倾听并积极回应他人的意见					
	小组合作提升了我与他人沟通和解决冲突的能力					
学习满意度	我对本课程的总体安排感到满意					
	我对教师的教学态度和能力感到满意					
	我感受到个人能力在学习过程中得到了提高					
	我对本课程的总体学习体验感到满意					
开放性问题	您对本课程有何改进建议					

3. 评价使用说明

本问卷采用五点式 Likert 量表进行学生反馈与学习满意度的调查。采用五点式 Likert 量表能够捕捉到学生态度的细微差别，确保量化的灵活性。此类量表在教育研究中广泛应用，因其容易理解、填写方便，并且能产生有效的定量数据，适合大规模的统计分析。此问卷旨在评估学生对免疫学 PBL 教学法的整体体验、教学内容的理解程度、课堂互动质量、学习资源的利用情况，以及学生自身的学习效果和满意度。

（1）问卷使用背景

本问卷旨在收集学生对PBL教学法的反馈，以帮助教师了解教学效果、发现问题、优化课程内容。学生的反馈数据将用于评估他们对教学内容、教学方式以及学习环境的感知。问卷中的各项问题覆盖教学质量、师生互动、团队合作、自主学习、实验操作等多个方面，便于全面了解学生的学习体验。

（2）调查方法

本问卷的调查采用匿名方式，确保学生的隐私，鼓励他们提供真实、客观的反馈。问卷可以通过在线系统（如学习通、问卷星）分发，也可以以纸质形式发放，要求学生在特定时间段内完成。

（3）数据分析方法

收集的问卷数据将使用统计分析软件进行处理（例如SPSS或Excel）。首先，计算每个维度及其问题的平均分，反映整体学生反馈的趋势；其次，使用标准差分析各问题的分布情况，了解学生意见的分散程度。为了进一步探索数据，可以采用相关分析、T检验、ANOVA等统计方法，评估不同因素（如教学方式、教学内容）对学习满意度的影响。

此外，还可以对数据进行分组分析，例如将结果按班级、性别或学业成绩等变量进行分类，探讨各类群体对PBL教学的不同反馈。通过这些分析，教师和管理者可以精准识别教学中的优势与劣势，并制订改进方案。

（4）反向测试题的使用

反向测试题的使用是为增强问卷的信度和可靠性，避免学生在回答问卷时因惯性或疲劳而产生机械化的答题倾向。反向测试题的核心思想是通过设置与正向题方向相反的陈述，要求学生认真阅读并理解问题，而不是简单地选择固定选项。这类题目的设置不仅提高了问卷的质量，还能帮助揭示学生在特定维度上的态度一致性和思考深度。

在传统的问卷设计中，学生可能会习惯性地选择某一类答案，而不经过认真思考。这种现象在长时间的问卷答题中尤为明显。通过设置反向测试题，学生在回答时需要停下来重新审视问题，因为这类题目的表述与其他题目不同，可能会与他们的直觉反应相冲突。例如，如果正向题为"我对PBL教学方式感到满意"，反向题可以设置为"我认为PBL教学方式影响了我的学习进度"，这促使学生重新思考他们的感受，从而避免了惯性答题带来的偏差。

反向测试题还有助于提高问卷的一致性。如果一个学生在正向题中选择了"非常同意"，而在对应的反向题中也选择了"非常同意"，这就可能表明该学生没有认真思考题目，或对问卷中的概念存在混淆。这类矛盾的答案能够提醒教师注意数据中的潜在问题，并在数据分析中做出相应的调整。

在设计问卷时，反向测试题的数量不宜过多，否则可能增加学生的认知负担，导致混淆和沮丧。通常建议在每个维度中插入1~2道反向测试题，确保它们分布在不同的题组中,以避免集中性造成的注意力偏差。

此外,反向测试题应与正向题保持内容一致但表达相反,确保学生的回答逻辑能够反映其真实态度。例如,关于沟通能力的正向题可能为"我能够有效表达我的观点",相应的反向题可以为"我常常觉得很难向他人表达清楚我的想法"。这种设计不仅让学生在作答时需要更多思考,也能够在后续的数据分析中提高回答的一致性和有效性。

在数据分析时,反向测试题的分值需进行翻转处理。例如,如果问卷的标准评分为1分(非常不同意)到5分(非常同意),那么反向测试题的评分应进行反转:1分的选项将转换为5分,2分转换为4分,依此类推。通过这种转换,教师可以将反向测试题的数据与正向测试题的数据一致处理,确保整体分析的准确性。

反向测试题的实施虽然增加了问卷设计和数据处理的复杂性,但其显著提高了问卷的信度和效度,使得教师能够更为准确地捕捉学生对PBL教学的真实反馈。

(5)前测与后测的设置

前测与后测是教学评估中一种常用的研究设计,通过在教学前后对学生的同一项能力或知识进行评估,来判断教学的实际效果。前测与后测的设置能够有效帮助教师量化学生在课程中的进步幅度,确保教学方法的有效性。

前测能够为教师提供学生的基础数据,帮助教师了解学生在课程开始前的知识储备、技能水平和学习态度。这些数据不仅可以作为教学设计的参考,还能帮助教师更好地调整教学内容和教学进度。例如,通过前测结果,教师可以发现某些知识点的掌握情况普遍较弱,从而在课堂上有针对性地进行强化教学。

后测则是在课程结束后,对学生进行相同或类似内容的测评。通过与前测的对比,教师可以清晰地看到学生在各个维度上的进步情况。后测不仅能够反映学生的知识掌握情况,还可以衡量PBL教学在促进学生实践能力、团队合作和批判性思维方面的效果。

前测与后测的设计应该遵循相似性原则,即前测与后测中的问题或任务应尽可能保持一致或相近,以便有效比较学生在学习前后的表现。例如,在免疫学PBL课程中,前测可以设计一些关于基础免疫学知识的问题,如免疫系统的组成、主要免疫细胞的功能等;后测则可以基于这些知识点设计更为深入的题目,考查学生对复杂免疫反应的理解和应用能力。

此外,前测和后测不应仅局限于知识层面的评估。为了更好地了解PBL教学对学生实践能力的影响,教师可以在前测中包含一些实验设计或数据分析的任务,并在后测中重复这些任务,观察学生在实验技能和数据处理能力上的提升。例如,前测可以要求学生设计一个简单的实验步骤,而后测则要求学生基于相同的实验目标进行更为细致和复杂的实验设计。

前测与后测的结果可以通过多种统计方法进行分析,最常见的方法是配对样本t检验,用于比较同一组学生在前后两个时段的表现是否存在显著差异。如果数据是非正态分布的,教师还可以采用Wilcoxon符号秩检验等非参数检验方法。

此外，前测和后测的差异分析可以通过计算效果量来量化教学效果的大小，从而为教师提供更为详细的教学改进依据。效果量越大，表明PBL教学对学生的影响越显著，这对课程设计和改进具有重要参考价值。

（6）对照组与实验组的使用

在PBL教学效果的评估中，对照组与实验组的设计可以有效衡量PBL教学法相较于传统教学法的优势和不足。通过对比PBL教学法与其他教学模式的效果，教师能够更为清晰地理解PBL教学对学生知识掌握、实践能力及软技能发展的影响。

对照组与实验组的设计是一种经典的实验设计方法，通常用于评估某一教学方法或干预措施的有效性。在教育研究中，通过将实验组暴露于PBL教学法的干预，而对照组则采用传统的讲授式教学，教师可以直接对比两组学生的学习效果，从而得出更加具有说服力的结论。

对照实验的核心在于排除其他混杂因素的影响，确保教师能够准确归因于PBL教学法本身。例如，如果实验组在前测和后测中均表现出显著进步，而对照组的进步幅度较小或没有变化，教师便可以合理推测，这一进步很可能是PBL教学法带来的结果。

在设计对照实验时，教师需要确保对照组和实验组在其他条件上尽可能保持一致。例如，两组学生的起始水平应相近，教师的教学经验和教学材料也应相同，唯一的变量就是教学法的不同。这样可以确保任何差异都可以归因于PBL教学法本身。

在实验组中，学生通过PBL教学法进行学习，课程设计应突出问题导向、学生主导的学习模式，鼓励学生自主查阅文献、设计实验、合作讨论和解决问题。对照组则采用传统的教学模式，教师主导课堂，讲授知识点，学生通过作业和考试进行知识复习和巩固。

实验结束后，教师可以通过多种统计方法对两组学生的表现进行对比。最常用的方法是独立样本t检验，用于比较实验组和对照组在后测中的平均成绩是否存在显著差异。如果发现实验组的平均成绩显著高于对照组，说明PBL教学法在某些方面（如知识掌握、实践能力、团队合作等）具有明显的优势。

教师还可以使用ANOVA（方差分析）等方法进一步分析不同因素的交互作用。例如，教师可以探讨PBL教学法是否在某些特定的学生群体中效果更佳，如学业基础较弱的学生或合作能力较强的学生。这类深入分析有助于优化教学策略，确保PBL教学法的有效性最大化。

参考文献

[1] 黄洪锋,赵凌飞,裘颖寅,等.应用PBL教学法评估肾内科临床教学效果的meta分析[J].全科医学临床与教育,2024,22（4）:340-345.

[2] 徐校佩,张睿婷,李凯程,等.PBL教学法在脑小血管病影像学评估教学中的应用效

果[J].中国继续医学教育,2024,16(6):107-111.

[3] 赵佰亭,贾晓芬.课堂教学效果的深度评估及分析[J].电气电子教学学报,2023,45(4):160-165.

[4] Almulla M A. The effectiveness of the project-based learning (PBL) approach as a way to engage students in learning[J]. Sage Open, 2020, 10(3): 2158244020938702.

[5] Ngereja B, Hussein B, Andersen B. Does project-based learning (PBL) promote student learning? a performance evaluation[J]. Education Sciences, 2020, 10(11): 330.

[6] 李妮蓉,刘玲玲,黄英,等.PBL教学法对健康评估课程教学效果影响的系统评价[J].教育现代化,2019,6(75):226-228.

[7] Ao-tian P. Reform and practice of the teaching content system based on the management course system of PBL[J]. EURASIA Journal of Mathematics, Science and Technology Education, 2017, 13(7): 2897-2910.

[8] 苏智雄.PBL教学法结合LBL教学法在普通外科见习教学中的效果评估[J].健康之路,2018,17(3):137.

[9] Erdogan T, Senemoglu N. PBL in teacher education: its effects on achievement and self-regulation[J]. Higher Education Research & Development, 2017, 36(6): 1152-1165.

[10] 丁艺龙.PBL教学模式在学前心理学课程中的应用效果评估[J].学园,2017,(9):44-45.

[11] 吴淑艳,薛征.PBL教学法在中医儿科学教学中的应用及效果评估[J].中国中医药现代远程教育,2016,14(23):20-22.

[12] 丁倩.PBL教学法在生物化学"胆色素代谢"教学中的应用及效果评估[J].山东医学高等专科学校学报,2016,38(5):388-390.

[13] Zhao W, He L, Deng W, et al. The effectiveness of the combined problem-based learning (PBL) and case-based learning (CBL) teaching method in the clinical practical teaching of thyroid disease[J]. BMC medical education, 2020, 20: 1-10.

[14] Fernandes S R G. Preparing graduates for professional practice: findings from a case study of Project-based Learning (PBL)[J]. Procedia-Social and Behavioral Sciences, 2014, 139: 219-226.

[15] Borhan M T B, Yassin S M. Implementation of problem based learning (PBL)-in a Malaysian teacher education course: issues and benefits from students perspective[M]//PBL across cultures. Aalborg Universitetsforlag,

2013: 181-190.

[16] 杨淑珍.PBL在三年制《健康评估》教学中的应用及效果评价[J].护理实践与研究,2012,9(18):102-103.

[17] Vasconcelos C. Teaching environmental education through PBL: Evaluation of a teaching intervention program[J]. Research in Science Education, 2012, 42: 219-232.

[18] 郑翘楚.本科课堂教学评估的效果分析[J].考试周刊,2007(30):12-13.

[19] Dahlgren M A, Castensson R, Dahlgren L O. PBL from the teachers' perspective[J]. Higher Education, 1998, 36(4): 437-447.

第五章 传统教学法与 PBL 教学法的对比分析

第一节 传统教学法与PBL教学法的教学效果比较

在免疫学教学中，传统教学法和PBL教学法有各自的特点和适用场景。本节将详细比较两种教学法的教学效果，包括知识传授、学生参与度、知识应用能力等方面的差异。

一、传统教学法的教学效果

传统教学法以教师为中心，通过讲授的方式系统传递免疫学知识。其主要特点如下：

1. 教师主导，知识系统性强

传统教学法的优势在于其高度的结构化和系统性，尤其在知识的传递过程中，教师扮演着核心角色。教师依据教材、教学大纲和多年的教学经验，按照预设的逻辑顺序和知识点安排，逐步展开免疫学的理论讲解。这种教学方式确保了知识传递的系统性和连续性，避免了知识点之间的跳跃或混乱，帮助学生形成一个完整且有序的知识框架。

在免疫学这样的学科中，概念的抽象性、机制的复杂性以及理论的跨学科性使得学生在学习过程中容易迷失于细节。通过传统教学法，教师能够有计划地将知识从基础理论逐渐过渡到高级应用，从免疫系统的基本组成、功能到复杂的免疫反应机制，帮助学生逐层深入理解。同时，教师能够依据教学经验，及时掌握学生的学习进度，并通过强调重点、澄清误解和提供额外的指导，确保学生对核心概念有牢固的掌握。

传统教学法特别适合初学者。由于初学者对免疫学的复杂性和学科跨度缺乏充分的了解，系统化的教学能有效引导他们逐步掌握这门学科的基础。在免疫学的学习中，理解每个免疫细胞的功能、分子反应机制以及复杂的免疫调控网络，需要教师通过反复的讲解和示例，将抽象的概念转化为学生易于接受的内容。传统教学的逻辑性和系统性确保了知识点之间的衔接顺畅，学生能够以渐进的方式搭建自己的免疫学知识结构。

此外，传统教学法的系统性也便于知识的复习和巩固。学生可以通过教师提供的框架和知识体系，清晰地了解自己所学内容的层次和逻辑，复习时也能够按照逻辑线索去梳理和记忆知识点。这种方式对免疫学考试的备考和知识的长期记忆具有积极作用。

然而，这种教学法的局限性在于其以教师为中心的模式，使学生在学习过程中多是被动接受知识。由于课堂时间有限，学生很少有机会进行深度的自主思考和知识应用，尤其在面对实践问题时，他们往往缺乏主动探索的机会。此外，学生的学习兴趣也可能因教师单向传递的讲授方式而受到限制，长期下去容易产生学习疲劳。因此，虽然传统教学法在理论知识传递方面具有显著优势，但在激发学生的学习兴趣、培养综合能力方面则显得不足。

2. 时间效率高，覆盖面广

由于免疫学内容的复杂性和多样性，传统教学法的优势表现在有限时间内的高效性和广泛覆盖面。教师可以在预设的课程时间框架内，有效地传递大量的理论知识，帮助学生快速掌握免疫学的基本概念、核心原理和最新研究进展。

在传统教学中，教师根据教学大纲和课程安排，系统地讲解免疫学的基础知识，如免疫系统的组成、免疫细胞的功能、免疫反应的机制等。通过这种有序的讲授，学生可以在较短时间内形成对免疫学知识的初步认识和理解。教师往往会在课程中强调重点和难点，通过明确的讲解和重复，帮助学生快速掌握这些关键内容。

传统教学法的系统性和结构化使得教师能够在课程安排中涵盖从基础理论到最新研究的广泛内容。例如，教师可在课程的后期引入免疫学领域中的最新研究成果、前沿技术或临床应用案例，帮助学生了解当前领域的动态和发展趋势。这种内容的覆盖不仅保证了学生能够学习到传统的核心理论知识，还使他们能够接触到最新的科学进展。

传统教学法的高效性还体现在课堂的时间管理上。教师通过精心设计的讲授节奏和重点突出，能够在有限的课堂时间内有效传达大部分知识点。学生通过听课、笔记记录和课后复习，可以迅速掌握课本中的重要内容。这种方式对考试准备和知识的快速掌握具有明显优势，尤其在免疫学这种内容繁杂的学科中，学生能够通过传统教学法迅速把握重点，进行高效学习。

3. 学生被动接受，参与度较低

传统教学法的一个显著缺点是学生在课堂上处于被动接受知识的状态，这种模式使得学生的参与度较低。教师在课堂上主导整个教学过程，通过讲授将免疫学知识传递给学生，而学生的主要角色则是听讲和记笔记。这种单向传递的方式虽然能够在一定程度上覆盖课程内容，但往往无法激发学生的主动思考和深度理解。

在传统课堂中，学生通常缺乏与教师和同学的互动机会。这种缺乏互动的教学模式使得学生难以在课堂上进行即时的疑问解答和知识探讨。在面对复杂的免疫学概念时，学生无法通过课堂讨论和交流来澄清自己的疑惑，或者从同伴的理解中获得不同的视角。学生的思维多半局限于教师所讲授的内容，没有机会通过互动来加深对知识的理解和应用。

这种被动的学习方式可能导致学生的学习兴趣逐渐减退。由于课堂上主要是听教师讲解，学生的主动参与感较弱，学习过程变得机械和单调。尤其在面对免疫学这样抽象和复杂的知识时，学生容易感到乏味和无聊，从而影响学习效果和积极性。长时间的被动学习不仅无法激发学生的探索精神，还可能导致他们对学科产生负面情绪，进而影响他们的学习动力和学业成绩。

被动接受的学习模式也限制了学生的批判性思维和创新能力。传统教学法以教师为中心，学生在课堂上主要是接受和记忆信息，而缺乏对信息的分析和质疑。这种方式使得学生在解决实际问题时，往往依赖于教师提供的标准答案，而不是自己独立思考和创新。

总的来说，传统教学法在学生的参与度和主动性方面存在明显不足。尽管它能够系统地传授知识，但由于缺乏互动和探究的机会，学生的学习兴趣和能力培养容易受到限制。这种模式的改进需要通过引入更多的互动式和参与式的教学方法，例如小组讨论、案例分析等，以提高学生的学习积极性和深度理解。

4. 应用能力培养不足

虽然传统教学法在知识传递方面表现出色，能够系统、快速地覆盖大量理论知识，但其在培养学生的应用能力方面存在明显不足。尤其在免疫学这样实践性和应用性强的学科中，这一缺陷显得尤为突出。

首先，传统教学法主要侧重于理论知识的讲授，课堂上大多数时间用于解释概念、原理和模型。学生通常通过听讲、记笔记和复习来掌握这些理论知识。然而，这种方法虽然可以让学生在理论层面上有很好的理解，但缺乏实践环节，使得学生在面对真实世界中的问题时，难以将所学理论知识有效地应用于实际情境。在免疫学教学中，学生需要掌握的不仅是基本的免疫反应机制，还包括如何在实际问题中运用这些理论。例如，在免疫治疗、疫苗研发或疾病诊断中，学生需要将免疫学理论与实际的临床问题相结合。传统教学法通常缺乏这种真实问题的探讨和实践机会，学生可能只停留在理论知识的层面，而难以将其转化为解决实际问题的能力。

其次，传统教学法对学生创新能力的培养也显得不足。创新能力不仅需要扎实的理论基础，还需要学生在实际问题中进行尝试、探索和改进。在传统的课堂教学中，学生通常按照既定的课程框架进行学习，缺乏自主探索和解决复杂问题的机会。这种缺乏探索的学习环境，限制了学生在免疫学领域中的创造性思维和创新能力的发展。

最后，传统教学法对实验技能和实践经验的培养也存在不足。免疫学作为一门实验性强的学科，许多关键的概念和技能需要通过实验操作来深入理解和掌握。然而，传统教学法中往往将实验环节放在课程的附属部分，学生的实验操作和实践机会较少。这导致学生在实际操作中可能缺乏必要的技能和经验，从而影响他们在实际工作中的表现和效率。

为了弥补这些不足，现代教育体系逐渐引入了更多的实践环节和项目导向的教学方法。例如，通过引入实验课程、案例分析、小组讨论和项目驱动的学习，有效提升学生的应用能力和创新思维。这些方法不仅让学生在实践中运用所学理论，还能够培养他们的综合能力、团队合作精神以及解决实际问题的能力。

综上所述，尽管传统教学法在知识传递方面表现优异，但在应用能力的培养方面存在明显不足。为了提升学生在免疫学领域的实践能力和创新能力，需要将传统教学方法与其他具有实践导向的教学策略相结合，以实现理论知识与实际应用的有效融合。

二、PBL教学法的教学效果

PBL教学法是一种以学生为中心、基于问题的学习方法，通过提出现实问题或案例，让学生自主学习并解决问题。PBL教学法的效果表现如下：

1. 激发学生主动学习

PBL教学法通过引入实际案例和问题情境，能显著激发学生的主动学习和探索精神。在PBL模式下，学习不再是单向的知识传递，而是以学生为中心的探究过程，这种方法极大地提高了学生的课堂参与度和学习积极性。

PBL教学法通过实际案例引导学生进入真实情境。这些案例通常与实际应用相关，涉及当前的科学问题或社会挑战，使学生能够看到所学知识的实际应用和价值。面对这些案例，学生需要主动查阅相关文献、收集数据，进行讨论和分析。这种主动探索的过程不仅使学生能够更好地理解和消化知识，还使他们对学习产生了更强的兴趣和求知欲。与传统的知识讲授方式相比，PBL提供了一个更加生动和实际的学习环境，激发了学生的好奇心和探索精神。

PBL教学法鼓励学生独立思考和自主学习。在面对复杂的问题时，学生需要通过自主学习和小组讨论来寻找解决方案。这种方法要求学生不仅要接受教师提供的知识，还需要自己主动获取和分析信息。这种自主学习的过程让学生在探索中掌握知识，培养了他们的自学能力和问题解决能力。通过查阅文献、分析数据、讨论解决方案，学生不仅学会了如何获取和应用知识，还提高了他们的批判性思维和分析能力。

PBL教学法增强了学生的合作和沟通能力。学生通常需要在小组中进行合作，共同探讨问题和制订解决方案。在这一过程中，学生需要进行有效的沟通和协作，学习如何与他人分享观点、交换意见和解决分歧。这种小组合作的经验，不仅提升了学生的团队合作能力，也增强了他们在实际工作中的沟通技巧。

与传统教学法相比，PBL教学法通过将学生从被动接受知识的角色转变为主动学习的参与者，显著提高了他们的课堂参与度和学习积极性。传统教学法中的学生通常是被动地接收信息，而PBL教学法中的学生则是主动地参与到学习过程中。这种角色的转变，使得学生在学习中更加投入，愿意主动探索和解决问题，从而提升了他们的学习效率和效果。

总之，PBL教学法通过实际案例引导、独立思考和小组合作等方式，极大地激发了学生的主动学习和探索精神。这种教学模式不仅提高了学生的课堂参与度和学习积极性，还培养了他们的自主学习能力、批判性思维和合作能力。

2. 知识应用能力的提升

PBL教学法在提升学生知识应用能力方面展现了显著的优势。这种教学模式通过将学生置于真实或模拟的问题情境中，鼓励他们将理论知识与实际情境相结合，从而提升解决实际问题的能力。这一过程在免疫学教学中尤为重要，因为免疫学不仅涉及复杂的理论知识，还需要将这些理论应用于临床实践和科研工作中。

PBL教学法通过分析真实案例或模拟问题，让学生能够在实践中应用所学的理论知识。在免疫学课程中，学生可能会被要求分析某种疾病的免疫机制，研究免疫治疗的效果，或设计疫苗研发的实验方案。这些问题要求学生将免疫学的基本理论、实验技术和最新研究进展综合运用，寻找实际问题的解决方案。通过这种方式，学生不仅能够深入理解免疫学的复杂机制，还能够掌握如何将这些理论应用于实际的临床和科研课题中。

PBL教学法通过情境模拟和案例分析，帮助学生在解决问题的过程中提升创新思维和批判性思维能力。例如，在研究某种新型免疫治疗方法时，学生需要分析现有治疗的局限性、探索新的治疗策略，并评估其可行性和有效性。这种分析和探索的过程激发了学生的创造力和创新精神，促使他们提出新的见解和解决方案。PBL的这种方法不仅帮助学生巩固理论知识，还鼓励他们在实际问题中进行创新和实践。

PBL教学法通过实践环节的设计，使学生能够在真实或模拟的情境中提升实验技能和数据分析能力。在免疫学的学习中，学生可能需要设计和执行实验、分析实验数据，并从中得出结论。这一过程让学生在实际操作中应用理论知识，培养了他们的实验设计能力、数据处理能力和科学推理能力。这种实践经验不仅增强了学生的知识应用能力，还为他们今后的科研工作和临床实践打下了坚实的基础。

PBL教学法通过将学生置于实际问题的情境中，鼓励他们将理论知识与实际应用结合起来，显著提升了学生的知识应用能力。在免疫学教学中，这种方法不仅帮助学生深入理解复杂的免疫机制，还提升了他们的创新思维、实验技能和数据分析能力。通过PBL的实践，学生能够在实际问题中锻炼和应用所学知识，为今后的科研和临床工作做好充分准备。

3. 团队合作与沟通能力的增强

PBL教学法的核心在于小组合作，这一方法不仅促进了知识的共享，还显著提升了学生的团队合作能力和沟通技巧。在这一教学模式下，学生通过团队讨论和协作来解决问题，从而在实践中培养和提升这些关键的技能。

在PBL教学中，学生通常会被分成小组，共同探讨和解决一个复杂的免疫学问题。这种分组合作的模式要求学生在小组内进行有效的沟通与协作，每个成员都需要积极参与讨论，分享个人的见解和发现。在这种互动中，学生能够从不同的视角审视问题，集思广益，从而达成更全面的理解。这种集体智慧的发挥，不仅提升了对问题的解决能力，也加强了学生在团队中的角色认知和责任感。

面对复杂的免疫学问题时，小组合作能够发挥出显著的优势。免疫学问题往往涉及多个知识点和多学科的结合，仅依靠个人的知识和能力可能难以全面解决。通过团队合作，学生可以将各自的知识和技能结合起来，共同研究问题的各个方面。这种合作模式使得学生能够互相学习、互补不足，从而更加深入地理解复杂的免疫机制。例如，一个小组成员可能擅长免疫学理论的分析，而另一个成员则可能在实验设计方面有丰富的经验。通过这样的合作，学生不仅能够弥补个人的知识和能力短板，还能够从同伴的知识和经验中受益，进一步加深对免疫学知识的理解。

在合作过程中，学生的沟通技巧也得到了显著提升。有效的沟通是团队合作成功的关键，学生需要学会如何清晰地表达自己的观点、如何倾听他人的意见，并在讨论中进行有效的反馈。通过与团队成员的交流，学生不仅提高了自己的表达能力，还学会了如何处理团队内部的意见分歧，达成共识。这种沟通能力在未来的职业生涯中尤为重要，无论是科研还是临床工作，都需要良好的沟通和协调能力来确保项目的顺利推进。

此外，PBL教学法还培养了学生的领导能力和组织能力。在团队合作中，学生有机会扮演不同的角色，如小组领导、记录员或协调者。这些角色要求学生承担一定的责任，组织小组活动，推动团队讨论。这种领导和组织的经历，不仅锻炼了学生的管理能力，还提高了他们的组织协调技巧，为未来的职业发展提供了宝贵的经验。

通过PBL教学法，小组合作不仅促进了知识的共享和集体智慧的发挥，还显著提升了学生的团队合作能力和沟通技巧。在免疫学教学中，这种合作模式能够帮助学生深入理解复杂的免疫机制，同时培养了他们在实际工作中必备的团队合作和沟通能力，为他们今后的科研和职业生涯打下了坚实的基础。

4. 问题解决与批判性思维能力的培养

在PBL教学法中，学生被要求不断质疑和分析问题，进而找到有效的解决方案。这种方法不仅培养了学生的逻辑思维和问题解决能力，还特别适合应对免疫学中那些多层次、跨学科的复杂问题。

学生面临的任务通常是开放性的问题，要求他们从不同的角度进行探讨。这样的任务促使学生超越简单的记忆和理解，主动参与到问题的分析和解答过程中。例如，在解决一个涉及免疫系统疾病的案例时，学生需要识别问题的症状、分析病理机制，并考虑可能的治疗方法。这一过程要求学生对问题进行深入的逻辑推理，评估各种解决方案的可行性和有效性，从而培养他们的批判性思维能力。

PBL教学法鼓励学生对问题进行批判性的分析。在面对复杂的免疫学问题时，学生不仅要理解现有的理论和数据，还需要对这些理论和数据进行质疑和验证。例如，学生可能需要评估某种免疫治疗方法的研究结果是否具有足够的科学依据，或者分析某种疫苗的效果是否达到了预期的标准。通过这种批判性分析，学生能够发现现有研究中的不足和潜在的问题，从而提高他们的科学思维能力和研究素养。

解决复杂问题的过程不仅要求学生运用已有知识，还需要他们进行创新思考。免疫学问题往往涉及多学科的知识，如生物学、化学、医学等。学生在解决问题时，需要整合不同学科的知识，提出综合的解决方案。这种跨学科的综合能力在PBL教学中得到了充分的锻炼。通过对不同领域的知识进行融合和创新，学生能够发展出更全面的问题解决能力和创造性思维。

PBL教学法通过小组合作和讨论进一步强化了学生的批判性思维能力。在小组讨论中，学生需要面对不同的意见和观点，通过辩论和协商达成共识。这种互动过程不仅促进了对问题的全面理解，还培养了学生的批判性思维和分析能力。学生在讨论中学会如何质疑他人的观点，如何用证据支持自己的观点，这些都是批判性思维的重要组成部分。

在应对免疫学中的复杂和跨学科问题时，PBL教学法能够帮助学生更好地应对挑战，提升他们的批判性思维和创新能力。这种教学方法不仅为学生提供了丰富的学习经验，也为他们在未来的科研和职业生涯中解决实际问题打下了坚实的基础。

三、两者的对比总结

通过对比传统教学法和PBL教学法在免疫学教学中的效果，可以发现两者各有优劣。

1. 知识传递的效率与广度

传统教学法在知识传递方面效率高、覆盖面广，适合在有限时间内讲授系统性理论知识。而PBL教学法由于重视问题解决和讨论，可能无法在短时间内覆盖大量理论内容，教学进度相对较慢。

2. 学生参与度与主动性

PBL教学法显著提高了学生的参与度和学习主动性，使学生成为知识探索的主体。相比之下，传统教学法学生的课堂参与度较低，主动性较弱。

3. 实践与应用能力的培养

PBL教学法通过实际问题情境的引入，能够有效培养学生的实践能力和知识应用能力。传统教学法虽然在理论知识讲解方面表现出色，但在实际应用能力的培养上相对不足。

4. 创新思维与综合能力的提升

PBL教学法鼓励学生通过批判性思维解决问题，提升了他们的创新能力和综合分析能力。传统教学法由于教学模式较为固定，学生的创新思维受到一定限制。

第二节　学生成绩提升与能力培养差异分析

在现代免疫学教学中，学生的成绩提升和能力培养是衡量教学效果的关键指标。传统教学法和基于问题学习（PBL）教学法各有其优点和局限性，二者在学生成绩提升和能力培养的效果上有着显著的差异。传统教学法往往侧重于知识传授和理论基础的构建，而PBL教学法则更加注重实践和问题解决能力的培养。分析这两种教学方法对学生成绩与能力培养的影响具有重要意义，有助于优化教学设计，提高教学效果。

一、学生成绩提升的影响因素

（一）传统教学法的成绩提升效果

1. 理论体系的系统化传授

传统教学法作为以教师为中心的教学模式，其最大的优势之一在于系统化的知识传授。教师依据教材和教学大纲，通过精心设计的课程内容和授课流程，将免疫学的基础理论、复杂机制和前沿研究逐步讲解给学生。这种教学法不仅确保了知识传递的逻辑性和连贯性，还帮助学生构建一个完整而有条理的知识体系。

在免疫学这样学科跨度大、内容复杂的课程中，系统化的传授显得尤为重要。免疫系统由多个子系统组成，如先天性免疫和适应性免疫，各类免疫细胞（如T细胞、B细胞、巨噬细胞）在不同的免疫反应中发挥不同的功能。传统教学法通过循序渐进的讲解，将这些各自独立又彼此关联的知识点有机结合，使学生能够逐步建立起对免疫系统整体运作机制的理解。在这种模式下，学生在学习过程中少有跳跃式的思维，而是按照既定的逻辑，依次掌握免疫学的基本原理、关键反应过程以及临床应用等内容。

此外，传统教学法的系统性在学生备考过程中也具有明显的优势。在标准化考试中，尤其是涉及免疫系统结构、功能、机制等核心内容的测试时，传统教学能够帮助学生清晰地识别各知识点之间的关系，掌握各类细节并形成牢固的知识框架。这种有序的教学方式为学生的复习和知识整合提供了极大的便利，特别是针对免疫学中的理论性强、概念性强的部分，学生能够通过复习笔记、课件等有效梳理知识脉络，从而提升考试成绩。

尽管传统教学法的系统化传授在理论知识的学习上具有无可比拟的优势，但也存在一定的局限性。由于课堂内容主要由教师主导，学生的参与度相对较低，在知识传授过程中，学生往往处于被动接受的状态。尤其是在免疫学这样快速发展的学科中，学生在课堂上较少有机会接触到最新的科研进展和实际问题解决的经验，这在一定程度上影响了他们的实践能力和创新思维的培养。

2. 知识点掌握与标准化考试成绩

传统教学法通过反复讲授、练习和标准化测评，帮助学生在短期内掌握大量的理论知识。这种教学方法对于应对标准化考试十分有效，因为它提供了一个清晰的、以教师为中心的学习框架，学生通过有序的知识传递、重点讲解和持续练习，能够在短时间内牢固掌握各类核心知识点。

传统教学法通常以知识传授为核心，教师根据教材和大纲，系统讲授免疫学的基本原理、机制和应用。通过这种有条理的知识传递，学生能够逐渐掌握免疫学中的关键概念，如免疫系统的结构、免疫反应的过程、免疫细胞的分类及其功能等。在传统教学中，教师会在讲授后设计配套的练习题或测验，帮助学生巩固所学知识，并通过反复的测试进一步强化这些知识点。对于需要记忆和理解的理论知识，如T细胞、B细胞在免疫应答中的作用、抗体的结构与功能，传统教学法通过反复的讲解和习题演练，使学生得以快速记忆和掌握。

这一过程特别有利于标准化考试的应对。传统教学法中的测评多采用与期末考试相似的题型，如选择题、填空题、简答题等，这使得学生能够在正式考试前进行充分的练习和准备。例如，教师可能会通过阶段性测试、模拟考试等方式检测学生对知识点的掌握情况，并提供及时反馈和指导。学生在此过程中能够不断熟悉考试的结构和题型，提高答题速度和准确率。

传统教学法的另一个优势在于，它能够帮助学生系统整理知识，使他们能够在期末考试等高强度的测评中更好地表现。通过教师的反复讲解，学生能够对知识形成整体的认知框架，并通过反复练习加深对这些知识的理解和记忆。例如，在应对免疫学考试时，学生可以通过教师提供的复习资料和练习题，有效梳理免疫学的基本理论和细节，在考试中更好地应用这些知识。

这种教学方法在期末考试等标准化测试中的优势非常明显。由于学生的学习主要集中在知识点的掌握上，他们在面对以记忆和理解为主的考试题目时，通常表现较好。对于选择题和填空题等以考查知识点掌握为主的题型，传统教学法通过反复的练习和知识点回顾，可帮助学生有效应对。此外，简答题和论述题在一定程度上也受益于这种教学方法，因为学生能够基于已构建的知识框架，清晰地组织答案。

然而，传统教学法在提升学生的实际应用能力和批判性思维方面相对较弱。尽管学生能够在标准化考试中表现出色，但在面对更具挑战性、开放性的问题时，传统教学法可能未能充分培养学生的创造性和解决复杂问题的能力。因此，尽管传统教学法能够帮助学生取得较高的考试成绩，但其在学生实际工作或研究中的应用能力提升有限。

（二）PBL教学法的成绩提升效果

1. 问题导向学习对理论理解的促进

PBL教学法通过引导学生解决现实中的复杂问题，显著促进了学生对免疫学理论知识的深入理解。这种方法将理论知识与实际应用紧密结合，帮助学生不仅仅停留在表面的记忆与理解上，而是通过解决具体问题，深入掌握免疫学的核心原理和机制。

在PBL学习环境中，学生面临的往往是开放性、复杂的实际问题，例如分析一种新的免疫疗法的可行性、研究某种免疫疾病的机制，或者设计针对传染病的疫苗方案。这些问题往往跨越多个知识点，要求学生整合并应用所学的免疫学理论，如免疫反应的分子机制、免疫细胞的作用原理、抗体与抗原的相互作用等。为了应对这些问题，学生必须深入思考免疫学中的各类复杂概念，而不是仅仅依靠记忆来应对考试。

通过这种实际问题的驱动，学生能够看到免疫学理论在解决现实问题中的实际应用。这种基于应用的学习方法使得学生对理论知识有了更加直观的认识，帮助他们理解知识点之间的内在联系。例如，当学生分析自身免疫性疾病的病例时，他们不仅需要了解T细胞和B细胞的功能，还需要理解这些细胞在疾病发展中的角色、免疫系统的调控失常如何引发疾病，以及如何通过免疫抑制治疗来干预疾病进程。这样，通过将理论知识直接运用于问题解决过程中，学生能够加深对免疫学基本理论的掌握。

PBL教学法还促使学生在面对复杂问题时，通过批判性思维和创造性思考来整合和应用知识。面对一个多层次的免疫学问题，学生需要提出假设，设计实验验证，并从不同的角度探讨问题的可能解决方案。在这个过程中，学生不断深入探讨理论知识的内涵，形成了对免疫学知识的更深层次理解。这种探究过程使得学生不仅掌握了表面的理论知识，还培养了将知识运用于实践的能力。

这种理论与实践的结合，也促进了学生对免疫学知识的长久记忆和理解。与传统教学中单纯依赖记忆相比，PBL教学法中的问题解决过程让学生不断应用和复习理论知识，加深了他们对免疫学基本原理的认识。例如，在分析一个复杂的病例时，学生不仅需要应用早前学习的免疫反应原理，还需要回顾并整合过去的知识，以应对新的问题情境。这种循环往复的学习过程，有助于知识的巩固和深化。

另外，PBL教学法的学习方式也有助于提升学生在期末考试中的表现，尤其是涉及综合应用能力的考试题目。例如，在免疫学考试中，学生可能会遇到需要分析免疫系统失调的多维问题，或者需要设计实验来测试某种免疫疗法的效果。由于学生已经在PBL学习过程中通过解决复杂问题的方式反复应用这些知识，他们往往能够在考试中表现得更加自信和从容，解决问题的思路更加灵活和深入。

总的来说，PBL教学法通过实际问题的驱动，促使学生更深入地理解和掌握免疫学理论知识。这种学习方法不仅帮助学生将理论知识运用于现实情境中，还促进了他们的批判性思维、创造性解决问题的能力以及对知识的长期掌握。这些都为学生在综合性考试中的优异表现打下了坚实的基础。

2. 期末考试中的综合能力表现

PBL教学法的一个显著优势在于它能够有效提升学生的综合能力，尤其是在期末考试中涉及多维问题和实践应用的环节。虽然PBL教学法在理论知识的广度覆盖上可能不如传统教学法全面，但它通过实践与问题驱动的学习模式，使学生在考试中表现出色，尤其是在解决复杂问题、设计实验、分析数据等方面。

PBL教学法以真实情境或复杂问题为驱动，学生在这一过程中不仅需要理解和应用免疫学理论，还需要培养出批判性思维和问题解决能力。这种学习模式鼓励学生在面对问题时，通过团队合作和自主探究，提出创新性解决方案，并进行多层次的分析与实践操作。因此，在期末考试中，当涉及设计实验、数据分析或病例分析等需要实际应用知识的题目时，学生往往能够凭借其丰富的实践经验和灵活的思维方式，快速找到问题的核心并提出有效的解决策略。

PBL教学法的学生在期末考试中通常具备以下几个方面的优势：

（1）复杂问题的解决能力

在PBL教学模式下，学生经常需要面对现实中的多层次问题，例如分析免疫系统失调的机制、设计新的免疫治疗方法或探讨疫苗开发的策略。这种基于实际问题的学习方法促使学生在考试中能够以更综合的视角看待问题，分析问题的多重因素，提出有建设性的解决方案。在期末考试中，学生需要应对类似的复杂情境题，PBL学生的多维思考能力使他们能够在此类题目中脱颖而出。

（2）实验设计与分析能力

PBL教学法中的实践环节让学生对实验设计与数据分析的全过程有了更深入的理解。在期末考试中，当遇到实验设计题目时，PBL学生往往能够更清楚地设计出合理的实验方案，考虑到实验变量的控制、实验步骤的合理性以及如何根据实验结果得出科学的结论。例如，在设计免疫学实验时，学生可能需要从实验材料、方法到数据分析的各个方面进行详细规划，这正是PBL教学法所强化的能力。因此，PBL学生在实验设计类题目中常常表现得游刃有余。

（3）数据分析与结果解释

PBL教学强调学生在实验后对数据进行分析与解释，这种过程不仅锻炼了学生的统计分析能力，也使他们熟悉如何从实验数据中得出结论并将其应用到实际问题中。在期末考试中的数据分析题目中，PBL学生能够迅速识别数据的趋势、运用适当的统计方法，并对实验结果做出合理的科学解释。这种经验使他们在应对与数据相关的题目时表现出较高的准确性和深度。

（4）综合性思维与知识整合能力

PBL教学法注重跨学科知识的整合与应用，这使学生在期末考试中能够从多个学科视角去解答问题。在免疫学考试中，许多问题涉及生物学、化学、医学等多个领域的综合应用。PBL学生由于在课程中反复经历了知识的整合与交叉应用，因此在面对跨学科的综合性问题时，他们能够更好地将不同学科的知识结合起来，提出更全面的分析和解决方案。

（5）实践经验积累

PBL教学法注重通过实践来学习和巩固知识，这使得学生在期末考试中拥有较强的实战经验。例如，在涉及实验或实际操作的题目中，PBL学生能够凭借他们在实验课程中的丰富实践经验，迅速判断出实验的关键步骤，并正确预测实验结果或解释异常现象。这种实践经验的积累使得他们在面对这些题目时表现出色。

尽管PBL教学法可能在理论知识的广度覆盖上不如传统教学法，但它通过让学生在实际问题中运用和深化理论知识，大大增强了学生的综合能力。因此，在期末考试中，尤其是在需要解决复杂问题、设计实验或分析数据时，PBL学生往往表现出更高的灵活性和应对能力。通过实践经验的积累和问题解决能力的培养，PBL教学法使得学生在知识应用与综合能力的考核中占据优势。

二、学生能力培养的差异分析

（一）传统教学法对能力培养的影响

1. 基础理论能力的巩固

传统教学法在基础理论能力的巩固上表现出色，尤其在免疫学这样高度理论化的学科中，系统的知识传递能够有效帮助学生掌握学科核心内容。免疫学涉及大量的基本原理、概念以及复杂的反应机制，如抗原—抗体反应、免疫细胞的分化与功能、先天性与适应性免疫的交互等，这些概念需要通过系统化的讲解、规范的知识传递和反复的练习才能被学生深入掌握。

在传统教学法的教学场景中，教师往往严格按照课本或教学大纲的逻辑顺序，逐步构建知识体系。对于免疫学而言，学生首先需要掌握免疫系统的组成及其基本功能，随后在这个基础上学习更加复杂的内容，如免疫病理机制、免疫调控网络等。这种自上而下的教学方式有助于学生形成完整的学科知识框架，并通过不断地复习和练习将这些知识点转化为牢固的记忆。

例如，免疫学课程中的抗体分类、抗体介导的免疫反应及其临床应用，依靠传统教学法的结构化讲授，能够帮助学生在短时间内掌握大量的细节。通过课堂笔记、教师总结以及习题强化，学生能够快速复习这些理论内容，并在考试中表现良好。此外，传统教学法通常提供详细的理论讲义和教材参考，学生可以通过查阅教材和课堂讲义进行复习与巩固，进一步加深理论知识的理解。这种系统化的传授使学生在考试中具备较强的答题能力，并且能够应对标准化的测试。

然而，虽然传统教学法有助于夯实学生的基础理论能力，但这种教学方式往往以知识传授为主，忽视了实践应用的训练。学生的理论能力虽然扎实，但实际应用能力可能较弱，尤其在面对复杂的现实问题时，学生可能表现出较大的局限性。因此，虽然传统教学法为学生的专业发展提供了坚实的基础，但也存在进一步改进的空间。

2. 解决复杂问题与创新能力的局限

尽管传统教学法在理论知识的传授上卓有成效，但其在培养学生解决复杂问题和创新能力方面的不足也显而易见。传统教学法中的教学活动主要以教师的讲授为主，学生在课堂上更多地充当信息接收者的角色，缺乏对问题的主动探究和深度思考。教师通常按照既定的教学大纲和内容安排进行知识讲解，学生则通过听课和记笔记获取知识。这种单向的教学过程使学生较少有机会参与主动学习，更难以培养独立思考和创新能力。

在免疫学教学中，学生需要具备的不仅是对基础理论的理解，还需要在复杂的免疫反应和机制中进行问题分析与创新。例如，在实际临床场景中，学生需要能够根据病人的症状、实验室数据和免疫反应机制进行全面分析，并提出有效的治疗方案。传统教学法在这一点上存在显著的局限，因为课堂教学往往偏向于知识点的传递和记忆，忽视了对复杂问题的探讨和创新解决方案的提出。

此外，传统教学法过于强调标准化考试和固定答案，学生往往习惯于寻找正确的答案，而不是通过深入思考和分析寻找新的解决途径。这种考试驱动的学习模式限制了学生的创新性发展。免疫学中的许多问题是开放性的，涉及复杂的免疫反应、基因调控、疾病模型等多个层面的交互作用，需要学生具备批判性思维和创造性思维的能力。然而，传统教学模式中的"标准答案"导向使学生在面对这些问题时，往往停留在表面的知识记忆，而缺乏深入探讨和创新突破的动力。

举例来说，在免疫学中的癌症免疫疗法研究中，学生不仅需要理解T细胞介导的免疫反应，还需要分析肿瘤免疫逃逸的机制，并提出可能的治疗策略。然而，传统教学法并没有为学生提供充分的实践机会去发展这种复杂问题的解决能力，导致他们在实际应用中容易表现出创新能力不足和解决问题能力的欠缺。

（二）PBL教学法对能力培养的影响

1. 解决问题能力的提升

在PBL教学法中，问题情境往往被设计为开放性或复杂性较高的案例，例如特定的免疫反应异常、疾病免疫机制的研究或新型疫苗的开发。学生必须通过小组合作和自主学习，结合已有的知识来分析问题的背景，制订实验步骤，并根据实验结果推导出结论。这种学习方式将理论与实际操作紧密结合，有效锻炼了学生的实践能力和逻辑推理能力。

与传统教学法相比，PBL教学法的独特之处在于它打破了课堂教学的知识传递模式，转而强调知识的应用。通过分析复杂的生物学案例，学生在解决实际问题的过程中，能够更加深入理解免疫学中的核心机制和应用方法。这不仅限于书本上的理论知识，更包括了如何将这些理论知识转化为实际的研究思路或临床应用。这一过程促使学生从理论学习者转变为问题解决者，使得他们在面对新问题时，能够灵活运用跨学科知识，进行创新性的解决方案设计。

此外，PBL教学法鼓励学生在问题解决的过程中主动反思和改进实验设计，从而进一步提高他们的科研能力。在面对一个问题时，学生需要通过不断的假设验证、实验调整和数据分析来探索问题的答案。在此过程中，学生不仅要学会如何操作实验仪器和处理实验数据，还要培养出对实验结果的批判性思维能力。例如，在分析某种免疫疗法的有效性时，学生必须综合考虑免疫细胞的作用机制、病理生理学影响以及实验结果的统计学意义。通过这种循环式的问题解决过程，PBL教学法极大地提高了学生的批判性思维和系统性思考能力。

此外，PBL教学法通过小组合作和讨论提升了学生的协作能力。在小组讨论中，学生需要分享各自的见解、协调实验任务、分工合作，并通过多角度的分析共同提出解决方案。这种互动过程增强了学生的沟通技巧和团队合作意识，使他们在面对复杂任务时能够更有效地分配资源、整合思维并形成高效的工作流程。

PBL教学法对解决问题能力的提升还体现在学生对实际科研问题的适应性上。通过在学习过程中反复接触和处理不同的生物学问题，学生能够逐渐掌握处理不确定性和复杂性的技能。这对于生物科学中的前沿研究或临床应用尤为重要，因为科研和临床工作中的问题往往无法预见，需要科学家和医生具备灵活应对和解决问题的能力。

2. 批判性思维与创新能力的培养

PBL教学法通过其独特的教学设计，显著促进了学生的批判性思维和创新能力的培养。在PBL教学模式中，学生不仅要掌握现有的理论知识，还需要不断质疑、分析并提出新的假设，从而形成独立的见解。这种教学方式将学生从被动的知识接受者转变为积极的探索者，促进了他们对科学问题的深入思考和创新能力的发展。

批判性思维的培养是PBL教学法的核心要素之一。学生在处理复杂的免疫学问题时，需要具备对现有理论的质疑态度，并在此基础上提出新的假设或观点。例如，面对一个免疫学中的病理机制问题，学生不仅要依赖已有的理论解释，还需要从多角度进行反思，思考该理论的局限性和可能的改进之处。在这个过程中，学生会不断提出问题并检验现有知识的有效性，这极大地激发了他们的批判性思维能力。

PBL教学法为学生提供了一个安全且开放的学习环境，鼓励他们大胆提出问题和挑战现有的理论框架。在免疫学这样的学科中，许多现象尚未完全解释清楚或仍存在争议，PBL教学法通过引导学生积极思考这些问题，培养了他们打破常规思维、探索新领域的勇气和能力。通过这种教学方式，学生学会了如何质疑、分析、综合并创造性地提出新的解决方案，而不是仅仅依赖于标准化答案。

在PBL教学法中，学生通常会面对开放性或不确定性较高的问题情境，这种问题的多样性和复杂性为创新能力的培养提供了极佳的机会。学生不仅要将已有的理论知识应用于新问题，还需要创新性地思考如何解决这些问题。例如，在设计免疫实验或开发新的免疫治疗方案时，学生需要不断地试验和调整，找到最佳的实验路径或治疗策略。这种不断探索和创新的过程，有助于培养他们的创造力和解决问题的灵活性。

PBL教学法在促进创新能力方面还通过实践操作环节得以体现。在免疫学课程中，学生通过设计和执行实验，得以在实践中验证自己的假设，进而不断修正或创新解决方案。通过实际操作，学生不仅加深了对理论知识的理解，还培养了他们在面对实际问题时的创新能力。例如，在设计免疫反应测定实验时，学生需要创新性地选择和调整实验条件，以确保实验的成功并获得有效的结果。这种实验设计的自由度和创造性，促使学生在科学研究中不断创新和进步。

此外，小组讨论和团队合作在PBL教学中也为批判性思维和创新能力的培养提供了有力的支持。在小组讨论中，学生需要倾听他人的观点，并对其进行批判性分析，同时也要表达自己的见解并接受他人的批评。这种多维度的互动不仅激发了集体的创造性思维，还促进了知识的共享和融合。通过集体讨论和相互启发，学生能够在碰撞中产生新的想法和创造性的解决方案，从而提升了他们的创新能力。

通过反复的假设检验、实验设计和讨论，PBL教学法培养了学生面对复杂问题时的批判性思维和创新能力。学生在解决问题的过程中不断反思、调整和改进方案，这不仅提高了他们的科学思维能力，也使他们具备了创新性思维的潜力。这种在实践中锻炼出来的批判性和创造性思维，不仅对他们在免疫学领域的研究工作大有裨益，也为他们未来从事科研或实际应用型工作打下了坚实的基础。

3. 团队合作与沟通能力的培养

PBL教学法要求学生在小组中合作完成复杂的任务和解决问题。团队中的每个成员都需要承担一定的责任，积极参与问题的分析与解决。在这种协作环境中，学生必须学会如何与他人分享信息、分配任务，并共同完成一个项目。这不仅帮助学生提高了个人的工作效率，还培养了他们的合作意识和团队精神。

在PBL教学模式下，团队合作不仅限于知识的共享，学生还需学会如何协调彼此的任务进度，制订出共同的解决方案。例如，学生可能需要一起设计实验方案，分工负责不同的实验步骤，最终整合各自的成果。通过这种分工合作，学生能够学会如何在团队中担任不同的角色，发挥各自的专长，确保任务的顺利进行。同时，他们在解决复杂问题时，也会逐渐形成一种团队合作的默契，提高合作效率。

这种合作学习模式促使学生学会尊重和理解不同的观点，学会倾听他人，并在不同意见中寻找最佳解决方案。PBL的团队合作环境还培养了学生应对团队冲突的能力。学生需要在团队中处理意见分歧，学会如何通过沟通达成共识，并在压力下做出决策。这种能力在今后的科研工作和实际应用中至关重要，尤其是在跨学科或国际化的团队合作中。

有效的沟通是团队合作成功的关键。在PBL教学中，学生需要在团队中不断进行讨论、汇报和辩论。这些活动帮助学生学会如何清晰地表达自己的观点，同时也提高了他们倾听和回应他人意见的能力。通过团队讨论，学生不仅要将个人的知识和见解清晰传达给队友，还要通过沟通引导小组向目标迈进。

PBL的团队讨论往往涉及复杂的免疫学问题，学生在这种讨论中需要运用科学的表达方式，将理论和实验数据清晰、准确地阐述出来。同时，他们也需要学会接收反馈、回应质疑，并与其他成员就不同的观点进行深度探讨。这种多维度的沟通训练，有助于学生培养出更加严谨和有效的表达方式。

小组讨论中的沟通还要求学生具备较强的协调和组织能力。在处理团队项目时，学生通常需要安排讨论的流程，合理分配发言时间，确保每个人都有机会表达自己的观点。这种协调能力对于未来的学术会议、团队合作项目甚至职场工作都有重要的价值。

PBL教学法不仅注重合作和沟通，还在无形中培养了学生的领导能力。在小组合作中，往往需要某个或某些成员担任领导角色，负责协调任务、分配工作并推动团队前进。学生在承担领导角色时，不仅需要具备较强的沟通能力，还需具备良好的决策能力和组织能力。

通过担任小组领导，学生能够锻炼如何在复杂任务中保持团队的高效运作，如何调动成员的积极性，并如何在压力下做出明智的决策。PBL的这种领导力培养机制为学生未来在科研团队、企业项目或其他团队工作中担任领导角色奠定了基础。领导者还需要在团队内外进行有效的沟通，平衡团队内的不同意见，确保任务按时完成并达到高质量标准。

PBL教学中的团队合作和沟通能力的培养还体现在实际问题解决的过程中。学生在不断合作和互动中反思自己的沟通方式和团队表现。通过对每次任务的总结和反馈，学生能够发现自己在团队合作和沟通中的优势与不足，进而改进未来的团队协作。

三、两种教学法在成绩与能力培养上的互补性

传统教学法和PBL教学法各有优劣。传统教学法有助于学生掌握系统的理论知识，而PBL教学法则在提升实际应用能力和综合能力方面表现出色。因此，结合两种教学法的优势，将理论传授与实践应用相结合，能够全面提升学生的成绩与能力。

教师可以在免疫学教学中采用混合式教学法，将传统教学法与PBL教学法有机结合。例如，在知识点的传授阶段采用传统教学法，帮助学生构建坚实的理论基础；在实践和问题解决环节采用PBL教学法，培养学生的实践能力、创新思维和团队合作能力。通过这种方式，学生能够在理论知识和实际应用之间建立联系，实现全面的学习和发展。

第三节 PBL教学法对学生学习兴趣的影响

学习兴趣是学生学习动机的关键组成部分，是推动学生主动学习、积极思考的核心动力。在免疫学等专业性较强的学科中，激发学生的学习兴趣尤为重要。PBL教学法作为一种以学生为中心的教学模式，通过实际问题的引导和探究性学习，能够有效激发学生的学习兴趣，提高课堂参与度和学习效果。本节将重点分析PBL教学法对学生学习兴趣的积极影响，并探讨其在免疫学教学中的应用实践。

一、PBL教学法对学习兴趣的激发

1. 真实情境的引入

PBL教学法的一个显著特点是将学习置于真实情境中，通过情境化的问题设计，使学生能够将理论知识与现实问题相互联系。这样的情境化学习方式在免疫学课程中尤为有效。例如，学生可能会面临诸如"如何开发针对新型病原体的疫苗"或"如何优化癌症免疫治疗方案以提高疗效"等具体问题。这些现实世界中的科学问题不仅使理论知识

变得更加具体和易于理解，还让学生体验到知识的实际应用价值。

这种情境化的学习方式能够有效激发学生的学习兴趣。与传统教学法中单纯传授理论知识不同，PBL教学法将理论的运用置于具体的问题解决过程中，促使学生将抽象的免疫学原理与实际应用相结合。通过这样的学习模式，学生不仅学习到了相关知识，还能在解决真实问题的过程中加深理解，并看到所学知识对实际问题的解决潜力。这种贴近现实的学习方法，使得学生在学习的过程中更容易感受到学习的意义和成就感，进而激发他们更强的学习动力。

通过探索现实中的复杂问题，学生更容易产生内在的学习动力，他们不再仅仅为了完成作业或通过考试而学习，而是为了理解问题、找到解决方案、贡献实际价值而学习。这种内在驱动的学习过程有助于形成持续的学习热情，并使学生在面对复杂问题时更加积极和主动。

2. 自主学习的推动

在PBL教学中，学生需要自己搜集资料、设计实验、分析数据，积极参与到解决问题的全过程。这种自主学习模式不仅帮助学生在实践中运用所学理论，还促使他们不断提出问题并寻找答案。通过这一过程，学生在探索中逐渐发展出强烈的好奇心和求知欲。例如，在免疫学PBL教学中，学生可能需要自主研究某种病原体的免疫逃逸机制，并设计实验来验证其理论。这种亲自参与的探索性学习过程让学生在获取知识的同时，也加深了对知识的理解和兴趣。

PBL教学法赋予了学生更多的自主权，这使得他们能够根据个人兴趣深入研究特定问题，而不仅仅是为了完成指定的任务。例如，在探讨疫苗开发时，学生可以根据自身的兴趣选择专攻免疫原选择、抗原呈递机制或疫苗安全性评估等方面。通过这种方式，学生不仅在学习过程中得到了极大的自由，还可以将自己的学习与未来的职业目标或研究方向相结合。随着自主学习能力的增强，学生不仅能够更深入地理解学科内容，还培养了批判性思维和问题解决能力。

3. 协作学习的氛围

通常情况下，PBL教学是以小组合作的形式进行的，学生通过团队讨论与协作，解决实际问题。这一教学形式不仅有效推动了知识的深入理解，还创造了一个互动性强、思维碰撞激烈的学习环境。在这种氛围中，学生不再是孤立的个体，而是团队中的一员，彼此共享知识、交换意见，通过集体智慧来解决复杂的学术问题。

协作学习的一个显著优势在于它为学生提供了多维度的思考视角和更丰富的学习体验。每个团队成员都带来了自己独特的知识背景、思维方式和解决问题的技巧，这种多样化的输入使得问题分析和解决的过程更加全面。例如，在免疫学的学习中，一些学生可能擅长理论推导，另一些学生则可能在实验设计上具有优势。这种知识和技能的互补，不仅丰富了学习内容，也加深了学生对复杂学科问题的理解。

此外，协作学习还为学生创造了一种积极向上的学习氛围，团队中的每一个成员都对共同目标负责,这种集体责任感增强了学生的学习动机。团队合作的过程中,学生不仅可以体验到解决问题时的成就感,还可以感受到通过集体努力获得成功的满足感。这种成就感是个体学习中难以获得的,它进一步增强了学生对学科的认同感和兴趣,尤其是在面对免疫学这样复杂的学科时,共同完成任务的成就感对学生学习动力的提升至关重要。

同时,协作学习的模式也强化了学生之间的知识交流与情感联系。通过相互学习、支持和合作,学生不仅提高了自己的知识水平,还加深了对学习过程的投入度。团队成员之间的思想碰撞和互动,使得知识的掌握不再局限于个体学习的深度,而是在群体互动中被重新构建和深化。尤其是在讨论和解决现实问题的过程中,学生往往能够通过与同伴的交流更好地理解复杂的免疫机制和研究方法,进一步提高学习的效果和兴趣。

这种协作学习的氛围,不仅能够激发学生在短期内的学习积极性,还能够培养他们的长期学术兴趣。由于团队合作带来的知识交流和成功体验,学生往往对免疫学等复杂学科产生持续的兴趣与好奇心,并更加积极地投入后续的学习和研究中。因此,PBL教学法中的协作学习环境不仅是一个简单的教学策略,它更是增强学生学习体验、激发学术热情的重要动力源泉。

二、PBL教学法提升学习兴趣的机制

1.反馈与即时成就感

PBL教学法通过解决具体问题,为学生提供了即时的反馈与成就感。在这种学习模式下,学生通常需要面对现实情境中的复杂问题,通过自主探究和团队合作逐步寻求解决方案。这一过程中,学生能够及时获得来自教师、同学以及自身实践结果的反馈,从而快速了解自己在知识掌握和问题解决上的表现。这种即时反馈机制,能帮助学生在问题解决的各个阶段获得明确的指导和校正方向,进而提高学习效率。

在传统教学模式中,学生的学习过程往往以知识点的逐步累积为主,知识的掌握需要在较长时间内才能得到系统的检验和评估。因此,学生很难在短期内获得清晰的成就感,特别是当知识以抽象概念和理论形式呈现时,学习的进展不易量化或显现。而在PBL教学法中,每一个阶段性问题的解决都能给学生带来直接的成果展示与反馈。这种阶段性的成就感,伴随着问题难度的逐步加大,使得学生在学习过程中不断体验到成功的满足感。

成就感的及时性对于激发和维持学习兴趣至关重要。通过逐步解决具体问题,学生能够感受到他们的努力直接带来了实际的进展和成果。这种体验不仅增强了学生对自身能力的信心,还使他们更加愿意投入后续的学习中。当学生感受到自己的知识和能力在解决问题中得到了验证,他们自然会产生更强烈的学习动机,期待迎接更具挑战性的问题。

此外，PBL教学法通过任务的分解与反馈，使学生能够将学科知识与实践成果直接关联起来。比如在免疫学课程中，学生通过设计实验、分析数据或提出治疗策略，能够立即看到自己的解决方案在理论与实际中的应用效果。每次成功的解决都增强了学生对学习过程的积极情感体验，使他们更加期待探索免疫学领域中更为复杂的挑战。这种不断积累的成功体验，帮助学生逐步提升学习兴趣，保持对学科的长久热情。

2. 多元化的学习任务

PBL教学法的多元化学习任务，如案例分析、项目设计、文献综述等，极大地丰富了学生的学习方式。这种多样化的学习任务不仅丰富了学生的学习体验，还为不同类型的学生提供了适合其学习风格和兴趣的机会。这种灵活性使得PBL能够有效激发学生的参与积极性，并增强他们对学习的投入感。

项目设计任务提供了学生动手实践的机会，特别适合那些偏好实践学习的学生。在免疫学课程中，学生可能被要求设计和实施实验，收集和分析数据，或开发新的技术解决方案。这些实践性任务能够增强学生的实验技能和动手能力，使他们在动手操作中加深对理论知识的理解。这种实践与理论的结合，使得学生不仅仅局限于被动接受知识，还能够通过亲身实践来验证和巩固所学内容，极大地提高了他们的学习兴趣。

对于那些偏好深度思考和理论分析的学生，PBL提供了广阔的空间来进行反思和探讨。文献综述任务是PBL教学中另一重要的学习形式，要求学生对相关领域的最新研究成果进行总结和评估。通过查阅大量的学术文献，学生可以深入了解学术前沿和未解之谜，并在此过程中培养自己的批判性思维能力。文献综述不仅帮助学生提升了学术研究的能力，还为他们提供了深入思考和提出新见解的机会，激发了他们的学术兴趣和求知欲。

PBL的多样化任务设计还能够满足学生的个性化学习需求。对于那些倾向于合作学习的学生，小组项目和团队任务能够充分发挥他们在团队中的优势；而那些偏向于独立学习的学生则可以通过个体研究任务来展示其思维深度和独立解决问题的能力。不同类型的任务相辅相成，确保了不同学习风格和偏好的学生都能在PBL教学中找到适合自己的学习方式。

3. 问题驱动的学习激励

PBL教学法的核心在于"问题驱动"，即学生的学习始终围绕具体的问题展开探究。每个问题的设定都具有实际意义和挑战性，旨在激发学生的好奇心和探索欲望。通过这种"从问题出发"的学习模式，学生不再是被动地接受知识，而是主动去发现、研究并解决问题。特别是在免疫学等生命科学领域，所提出的问题往往直接关系到人类健康和疾病防控，这进一步增强了学生对学科的现实感和社会责任感。

在PBL教学中，问题往往与科学、社会或技术的前沿领域紧密相关。例如，学生可能需要探讨如何应对某种传染病的免疫反应，如何通过疫苗研发应对新出现的病原体，或者如何优化免疫治疗方案应对复杂的病理情况。这些问题不仅是学术上的挑战，也是全球健康和公共卫生中的现实问题。学生在面对这些具有深远社会影响的问题时，往往会感受到自己学习任务的重要性和实际价值。这种内在的激励使得学生能够超越单纯的学术兴趣，产生更强烈的社会责任感和使命感。

这种问题驱动的学习模式促使学生不断质疑和反思所学知识。例如，当学生面对一个免疫系统失调导致的疾病问题时，他们需要运用已学的免疫学原理去解释病理机制，并进一步提出可能的治疗方法。这个过程要求学生深度整合知识，分析多层次的生物反应，并找到可行的解决方案。通过这种持续的问题探索，学生不仅掌握了复杂的理论知识，还锻炼了他们的逻辑推理能力和创新思维能力。

此外，问题驱动的学习使得学生的学习动力不再仅仅依赖外部评价（如考试成绩），而是内化为对问题解决的成就感。在每一个问题解决的过程中，学生逐渐形成了一种"学以致用"的意识，即学习不是为了通过考试，而是为了真正理解和解决实际问题。免疫学领域中的问题往往复杂多变，学生在解决这些问题时，能够感受到知识在实践中的力量，这种感受极大地提升了他们对学科的兴趣和探索精神。

PBL教学法的问题驱动性还为学生提供了持续的挑战。在每个学习周期内，学生通过解决一个个具体的问题，逐渐积累起对复杂学科的深入理解。当他们成功解决问题时，会获得即时的成就感和学习反馈，这种正向激励不断推动他们迎接更多的学术挑战。这种持续的学习动力，使得学生能够保持高度的学习兴趣

三、PBL教学法对长期学习兴趣的培养

1. 学习兴趣的持续性

PBL教学法不仅能够激发学生的短期学习兴趣，还对长期学习兴趣的培养具有显著作用。学习兴趣的持续性是学生在学术道路上取得长期进步的关键因素，它能使学生在面对学科的复杂性和学习中的困难时，保持探索和求知的欲望，并最终实现深度学习和专业素养的提升。

PBL教学法通过不断引入新的挑战和问题，帮助学生保持学习的动力和热情。每个学习周期都围绕不同的实际问题展开，使学生能够持续接触到多样化的学习任务，这避免了传统教学中由于重复性内容带来的学习倦怠。每个问题的解决过程都为学生提供了新的视角和知识运用的机会，从而使他们对学科始终保持新鲜感和兴趣。

此外，PBL教学法强调自主学习和主动探索的过程。这种学习方式使学生逐渐形成一种持续学习的内在驱动力，即学习不仅仅是为了考试或达到某个短期目标，而是为了更好地理解世界并解决实际问题。通过自主设定学习目标、规划学习路径，学生逐渐学会如何在没有外部压力的情况下，依靠自身的兴趣和好奇心持续进行学习。这种自我驱动的学习模式，能够让学生在毕业后仍然保持对学科的兴趣，继续在自己的专业领域中探索和深造。

2. 学习兴趣的延展性

PBL教学法所培养的学习兴趣不仅局限于课堂内的学科内容，还能够延展到更广泛

的学术领域和职业发展中。通过解决现实问题，学生在学习过程中逐渐意识到知识的跨学科性质以及其实际应用的广泛性。以免疫学为例，学生在PBL项目中可能会接触到与医学、生物技术、公共健康等领域相关的内容，这种跨学科的接触有助于他们扩展兴趣领域，发掘新的学习和研究方向。

3. 应对学习中的挫折与困难

PBL教学法通过让学生在解决复杂问题时经历挫折与挑战，培养了他们应对困难的能力。这种应对能力对于保持长期的学习兴趣至关重要。在传统教学中，学生常常因为未能掌握某个知识点或未能通过考试而感到沮丧，进而丧失学习兴趣。而在PBL教学中，学生在解决问题的过程中经常遇到不确定性、复杂性甚至失败。这些经历不仅没有打击他们的学习热情，反而通过教师的引导和同伴的支持，逐渐让学生认识到挫折是学习和创新的一部分。

在PBL教学环境中，学生学会了如何在失败中总结经验、调整策略，并继续探究问题的解决方案。这种应对困难的正向经验，能够帮助学生在未来的学习和职业生涯中，更加从容地面对复杂的学术问题和专业挑战。他们不会因为一时的挫折而放弃学习，反而能够从中获得动力，继续探索和创新。

4. 学习兴趣的自我强化机制

PBL教学法还建立了一种学习兴趣的自我强化机制。随着学生在解决一个个问题中的成功体验，他们逐渐形成了对学科的积极情感联结。这种成功的累积增强了学生的自信心，使他们愿意面对更具挑战性的问题。这种自我强化的机制，使学生在学习中更加投入，愿意主动探索和解决问题，从而提升了他们的学习效率和效果。

随着时间的推移，这种自我强化机制将不断促进学生的学术发展和职业成长。他们在面对新的问题时，不仅会有更强的能力和信心去解决，还会更主动地去寻找新的学习机会，从而保持对学科的长久兴趣。这种对学科的持续兴趣，不仅有助于学生在学术领域取得成就，还为他们在职业生涯中持续学习、创新和进步打下了坚实的基础。

第四节　课程教学示例研究与实证数据支持

本节通过对安顺学院的免疫学课程教学案例研究和实证数据分析，探讨PBL教学模式在免疫学课程中的应用效果。研究覆盖了2022—2023学年安顺学院5名相关教师和100名生物科学专业学生，旨在深入评估PBL教学模式在提升学生学习态度、兴趣和学业成绩方面的有效性。通过问卷调查、访谈和后测数据，本研究分析了PBL教学法在实际教学中的影响和可行性，进一步为其在免疫学教学中的推广提供了实证支持和理论依据。

一、研究意义

本案例研究的结果在多个方面具有一定的现实意义和应用价值。

学校管理者能够从本研究中获得关于教学模式改进的实证信息。这些信息可以作为制订教学活动干预措施的依据，以改善当前的教学模式，提升教学的整体质量。通过了解PBL教学法在提高学生学业成绩、学习兴趣和学习态度方面的积极效果，学校管理者可以为更多课程推广这种以学生为中心的教学模式，进而提高学校的整体教育质量和教学成果。

对于课程制订者来说，本研究的成果揭示了在课程资源开发与利用上的必要性以及现有课程资源的现状与问题。这些信息将有助于课程开发者更好地整合教材，优化教学方法，并开发出更加贴合教学需求的课程资源，从而促进教学方式和学生学习方式的变革。特别是在免疫学等复杂学科领域，PBL教学法有助于使课程内容变得更加生动、有趣，通过以问题为导向的教学任务可以帮助学生更好地理解和应用所学知识。这种对课程资源和教学方法的优化，有利于推动教育理念和教育实践的进一步结合，使教学效果更加显著。

对于免疫学教师，本研究旨在通过案例为处于教学第一线的教师提供具体的教学思路和新的教育理念。本研究的实践指导和理念输出能够帮助免疫学教师深入理解PBL教学法的内涵与应用过程，进一步推动PBL教学法在课堂中的应用。本研究通过提供具体的教学案例，为教师们提供了切实可行的PBL教学法实施路径，尤其是在免疫学这样理论与实践紧密结合的学科中，教师可以通过PBL模式帮助学生将抽象的免疫学原理应用于具体的情境中，以提高学生的理解力和应用能力。同时，本研究也强调了教师角色的转变，即从知识的传授者转变为学生学习的引导者和支持者，使教师更好地落实以学生为中心的教育理念。

对于学生而言，PBL教学法最直接的意义在于有效调动了他们的学习主动性和积极性。PBL教学体现了以学生为中心的教学理念，注重学生的自主探究和问题解决能力的培养。在PBL学习环境中，学生被赋予了更多的学习自主权，能够根据自身的兴趣和需求来探索知识，完成学习任务。这种主动参与的学习过程有助于激发学生的学习热情和求知欲，培养他们在面对复杂问题时的应对能力和创新思维。此外，通过小组合作和讨论，学生的交流能力、表达能力以及团队合作精神也得到了显著提高。这些能力的培养不仅有助于他们当前的学业发展，更对他们的职业生涯产生深远影响，为学生今后的学习与工作奠定了坚实的基础。

本研究对于教育研究人员和未来的研究者也具有一定的启示意义。在教学实践中进行探索性的改革，有助于获得关于PBL教学法在特定学科中的适用性和有效性的深层次理解。本研究通过实证数据分析了PBL教学对学生学业成绩、学习兴趣和学习态度的影响，验证了PBL教学法在免疫学教学中的可行性与有效性。这些研究结果为未来的教育改革提供了有力的实证支持，也为其他研究者在不同学科背景下进一步推广PBL教学法提供了理论依据和实践参考。同时，本研究也为教育研究者探讨PBL教学法的局限性提供了线索，比如PBL在不同学生群体中的适用性、PBL教学材料的优化等问题，都是未来值得深入研究的方向。

对于课程评价者来说，本研究也具有重要的参考价值。研究结果可以帮助课程评价者更加全面地理解PBL教学法的效果，进而丰富课程评价指标体系，使得评价体系更好地反映出课程的实际教学效果和学生学习成果。本研究强调了PBL教学法在提高学生学习兴趣和学业成绩方面的优势，评价者可以据此修订和完善课程评价的标准和方法，进一步推动教学质量的提高。此外，研究结果还表明，PBL教学法能够在一定程度上促进学生的全面发展，这也为课程评价体系的多元化提供了支持，强调了在评价学生学业成绩的同时，也应关注他们在其他方面的综合能力发展。

二、教学设计

本案例研究采用了定性方法和定量实验设计，以全面探索PBL教学法在免疫学教学中的应用效果。通过与免疫学专家的讨论和访谈，依据专家的意见和建议，采用描述性设计来确定PBL教学法在内容上的有效性和科学性。研究还采用了准实验设计，其中对照组和实验组的兴趣及成绩表现通过前测后测设计进行评估，实验组的学习态度也在教学实施前后分别进行了测评。通过这种方式，本研究不仅能够量化学生在PBL教学法引入后的学业成绩变化，还能更全面地评估学生的学习兴趣和态度在不同教学方法下的变化。

为了确保实验设计的科学性和结果的可靠性，对照组和实验组在实施教学时采取了相同的教学条件，包括相同的教材、教学内容及教学进度。对照组采用传统的以教师为主导的教学方法，而实验组则接受基于PBL的教学方法。

三、研究对象

在2022-2023学年第二学期，本研究对安顺学院生物科学专业免疫学课程的100名在读学生进行了调查。所有学生均来自生物科学专业，因为该专业是唯一开设免疫学课程的学科。本研究将这100名学生随机分配到两个班级，A班的50名学生作为实验组，B班的50名学生作为对照组。为了控制不相关变量对实验结果的影响，实验组与对照组的教学由同一名教师负责，两个班级使用相同的教材、教学内容和教学进度，以确保教学条件的一致性和研究的科学性。

四、数据收集

1. 数据收集工具

（1）专家评价表

用于评估PBL教学模块的目标、内容、格式、语言、表述及活动的实用性。通过多位专家的专业判断，确保PBL教学内容的有效性和适用性，从而提高教学模块的科学性和可操作性。

（2）访谈指南

本研究设计了半结构化访谈指南，用于深入了解教师在教授免疫学时所面临的挑战和问题。访谈主要围绕PBL教学法的实施、教学困难以及对该方法的实际应用效果等方面。访谈指南的作用在于通过教师的反馈，获取关于PBL教学法实施过程中可能存在的障碍及其应对策略，从而为PBL教学模式的改进提供实践经验和依据。

（3）态度和兴趣调查问卷

学习态度调查表用于衡量学生对免疫学的态度；学习兴趣调查表考查学生对免疫学主题、实际应用及相关学习活动的兴趣。态度和兴趣调查问卷的作用在于通过量化的数据反映学生在接受PBL教学后学习态度和兴趣的变化，便于评估PBL教学法在激发学生学习兴趣和提升积极性方面的有效性。

（4）测试题

为了评估PBL教学对学生知识掌握的影响，由教师设计了一份100道题目的测试题，用于前测和后测。前测用于确定学生在接触PBL教学之前的基础知识掌握情况，后测则用于评估学生在实施PBL教学后的学习成果。通过系统化的知识测评，直观地反映学生在接受PBL教学后其知识掌握水平的变化情况。

2. 数据收集程序

在数据收集开始之前，研究人员明确了数据收集的目的，限定了数据收集的范围，并事先获得了参与者的知情同意。研究人员明确告知了数据收集的目的、数据的类型、数据的使用方式，以及可能存在的风险和保护措施。对收集的数据进行了匿名处理，以尽量减少数据与特定个人的关联，仅收集与研究目的直接相关的数据，避免不必要或过度的个人信息收集。数据的访问权限严格限制在研究人员范围内，以确保数据的保密性和安全性。

五、数据分析

本研究采用多种统计工具对所收集的数据进行了全面分析，以确保结果的科学性和可靠性。这些统计工具包括平均数、标准差、独立样本t检验和成对t检验，旨在评估PBL教学法对学生学习态度、学习兴趣以及学业成绩的影响。

六、PBL教学法在免疫学课程中的实施过程

科学技术的发展不仅促进了学习方法的变革，还推动了教学模式、教学方法、教学资源、教学活动、教学管理的优化，传统的教育环境正在向一个通过信息技术手段构建的新型学习环境转变。其中，MOOC（Massive Open Online Courses，大规模开放在线课程）的兴起标志着互联网与开放教育资源的深度融合，虽然此模式具有开放性强、资源丰富等优点，但也存在诸如个性化学习难、教学模式单一、缺乏对情感价值的培养等问题。为此，加州大学伯克利分校教授Armando Fox认为，应将MOOC视为传统课

堂教学的补充，提出了SPOC（Small Private Online Course，小型私人在线课程）模式。该模式注重线上学习与课堂教学相融合，以增强教学的针对性和深入性。翻转课堂（Flipped Classroom，以下简称FC）是一种互动性强、实时反馈高的课堂教学模式，其特点是创造一个以学生为中心的学习环境，使学习过程更加高效和深入，教师的角色从传统的知识传授者转变为指导者和促进者，这与课程思政的创新教育理念相得益彰。课程思政强调将立德树人的教育目标贯穿于整个教育体系，教师在课堂教学中不仅要传授学科知识和技能，还要注重价值引领，引导学生树立社会主义核心价值观，增强民族意识和文化自信，培养学生的创新精神和实践能力。

本课程将免疫学的章节教学与课程思政元素相结合，构建了SPOC+FC的混合式教学模式（图5-1），其中，FC阶段主要通过PBL教学法完成。

该模式充分利用信息技术手段提供个性化学习体验，同时保留传统的"面对面"教学方式，以满足学生对线下教学的偏好和习惯。课程理论教学时长为36学时，参照线上线下混合式一流课程建设标准中"安排20%~50%线上学生自主学习"的基本要求，重新整合并构建了免疫学绪论、免疫系统、抗原与免疫球蛋白、补体系统、主要组织相容性复合体、细胞因子、免疫应答和超敏反应等共计八章的教学内容，其中线上自学时长约占总学时的40%。

教学实施过程中，学生首先在"学习通"平台上获取免疫学的SPOC教学资源和理论知识，平台按教学进度推送教学内容，学生可以根据自己的时间安排进行学习，具有较高的灵活性；在线学习资源包括免疫学的教学视频、教材阅读材料、演示文稿、练习题、讨论论坛等模块。学生通过观看视频、阅读材料、参与讨论等方式深入理解免疫学的基本理论知识，了解免疫学的发展趋势、最新进展和应用技术。同时，将学生随机分为10组，各组利用所学的知识创建章节思维导图。在FC教学阶段，主要通过以下五个环节进行：第一环节为线上学情分析，展示平台收集的章节统计数据，帮助学生了解班级整体的学习情况，识别共同的学习难点，为后续的针对性教学提供依据；第二环节为章节思维导图，每个小组将其思维导图展示给全班，通过互评和教师的反馈，有助于学生更好地理解、整合核心概念和知识结构；第三环节为小组竞技打榜，此阶段基于各章节教学重点、学生学习难点和社会热点问题设置主题讨论、模型制作或课堂辩论等活动，学生通过小组协作的形式完成任务，以便于激发学生的学习兴趣，加深对免疫学知识的记忆、理解和运用；第四环节为重点知识讲解，对学生在SPOC阶段理解不深或错误率高的知识点进行重点讲解和分析，确保学生能够深刻理解并掌握关键概念；第五环节为知识目标评价，全面评估各组在章节学习过程中的表现，由教师评价、组间互评和组内互评构成。

在开课期间，线上课程累计页面浏览量达20.8万余次，累计选课人数103人，累计互动次数303次，其中教师发帖21次，参与互动人数69人；制作并发布授课视频19个，授课视频总时长382分钟，非视频资源12个，课程资料19个。线下教学累计发起签到、抢答、问卷、投票、PBL等活动，共计81次，学生参与活动总数达3157人次。

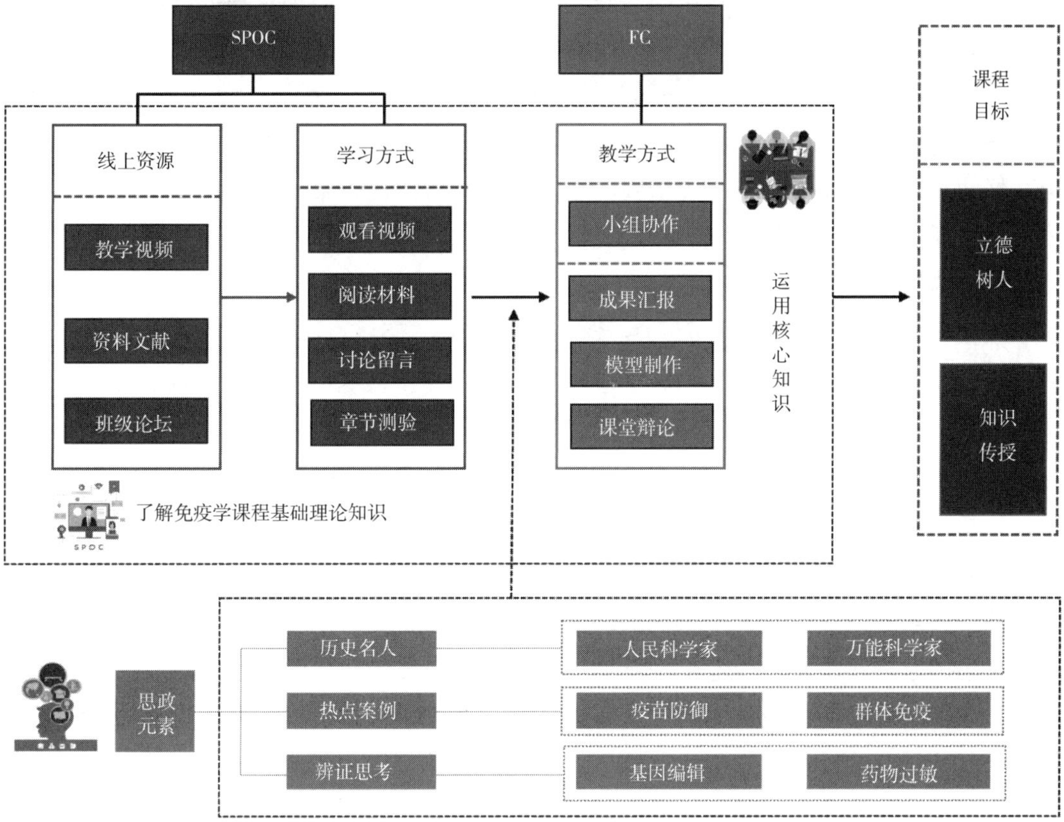

图 5-1 SPOC+FC 混合式教学模式图

七、教学效果评价

1. 专家对PBL教学材料的评价

根据专家评价表统计的结果显示，专家对免疫学PBL教学法的总体评价非常积极，各个方面的评分均超过了4.5分，这充分体现了其在教学应用中的良好效果和较高的认可度。

在教学目标的设定方面，专家们给予了最高的评价，平均评分达到了4.85分。专家们普遍认为，免疫学PBL教学法的目标设定非常明确，具有较高的组织性和计划性，这些目标不仅与教学内容紧密结合，还充分考虑到了学生的学习需求。这表明PBL教学法在教学目标的制订过程中，以学生为中心，强调了教育的针对性和适应性，确保学生在学习过程中的积极参与和良好的知识掌握。

在内容和问题设置方面，专家的平均评分为4.70分。这一评价表明PBL教学法在内容编排与问题设计上能够很好地支持学生的学习。尤其是教学内容与问题设置之间的直接关联性得到了专家的高度认可。PBL教学法通过设置有针对性的问题，结合实际应用的案例，使得学生在解决问题的过程中能够更好地理解和应用免疫学知识，进而加深对学科内容的掌握。此外，专家们还提到，评估任务与学生的知识水平相结合的方法，有效地帮助学生实现了从基础知识到实践能力的提升，体现了PBL教学法在培养学生综合素质方面的优势。

关于语言和插图的使用，专家们的评分平均为4.72分。专家认为，PBL教学法的语言表述简洁、清晰，并且充满激励性，能够有效吸引学生的注意力，激发他们的学习兴趣。插图和图表的使用则进一步增强了教学内容的可视化效果，使学生在学习复杂的免疫学概念时更加直观和易于理解。这些插图与视觉元素的合理应用，大大提高了学生对抽象概念的认知能力，促进了深度学习。

在教学材料的呈现方式方面，专家们的评分为4.55分，认为PBL教学法在教学案例的呈现上逻辑性强，结构合理，教学过程具备连贯性和系统性。此外，PBL教学法的案例设计具有创新性，这种独特的呈现方式使得教学更加有趣，能够有效地保持学生的学习兴趣。尽管在部分问题或实践活动的趣味性上得分略低，但总体来看，PBL教学法在呈现教学内容和激发学生兴趣方面表现出色，尤其是在培养学生的批判性思维和创新意识方面成效显著。

关于教学法的实用性，专家们的评分同样为4.55分。PBL教学法被认为能够有效地激发学生的学习积极性，使他们在学习过程中保持高度的自主性和参与感。通过PBL教学法，学生能够按照自己的学习进度和兴趣探索免疫学知识，这种自主学习的方式不仅提高了学生的学习效率，还促进了他们对学习的持续兴趣和积极态度。此外，PBL教学法对于培养学生在生物科学领域的分析思维和推理能力方面也具有明显的优势，使得学生在今后的学术研究和职业生涯中具备更强的独立学习和解决问题的能力。

综合各方面的评价，专家们对免疫学PBL教学法的总体评分为4.68分。这表明，PBL教学法在教学目标、内容设置、语言使用、教学材料的呈现方式以及实用性等多个方面都获得了专家们的高度认可。专家们普遍认为，PBL教学法具有较强的组织性、科学性和创新性，能够在教学实践中发挥重要作用，特别是在提升学生的学业成绩、激发学习兴趣和改善学习态度方面。

2. 测试成绩评价

通过对照组和实验组的测试成绩的比较分析（表5-1），结果显示实验组的平均成绩为80.26分，明显高于对照组的72.94分，同时实验组成绩的标准差较小（5.36），相较于对照组的标准差（9.18），表明实验组成绩的集中度较高。通过t检验的统计分析，在0.01显著性水平下，t为-4.86，$P<0.01$，证明实验组和对照组的成绩差异在统计学上具有显著性。这一结果表明，采用PBL教学法的实验组学生在知识掌握方面表现得更加优秀，说明PBL教学干预在提升学生学业成绩方面具有积极效果。PBL教学法通过以问题为导向的学习方式，促使学生在真实情境中应用所学知识，从而更好地理解学习内容，激发学习动机，提升学习效果。对照组采用传统教学法，教学过程以教师讲授为主，学生的参与度相对较低，导致他们在面对测试时显得相对被动，成绩也因此不如

实验组。此外，实验组较低的标准差反映了PBL教学法在缩小学生之间成绩差异方面的优势，能够更好地适应不同层次学生的需求，实现教学的公平性。因此，本研究表明，PBL教学法在提高学生学业表现、缩小个体差异以及激发学生学习兴趣等方面具有显著的优势，对于高等教育中免疫学课程的教学实践具有重要的启示和推广价值。

表 5-1 PBL 教学法的实验组与对照组测试成绩差异的分析

组别	人数	成绩	SD	t	P
对照组	50	72.94	9.18	-4.86	< 0.01
实验组	50	80.26	5.36		

3. 学习态度评价

通过对比对照组和实验组在免疫学课程中的学习态度的前测和后测结果（表5-2），发现PBL教学法对学生的学习态度产生了显著影响。

表 5-2 关于学习态度对照组与实验组前后测的调查结果

问卷内容	对照组				实验组			
	前测		后测		前测		后测	
	得分	描述	得分	描述	得分	描述	得分	描述
1. 相比其他学科，我更喜欢免疫学	2.56	U	2.58	U	2.62	F	3.50	HF
2. 我喜欢参与免疫学相关的实践活动和问题讨论	2.78	F	3.04	F	2.96	F	3.64	HF
3. 免疫学知识在日常生活中的应用很有帮助	2.94	F	3.10	F	3.04	F	3.52	HF
4. 我愿意花更多时间来阅读免疫学相关书籍和材料	2.54	U	2.82	F	2.58	U	3.14	F
5. 免疫学的课堂教学内容非常有趣	2.94	F	3.08	F	2.98	F	3.72	HF
6. 学习免疫学让我感觉自己在做一些对人类有重要意义的事情	3.00	F	3.18	F	3.16	F	4.00	HF
7. 每个人都应该理解免疫学，因为它与我们的生活息息相关	2.04	U	2.42	U	2.12	U	3.52	HF
8. 我喜欢尝试解决免疫学中遇到的新问题和挑战	2.62	F	2.86	F	2.68	F	3.54	HF
9. 免疫学是我最喜欢的学科之一	2.48	U	2.52	F	2.46	U	3.48	HF
10. 在学校进行免疫学实验时，我感到非常有趣	2.94	F	3.08	F	2.82	F	4.00	HF
11. 免疫学是每个学生必须学习的重要学科之一	2.76	F	2.86	F	2.60	F	3.42	HF
12. 如果有机会，我愿意参与一个免疫学研究项目	2.84	F	2.96	F	2.98	F	3.54	HF
平均值	2.70	F	2.88	F	2.75	F	3.59	HF

注 U 表示"不赞成"（Unfavorable），F 表示"赞成"（Favorable），HF 表示"非常赞成"（Highly Favorable）。

（1）对照组与实验组总体表现的差异

对照组在传统教学法下，前测的平均得分为2.70，后测为2.88，虽然有一定的提高，但仍然停留在"赞成"范围内（F）。相比之下，实验组在PBL教学法的干预下，前测的平均得分为2.75，后测显著上升至3.59，达到"非常赞成"的描述水平（HF）。这一差异表明，相较于传统教学，PBL教学法在增强学生的学习态度方面更具显著性和有效性。传统的教学方式注重知识的传授，而PBL教学法通过以问题为导向、情境教学和自主学习的方式，使学生更深入地理解免疫学知识，从而激发了更为积极的学习态度。

（2）具体项目分析

在"相比其他学科，我更喜欢免疫学"这一项目上，对照组在前测和后测中的得分变化较小（从2.56到2.58），始终停留在"不赞成"的描述水平（U）。而实验组在前测得分为2.62，后测显著提高到3.50，显示出对免疫学兴趣的大幅度增长。这表明PBL教学法在提升学生对学科的兴趣方面更为有效。PBL教学通过引入现实情境和实际问题，增强了学生对免疫学的参与感，使其逐渐对免疫学产生更高的兴趣。

在"我喜欢参与免疫学相关的实践活动和问题讨论"这一项目上，对照组得分从2.78提高到3.04，虽然略有增长，但始终停留在"赞成"的水平。而实验组从前测的2.96提升至后测的3.64，达到"非常赞成"的水平。这反映出PBL教学法通过设计多样化的实践活动，能够激发学生的动手能力和合作探究的积极性。学生在PBL课堂中可以通过小组讨论、实验和探究活动等多种形式参与到学习过程中，这种主动性和互动性提升了他们对实践活动的兴趣和投入度。

在"免疫学知识在日常生活中的应用很有帮助"这一项目中，对照组得分从2.94提升至3.10，而实验组得分从3.04提升至3.52，达到"非常赞成"描述。这表明PBL教学法通过将知识应用于实际问题，帮助学生认识到免疫学在日常生活中的重要性，例如在疾病防控、疫苗接种等方面的应用。通过解决与现实问题相关的案例，学生对知识的理解不再局限于理论层面，而是扩展到实际生活的情境中，从而增强了对学科的实用性和意义的认可。

（3）对照组与实验组前后的变化趋势

对照组在所有项目中的得分提升均较为有限，且大部分项目的后测结果仍停留在"赞成"或"不赞成"的水平，这说明传统教学模式对学生学习态度的改善作用有限。传统教学方式更注重知识的传递，缺乏师生互动和问题讨论，学生对知识的理解较为被动，这使得他们在学习态度上的积极性难以得到显著提升。

相较而言，实验组在所有项目中均表现出了显著的增长趋势，尤其在对学科兴趣、实践活动的参与以及对知识应用的认同方面，后测结果均达到了"非常赞成"的描述。PBL教学法强调以学生为中心，通过引导学生参与到知识的构建过程中，使他们在解决问题中获得成就感和知识的深刻理解，进而激发了更为积极的学习态度。

（4）个别项目的深度分析

对学科的热爱与研究意愿。在"免疫学是我最喜欢的学科之一"这一项目上，对照组在前测和后测中的得分分别为2.48和2.52，几乎没有变化。而实验组则从2.46提高至3.48，显示出学生对学科兴趣的大幅度提升。同样，在"如果有机会，我愿意参与一个免疫学研究项目"这一项目上，实验组的后测得分也显著高于对照组，表明PBL教学法不仅能激发学生的兴趣，还能增加他们对该学科进一步研究的意愿。

免疫学实验中的体验。"在学校进行免疫学实验时，我感到非常有趣"这一项目上，实验组分数从2.82提升到4.00，达到了满分，而对照组则仅从2.94提升到3.08。这一差异说明，PBL教学通过将学生主动参与的实验环节作为课程重要组成部分，使学生对动手实验产生了浓厚的兴趣，从而提升了学生的学习体验和实验动机。相较之下，传统教学模式下的实验更多是为了验证理论知识，这种相对被动的实践形式难以有效激发学生的兴趣。

知识的意义感。在"学习免疫学让我感觉自己在做一些对人类有重要意义的事情"这一项目上，对照组的得分仅从3.00提升至3.18，而实验组则从3.16显著提升至4.00。PBL教学法通过引导学生解决与人类健康相关的实际问题，使学生认识到自己所学的知识在解决社会问题中的重要性，增加了他们对学习的意义感和成就感。

4. 学习兴趣评价

学习兴趣的高低直接影响学生的学习效果、自主学习能力以及学习持续性。通过对本次研究中对照组和实验组学生在免疫学课程中的学习兴趣的前测和后测结果进行深入分析，我们可以更全面地评估PBL教学法在激发学生学习兴趣方面的效果。

在本研究中，对照组和实验组分别在接受传统教学和PBL教学法干预前后进行了学习兴趣的评估。学习兴趣主要从课程主题、实际应用以及教学活动三个方面进行评估，通过四点Likert量表对学生的学习兴趣进行量化，测量每个项目的前测和后测得分。通过对比分析对照组和实验组的学习兴趣数据，发现PBL教学法在提高学生学习兴趣方面表现出显著优势。

调查结果见表5-3，对照组学生在接受传统教学后，其在免疫学各个主题方面的得分有略微的提升，从前测的中等水平（M）到后测得分在2.36至2.50之间，但整体变化有限，仍然处于中等兴趣水平。而实验组在接受PBL教学法干预后，各主题得分显著提高，从前测的中等水平（M）跃升到后测的非常高水平（VH），得分范围在3.28至3.46之间。该结果表明，PBL教学法比传统教学更能激发学生对免疫学主题的浓厚兴趣。

PBL教学法将理论知识与实际应用相结合，引入了问题情境和案例分析等教学方式，通过真实的情境让学生自主思考和探索。这种学习过程不仅加深了学生对免疫学概念的理解，还将抽象的内容与日常生活中的真实问题联系起来，增强了学习的实用性和趣味性。例如，在"免疫学导论""免疫系统""中枢免疫器官""外周免疫器官""抗原"和"抗体"等主题中，实验组的学生普遍表现出比对照组更高的兴趣和参与度。这是因为PBL教学法通过情境化和互动化的学习内容，让学生更好地理解这些主题的实际意义，从而对学习过程产生积极的情感反应。

表 5-3　关于学习兴趣对照组与实验组前后测的调查结果

问卷内容	对照组				实验组			
	前测		后测		前测		后测	
	均值	描述	均值	描述	均值	描述	均值	描述
课程主题：								
1. 免疫学概论	1.86	M	2.36	M	1.76	M	3.28	VH
2. 免疫系统	2.24	M	2.50	M	2.26	M	3.34	VH
3. 中枢免疫器官	2.28	M	2.46	M	2.42	M	3.40	VH
4. 外周免疫器官	2.12	M	2.44	M	2.32	M	3.44	VH
5. 抗原	2.32	M	2.50	M	2.40	M	3.38	VH
6. 抗体	2.34	M	2.48	M	2.26	M	3.26	VH
7. 免疫佐剂	2.14	M	2.30	M	2.26	M	3.30	VH
8. 主要组织相容性复合体	2.16	M	2.24	M	2.22	M	3.32	VH
9. 补体系统	2.18	M	2.46	M	2.28	M	3.46	VH
10. 细胞因子	2.12	M	2.20	M	2.08	M	3.28	VH
均值	2.18	M	2.39	M	2.23	M	3.35	VH
案例应用：								
1. 传染病预防（接种疫苗）	2.38	M	2.44	M	2.42	M	3.34	VH
2. 疾病治疗（输入抗体等）	2.30	M	2.44	M	2.34	M	3.30	VH
3. 器官移植（HLA 匹配）	2.42	M	2.46	M	2.34	M	3.36	VH
4. 疾病检测技术（抗原抗体反应）	2.38	M	2.42	M	2.44	M	3.54	VH
5. 食品安全（微生物和毒素检测）	2.32	M	2.46	M	2.50	H	3.48	VH
均值	2.36	M	2.44	M	2.41	M	3.40	VH
课堂活动：								
1. 问题讨论	2.20	M	2.42	M	2.34	M	3.52	VH
2. 模型制作	2.20	M	2.34	M	2.38	M	3.56	VH
3. 课堂展示	2.12	M	2.36	M	2.34	M	3.50	VH
4. 项目调查/研究	2.16	M	2.38	M	2.30	M	3.38	VH
5. 视频观看	2.28	M	2.46	M	2.46	M	3.36	VH

续表

问卷内容	对照组				实验组			
	前测		后测		前测		后测	
	均值	描述	均值	描述	均值	描述	均值	描述
6. 实践活动	2.26	M	2.38	M	2.28	M	3.28	VH
均值	2.20	M	2.38	M	2.35	M	3.43	VH
总体平均值	2.25	M	2.40	M	2.33	M	3.39	VH

注 M 表示"中等"（Moderate），H 表示"高"（High），VH 表示"非常高"（Very High）。

在"实践应用"方面，PBL教学法也显示出较为显著的优势。调查结果显示，实验组学生对实践应用主题的兴趣显著高于对照组，尤其是在"传染病预防""疾病治疗""器官移植""疾病检测技术"和"食品安全"等方面，实验组学生的兴趣得分从前测的中等水平（M）提升到后测的非常高水平（VH），得分在3.30至3.54之间，而对照组的变化幅度相对较小，仅从前测的2.36至2.50略有增加。这一现象表明，PBL教学法通过强调实际应用和实验操作，提升了学生对学习内容的实际理解，使他们能够看到免疫学知识在现实中的重要性，从而更乐于学习。此外，这种基于应用的学习方式让学生在动手实践中体会到知识的价值，进一步加深了他们对所学内容的理解和兴趣。

另外，PBL教学法在提高学生对"学习活动"的兴趣方面也表现出显著效果。实验组学生在"问题讨论""模型制作""课堂展示""研究项目""观看教学视频"和"动手操作"等学习活动中的得分均显著提高，平均得分从前测的2.35提升到后测的3.43，整体上达到了非常高水平（VH）。相比之下，对照组学生在这些活动中的得分提升幅度较小，从前测的2.20提升至后测的2.38，整体仍处于中等水平。这一结果表明，PBL教学法通过引导学生参与到主动的探究活动中，不仅丰富了学习方式，还使学生在参与学习活动的过程中获得成就感，这对于激发他们的学习热情具有积极作用。

对比来看，传统教学方法主要以讲授为主，课堂上的学习形式相对单一，学生在课程中大多处于被动接受知识的状态，缺乏自主探索和深度参与的机会。这导致学生对学习内容缺乏足够的兴趣，表现为学习兴趣整体变化不大。而PBL教学法通过引导学生围绕实际问题展开讨论和解决问题，强调了学生在学习中的主动性和主体性，促使他们从知识的被动接受者转变为知识的主动构建者，极大地激发了学生的学习动机和兴趣。

从整体平均值来看，实验组学生在后测中对课程主题、实践应用和学习活动的兴趣得分均显著高于对照组，达到3.39（VH）水平，而对照组的整体兴趣得分则停留在2.40（M）水平。这表明，PBL教学法能够有效地提升学生在免疫学学习中的兴趣，尤其是在将理论知识应用于实际情境和参与到有意义的学习活动中时，学生的学习热情得到了显著激发。此外，学生对学习活动的兴趣提升，不仅有助于增强学习过程中的主动性，还能提高学习效果，使得学生在学业成绩上取得更好的表现。

从教育理论的角度来看，PBL教学法体现了建构主义学习理论的核心思想，即通过学生主动参与知识的建构过程，实现对学习内容的深度理解和掌握。通过在情境中学习，学生能够将新知识与已有知识联系起来，形成有效的知识网络，从而提高学习效率和兴趣。同时，PBL教学法中的合作学习也符合社会建构主义的理念，学生在小组合作中不仅学会了知识，还发展了团队协作能力和沟通能力，这对于他们未来的职业发展具有重要意义。

综上所述，PBL教学法在提升学生对免疫学课程的学习兴趣方面展现了显著的优势。它通过引入问题情境、鼓励学生自主探究和实践操作，使得学生在学习中获得了成就感和满足感，显著激发了他们对学习内容的兴趣。这种教学方法不仅提升了学生对免疫学知识的理解和掌握，也为学生提供了更多参与和表达的机会，培养了学生的批判性思维和创新能力。相比之下，传统的讲授式教学在激发学生学习兴趣方面的效果相对有限。

5. 线上学习效果评价

章节学习次数可以展现学生对特定主题的兴趣程度、章节的难易程度以及知识的掌握情况。通过反复访问，学生可以巩固记忆和深化理解，提高学习效率，教师利用章节学习次数的数据可以分析学生的学习进度和兴趣，并据此优化教学方法和资源。根据免疫学整个教学周期（2~7月）的学习次数分析（图5-2），学生在开课期间的章节总学习次数为13535次，人均学习次数为131次，整体而言，章节学习次数保持较为稳定，部分章节在特定日期出现较高的访问次数，可能说明这些章节的内容对学生而言较为重要或难以理解，需要反复学习和掌握。

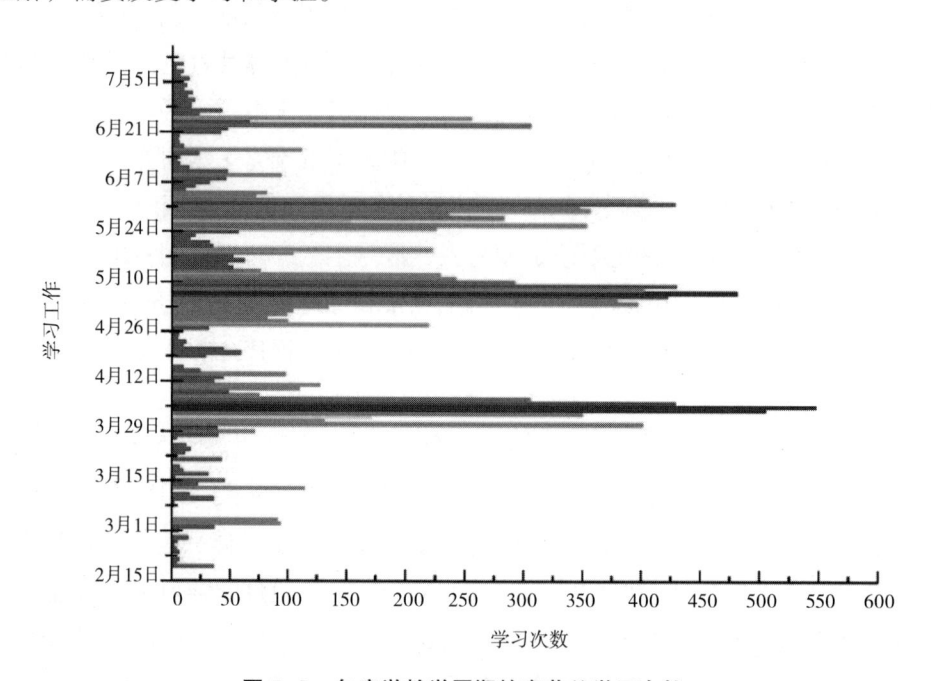

图 5-2 免疫学教学周期的章节总学习次数

章节学习次数是评估学习效果的重要指标之一，但不能单独依靠该指标来全面评估学生的学习表现和学习体验，还需综合考虑学生活跃度等其他因素。学生活跃度指的是学生参与学习和教学活动的程度或频率，体现了学生在不同时间段内对学习的投入程度和积极性，以及他们在课堂参与、讨论、作业、复习、抢答和投票等学习活动的表现。图5-3显示了开课期间学生在不同时间段的活跃程度，上午（08:00~12:00）和晚上（20:00~24:00）是访问量较高的时段，分别有3781次和3255次，反映了学生对免疫学章节学习的主动性和参与教学活动的积极性。章节学习次数和学生活跃度的分析结果表明，学生积极地参与了学习过程，在整个教学期间都保持了较高的学习热情，证明了教学方法和内容传递的有效性。

八、免疫学PBL教学法面临的问题或挑战

在免疫学教学中应用PBL教学法有很大的优势。由于免疫学是一门理论与实践相结合的学科，PBL教学可以让学生对免疫学有更深入的了解，并帮助他们获得实际应用能力。例如，可以让学生通过实际问题了解免疫学相关疾病，分析免疫学机制，并提出相应的解决方案。这样，不仅可以提高学生的兴趣和参与度，还可以提高学生的合作学习和解决问题的能力，促进学生的深度学习，培养学生的自主学习和批判性思维能力。然而，在免疫学中使用PBL教学时，也面临以下具体问题或挑战：

1. 学生对PBL教学模式的不熟悉和不适应

与传统教学相比，PBL教学比较新颖，需要学生掌握一定的合作学习和探究技能。因此，没有经验的学生可能需要一段时间来适应PBL教学模式。此外，PBL教学模式要求学生具有较强的自主学习和团队合作能力，但对于一些学生来说可能会面临陌生和不适应。这时，教师需要提供必要的培训和指导，帮助学生逐步适应PBL教学模式。

2. 学生在解决问题过程中的困难

PBL教学强调的是问题解决的过程，而不是简单的知识传递。在解决问题的过程中，学生可能会遇到各种困难和挑战，如难题、信息获取不足、团队合作问题等。不同的学生会有不同的意见和看法，可能会出现分歧。因此，学生需要学会如何有效地沟通和协作。PBL教学强调学生主动探究和发现，教师不会提供直接的答案和指导，这也可能使一些学生感到不确定和焦虑。

3. 教师在指导学生学习过程中面临的挑战

教师需要投入更多的时间和精力在课前准备和实施PBL教学。在PBL教学中，教师需要扮演引导者的角色，引导学生一步步解决问题，这就要求教师具有较强的解决问题和引导能力。

在免疫学中采用PBL教学模式可能会遇到一些挑战，但在适当的指导和支持下，这些挑战是可以克服的，同时帮助学生培养自主学习、探究和合作的能力，提高学习效果和学习质量。

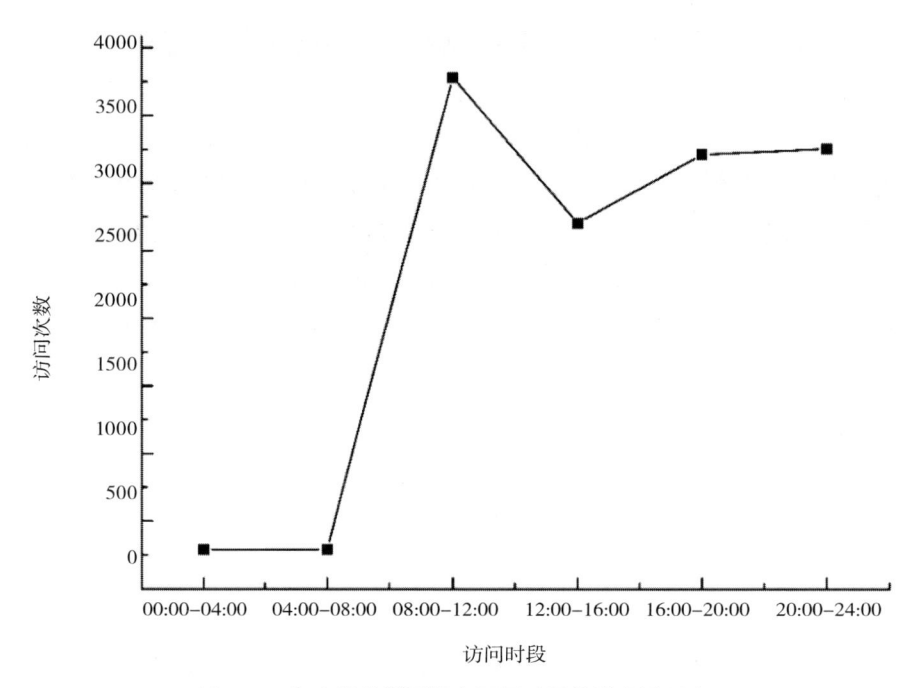

图 5-3　免疫学教学周期中不同时段的学生活跃度

第五节　基于科学精神的免疫学PBL教学案例设计

在我国高校教育改革中,"课程思政"是一种将思想政治教育融入专业课程的创新实践,其核心目标是通过专业教学的载体全面提高人才培养质量,实现"立德树人"的根本任务。课程思政旨在将社会主义核心价值观、民族复兴的理想与责任感融入课程内容,形成思想政治理论课与专业课教学的协同效应,进而在学生专业知识学习的过程中增强他们对国家、社会、道德伦理等问题的思考和认识。研究表明,在专业课中融入思政元素不仅有助于提升学生的专业自豪感和社会责任感,还可以激发学生的创新思维,培养其实践能力与团队合作精神。因此,在新形势下,将思政元素融入免疫学等自然科学类专业课程,是培养全面发展的高素质人才的重要措施。

生物科学师范专业是安顺学院的传统优势专业之一,具有较好的就业前景。毕业生既可以从事教育工作,担任中小学生物教师,也可以进入科研、医药、环保等领域工作。免疫学作为该专业的基础课程,不仅帮助学生深入了解免疫系统和免疫疾病,还为其未来的职业发展、科研创新打下坚实的知识基础。基于此,本节重点探讨如何通过PBL教学法,将科学精神与课程思政有机结合,设计有效的免疫学教学案例,促进学生在知识学习与价值观塑造上的双重成长。

PBL教学法强调通过真实情境中的问题解决来引导学生主动学习,具有高度互动性和情境关联性,有助于激发学生对学习内容的深度思考和兴趣。学生通过参与问题的讨论和研究,既能理解免疫佐剂在疫苗免疫增强中的机制,又能进一步认识到疫苗开发对社会公共健康的重要意义。这种方式使学生在学习免疫学专业知识的同时，也深刻体会到科学创新在社会进步中的作用，增强他们对科研工作的责任感和使命感。

一、学情分析

本课程授课对象为安顺学院生物科学专业（本科）三年级的学生，共有51人。按照该专业教学计划，学生已完成生理学、生物化学、微生物学、遗传学等课程的学习，具备一定的基础知识，这为免疫学的学习提供了较好的基础。为进一步分析学生的背景知识、兴趣和学习需求，教学实践开展之前的问卷调查显示，在"学生对自己学年综合成绩的满意度"方面：45.9%的学生表示对上一学年的综合成绩感到满意，51.4%的学生表示不满意，而有2.7%的学生则没有考虑过这个问题，反映出不同学生对自己的学习成绩存在差异，可能需要对一部分学生进行学习引导和帮助。在"学生的期望"方面：54.1%的学生表示希望在课堂教学中设定分组讨论的环节，这表明大部分学生对于课堂中的分组讨论持有积极的态度，希望在课堂中能够有分组讨论的机会，具有与同学进行交流、合作和共同学习的需求；32.4%的学生表示没有想法、听从教师安排，这部分学生可能缺乏对于具体的课堂活动安排的明确期望，或可能更倾向于接受教师的决策和安排，认为教师会根据学习目标和教学需要来设计适当的教学活动，而不太主动表达自己的意见和建议。因此，在教学设计和实践中，教师需考虑通过提供更多的参与机会和启发性的问题，激发学生的主动性，帮助其更好地参与到课堂活动中。

二、章节内容与教学目标

免疫佐剂是指在抗原之前或与抗原同时注入机体内的物质，可以非特异性地增强机体对该抗原的特异性免疫反应，起到辅助作用，这些物质被统称为免疫佐剂，简称为佐剂。免疫佐剂作为疫苗研发中不可或缺的组成成分，可以刺激、增强免疫反应的强度和持久性，根据其作用机制，佐剂通常分为免疫调节佐剂（如氢氧化铝）、抗原递送载体佐剂（如脂质纳米颗粒，LNP）以及组合佐剂。

通过学习免疫佐剂的原理、种类和应用，学生能够深入了解佐剂对免疫应答的调节作用、疫苗的设计原理和研发过程，以及在提高疫苗效果和安全性方面的重要性，了解在疫苗研发、接种和疾病防控策略中如何使用免疫佐剂，从而更好地参与到疫苗接种推广和公共卫生实践中。

三、思政元素生发点

新型冠状病毒（COVID-19）大流行已导致全球超高的发病率和死亡率。面对大流行，免疫学作为一门对社会具有直接实际影响的科学的重要性。

四、教学实践过程

1. 教学思路

采用线上线下混合式教学，以"学习通"作为线上教学平台，按照教学计划推送教学任务和学习资源，学生根据自己的学习进度和时间安排，在线学习、答疑、讨论和完成作业。线下教学采用PBL教学法，通过引导小组讨论，探讨免疫佐剂和疫苗研发的相关问题，加深对知识的理解和应用，提高教学效果和学生的学习体验。

2. 学生线上自学

在课前，通过"学习通"线上平台布置自学任务，包括观看指定教学视频、浏览纪录片等。这些任务旨在引导学生对免疫佐剂进行初步了解，并为线下的讨论和重点知识讲解做准备。

3. 翻转课堂和分组讨论

在线下教学环节，采用翻转课堂的方式，组织学生分成小组，探讨表1中不同疫苗主要成分的区别、佐剂的种类、选择原则、作用原理、优缺点和应用领域等问题，让学生在团队合作中深入理解和掌握相关知识，引导学生思考、明确科学精神对于疫苗研发和全球抗疫合作的重要性，培养学生的思辨能力和社会责任感。在分组讨论之后，对重点知识进行讲解和补充。

五、教学目标达成情况

1. 学生自学情况

分析学生线上观看教学视频时长和反刍比（反刍比=视频观看时长/视频实际时长），可以评价学生在线自主学习的积极性和投入程度。关于免疫佐剂的线上教学视频，总时长为18.8 min，根据任务要求，观看90%（16.9 min）的视频内容即可完成任务。从"学习通"后台统计可知（图5-4），观看时长的范围是8.7~71.3min不等，平均观看时长为26.9 min。此外，反刍比的最小值为46.1%，最大值为379.2%，平均值为143.3%。这些数据表明，学生整体上较好地完成了线上自学，为进一步加深对内容的理解和吸收，并进行了回放、重复观看或者其他形式的学习反刍。

2. 知识目标达成情况

课堂测验是一种常用的评估工具，可以了解学生对教学内容的理解程度、记忆力以及能否将所学知识应用于实际情境，有助于教师评估教学效果，检查学生在特定知识点上的薄弱环节，以便及时进行针对性的教学干预。同时，学生也可以通过测验了解自己对知识的掌握程度，发现自身学习的不足之处，制订相应的学习计划。线下教学结束后，通过设计免疫佐剂知识点相关的课堂测验题，评价了学生的知识目标的达成情况。此环节共设置40道单项选择题并上传至"学习通"，任务开始后，要求在10分钟内提交由系统随机抽选的20道题。图5-5显示了学生在课堂测验中的成绩分布情况，其中，最高成绩为100分（6人），最低成绩为60分（2人），平均成绩为90分，有31人

（60.8%）的成绩达到90分以上，有17人（33.3%）的成绩在80~89分，这些结果反映出了学生对于免疫佐剂相关知识点的掌握程度较好，具有积极的学习态度和投入程度，整体而言，该教学案例设计与实践在知识目标达成方面取得了良好的效果。

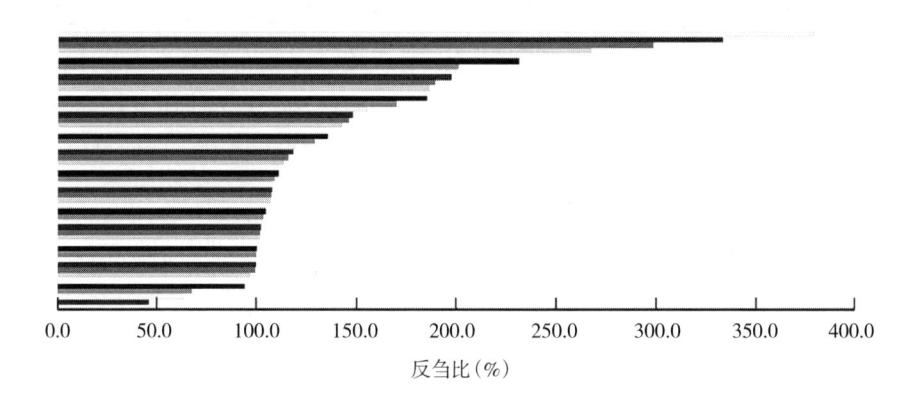

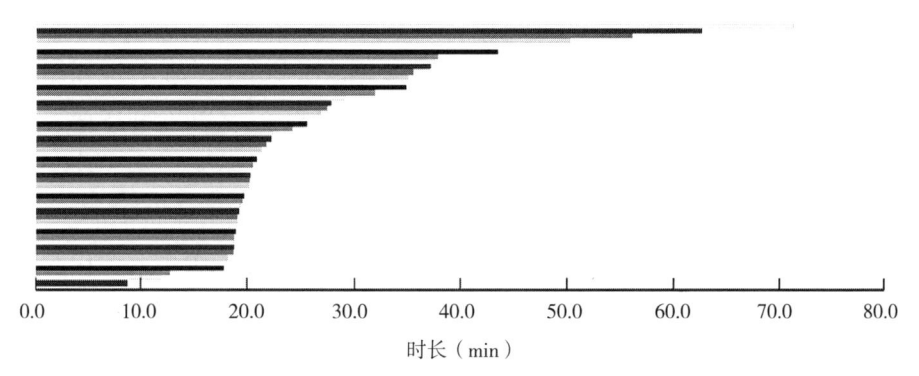

图 5-4　学生线上学习情况分析

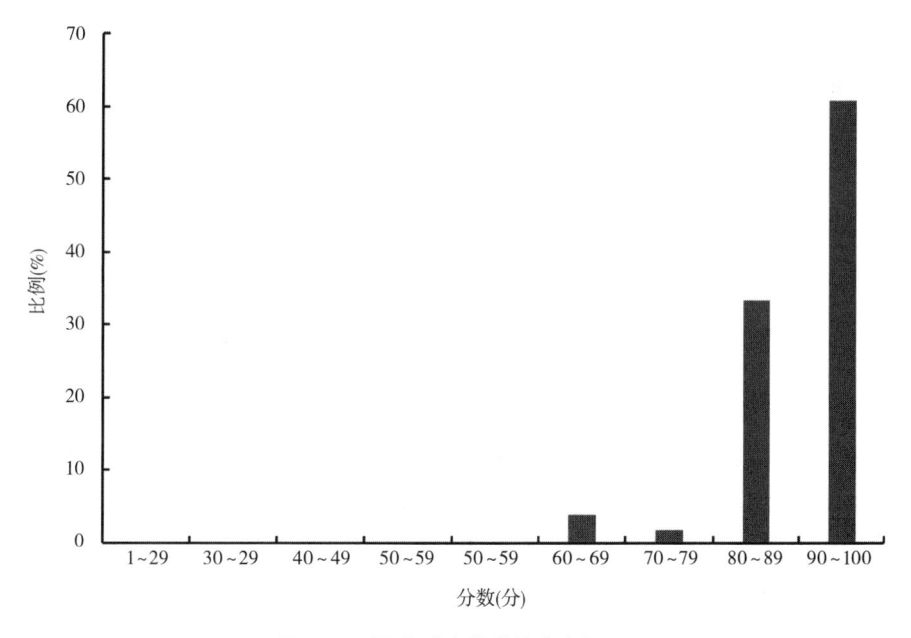

图 5-5　课堂测验的成绩分布图

3. 思政目标达成情况

收集学生讨论过程中的观点，运用词频工具将学生的表达内容进行分析，识别出其中的关键词和主题，可以评价学生对于思政目标的认知和理解程度。词频分析结果显示，"免疫""疫苗""佐剂""氢氧化铝""科学精神""合作""社会""全球"是学生讨论中出现频率较高的词汇，表明学生在讨论中涉及了思政目标所关注的核心词汇和主题，对于科学精神、疫情防控以及疫苗知识有一定的认知，这些词汇的出现也反映了学生在疫情中承担个人责任、加强国际合作和关注社会问题的意识，能够基于科学事实进行分析和判断，有助于培养学生的科学思维和批判性思维能力。此外，如"SARS-CoV-2""灭活疫苗""mRNA疫苗"等专业术语也被学生提及，表明学生在学习中获取了一定的科学知识，并能够运用到讨论中。

六、结语

本节总结了免疫学课程的PBL教学法与课程思政相结合的教学实践案例。通过线上自学、课堂测验以及词频分析等多种方法，全面评估了学生在思政目标和知识目标上的达成情况。实践结果表明，学生通过自主学习和小组讨论，不仅全面掌握了免疫佐剂的种类、作用机制、优缺点及其在疫苗研发中的应用，同时也在此过程中加深了对科学精神、国际合作及社会责任的理解与认知。

PBL教学法以问题驱动的学习方式，将科学精神和思政元素融入课程的设计和实施中，通过真实问题情境和案例学习激发学生的兴趣和主动性，让他们在探究知识的同时树立正确的价值观和社会责任感。这种教学模式注重学生在问题解决中的自主学习与合作探究，与课程思政的目标高度契合，能够更好地实现立德树人，提升学生的科学素养和人文关怀。

此次教学实践有效地促进了学生在知识目标和思政目标上的全面发展，为将PBL教学法与课程思政结合运用于专业课程中提供了宝贵经验，也为培养具有科学素养和社会责任感的高素质人才探索了新的路径。

参考文献

[1] Liu Y. Blended Learning Model of University Courses Based on SPOC[J]. International Journal of New Developments in Education, 2021, 3（7）: 1-6.

[2] Hew K F, Cheung W S. Students' and instructors' use of massive open online courses (MOOCs): Motivations and challenges[J]. Educational research review, 2014, 12: 45-58.

[3] Fox, A. From MOOCs to SPOCs. Communications of the ACM, 2013, 56（12）: 38-40.

[4] Sointu E, Hyypiä M, Lambert M C, et al. Preliminary evidence of key factors in successful flipping: Predicting positive student experiences in flippedclassrooms[J]. Higher Education, 2023, 85（3）: 503-520.

[5] 王睿, 董磊, 吕芳, 等. 科研引领的免疫学课程思政改革与实践[J]. 生物学杂志, 2022, 39（5）: 125-127.

[6] 孙爱平, 謇少举, 张国俊, 等. 医学免疫学国家级混合式一流课程建设中课程思政多维融合的探索与实践[J].中国免疫学杂志,2023,39（6）:1214-1217.

[7] 邢梓琳, 李志明. 习近平总书记关于教育改革发展"九个坚持"重要论述阐释[J]. 北京理工大学学报（社会科学版）, 2023, 25（3）: 172-178.

[8] 中华人民共和国教育部. 教育部关于印发《高等学校课程思政建设指导纲要》的通知[Z/OL].（2020-07-20）[2024-03-20].

[9] 王家鑫. 免疫学[M]. 北京: 中国农业出版社, 2009: 9-10.

[10] BOTTARO A, BROWN D M，FRELINGER J G. The Present and Future of Immunology Education[J/OL]. Frontiers in Immunology. 2021, 12: 744090.

[11] 姚丽芬,高宏.基于学情分析的高效课堂策略探讨[J].教育现代化,2019,6（86）:262-265.

[12] 中华人民共和国教育部. 教育部关于印发《高等学校课程思政建设指导纲要》的通知[Z/OL].（2020-05-28）[2023-05-20].

[13] 习近平. 思政课是落实立德树人根本任务的关键课程[J]. 实践（党的教育版）, 2020（9）: 4-11.

[14] 孙世杰, 李霞, 张鸽. 等. 医学免疫学课程思政教育元素的挖掘及教学实践[J]. 中国免疫学杂志, 2022, 38（9）:1125-1128.

[15] 王婷. 课程思政视域下免疫学检验课程教学实施效果分析[J]. 中国中医药现代远程教育, 2022, 20（14）:16-17, 23.

[16] 世界卫生组织（WHO）.关于 COVID-19 的每周流行病学更新[EB/OL].（2023-03-31）[2023-05-20].

[17] Breton G. Some empirical evidence on the superiority of the problem-based learning（PBL）method[J]. Accounting Education, 1999, 8（1）: 1-12.

[18] Stearns L M, Morgan J, Capraro M M, et al. A teacher observation instrument for PBL classroom instruction[J]. Journal of STEM Education（Online）: innovations and research, 2012, 13（3）: 7-16.

[19] Mohd-Yusof K, Helmi S, Jamaludin M Z, et al. Cooperative problem-based learning（CPBL）: A practical PBL model for a typical course[J]. International Journal of Emerging Technologies in Learning（iJET）, 2011, 6（3）: 12-20.

[20] Santos-Meneses L F, Pashchenko T, Mikhailova A. Critical thinking in the context of adult learning through PBL and e-learning: A course framework[J]. Thinking Skills and Creativity, 2023, 49: 101358.

[21] Song P, Shen X. Application of PBL combined with traditional teaching in the Immunochemistry course[J]. BMC Medical Education, 2023, 23(1): 690.

第六章

PBL 教学法的推广与优化

第一节　教学团队建设与教师培训

为了进一步有效推广PBL教学法，PBL教学法要求教师具备较强的问题设计能力、组织能力以及引导学生主动学习的能力。通过强化教学团队建设与教师培训，可以为PBL教学法的有效实施提供保障，从而全面提升教学质量和学生的学习效果。

一、组建多学科专业教学团队

在免疫学教学中，组建由教学经验丰富、科研背景深厚、具备跨学科知识的教师团队是推动PBL教学法落地的必要条件。教学团队应由多个学科领域的教师组成，以满足学生在不同领域的学习需求。通过跨学科合作，教师们可以分享各自的专业知识与教学经验，从而更有效地设计问题和教学活动。

1. 团队协作与资源整合

多学科背景的教学团队能够利用不同领域的专业知识和资源，在设计教学活动和问题情境时更加灵活多样。免疫学作为一门交叉学科，涉及生物学、医学、化学等多个领域的知识，通过跨学科的教师团队，教学内容的设计可以更具深度和广度。

（1）根据学科前沿动态调整教学内容

免疫学领域的研究发展迅速，新的理论与发现不断涌现。多学科教学团队可以根据不同领域的前沿动态，及时调整和优化教学内容，将最新的科学研究成果引入课堂。例如，近年来在癌症免疫疗法、疫苗开发等领域的进展，可以通过教学团队的合作，转化为学生在PBL教学中的实际学习案例。这种资源整合有助于增强教学的前瞻性，让学生了解学科发展的最前沿动态，进而提升其学习的兴趣和动机。

（2）提升理论知识与实践能力的结合

多学科教学团队可以为学生提供更加多样化和综合性的学习资源，帮助他们从不同的角度理解和解决问题。例如，化学领域的教师可以帮助学生理解免疫学中的生物化学反应机制，而生物信息学专家可以通过数据分析的方法教学生如何处理复杂的免疫学实验数据。这种团队协作不仅丰富了教学资源，还使学生能够在学习过程中更好地将理论与实践相结合，理解免疫学知识在现实中的应用。

2. 灵活调整与个性化教学

多学科背景的教师团队具备灵活调整教学内容和教学策略的能力，能够更好地根据学生的学习需求和进度，提供个性化的教学支持。在PBL教学法中，由于问题情境通常较为复杂，学生可能会面临不同程度的学习挑战，因此，教师团队的协同合作变得尤为重要。

（1）根据学习进度调整教学策略

PBL教学法的实施要求教师能够敏锐地感知学生在学习过程中遇到的困难，并及时提供指导和帮助。例如，在某一问题解决环节，学生可能在理解免疫学某些复杂概念（如抗原抗体反应、免疫调节等）时存在困难，教师团队可以通过多学科合作，结合生物学、化学和医学的知识，灵活调整教学策略，提供更多的背景信息和实验指导，帮助学生顺利完成问题解决任务。

（2）满足学生的个性化学习需求

每个学生的学习风格和学习能力存在差异，多学科教学团队可以根据学生的具体情况灵活调整教学内容与节奏，制订个性化的教学计划。例如，针对一些学习能力较强的学生，教师团队可以提供更具挑战性的学术任务，如设计复杂的实验方案或进行文献调研。而对于一些在学习上遇到较多困难的学生，团队可以提供额外的辅导，帮助他们巩固基础知识并逐步提升学习能力。

3. 提高学生解决复杂问题的能力

多学科背景的教学团队有助于提高学生解决复杂问题的能力。在PBL教学法中，学生通过团队合作、文献查阅、实验设计等形式，主动探索并解决现实中的问题情境，而这些问题往往涉及多个学科领域的知识。因此，多学科教学团队的支持对于学生完成问题解决任务至关重要。

（1）跨学科合作设计教学问题

在PBL教学法的实施过程中，教师团队可以根据不同学科的特点，共同设计具有挑战性的问题情境。例如，在免疫学教学中，可以设计一个涉及疫苗开发的综合性问题，要求学生运用免疫学、药理学、生物信息学等多学科的知识进行分析和解决。通过这种跨学科问题的设计，学生不仅能够加深对免疫学理论的理解，还能提升跨学科的整合和应用能力。

（2）促进学生批判性思维和创新能力的发展

多学科合作的教学团队可以引导学生从多个角度思考问题，培养他们的批判性思维和创新能力。例如，当学生在解决某一免疫学问题时，团队中的教师可以分别从实验设计、数据分析、临床应用等不同角度提供指导，鼓励学生提出创新性的问题解决方案。这种多角度的引导和支持，有助于学生在未来面对复杂的科研和实践任务时具备独立思考和创新的能力。

4. 教师团队的协作机制与保障

为了确保多学科教学团队的高效运作，必须建立健全的协作机制和保障措施。首先，学校应通过政策支持和资源配置，鼓励不同学科教师参与到教学团队中。其次，团队成员应定期举行教学研讨会,分享教学经验与案例,探讨如何进一步优化PBL教学法的实施。最后,学校还应为教师团队提供充足的培训机会,确保每位教师都能掌握PBL教学的核心理念和操作方法。

(1)定期团队会议与研讨

多学科教学团队应定期举行教学会议,交流各自在教学中的经验与问题。通过集体讨论,教师可以互相分享有效的教学策略和方法,并根据学生的反馈及时调整教学计划。这种集体决策机制能够帮助团队在面对复杂的教学问题时做出更为科学合理的判断,从而提高整体的教学质量。

(2)教学资源共享与持续优化

学校应搭建平台,促进教师团队之间的教学资源共享。通过共同开发教学案例、设计实验任务等方式,教师们可以减少重复劳动,提高教学资源的利用效率。同时,通过持续优化教学内容和方法,团队可以根据教学反馈不断完善PBL教学法的实施,为学生提供更加优质的学习体验。

二、定期开展专项教师培训

为了确保教师具备实施PBL教学法所需的技能,定期开展专项教师培训是必要的。通过专业化的培训工作坊,教师们可以提升自身的教学设计能力、学生引导技巧以及评估学生学习成果的能力。

1. 培训内容的广泛覆盖

为了确保教师能够顺利实施PBL教学法,培训内容必须涵盖PBL教学的多个核心环节。首先,在问题设计方面,教师需要学习如何提出既具有挑战性又紧密结合实际应用的开放性问题。这类问题应能引发学生的好奇心和探究欲望,促使他们通过独立思考和团队合作找到解决方案。教师应掌握如何引导学生进行问题分解和信息整合,帮助学生逐步提高分析和解决复杂问题的能力。

PBL教学强调基于实际问题的学习,教师必须学会设计和选择适合不同教学内容的案例。这些案例不仅要与学科知识相匹配,还应反映当下的社会热点或科学前沿,以增强学生对知识应用的理解和兴趣。在教学案例的设计过程中,教师需要注重情境创设,使学生能够在真实或仿真的环境中应用所学知识,达到理论与实践相结合的效果。

在学生引导策略上,教师要学习如何在课堂上扮演好"引导者"的角色。PBL教学不同于传统的知识灌输式教学,教师的主要任务是为学生提供必要的指导,而不是直接给出答案。因此,教师需要掌握如何通过提问、反馈、讨论等方式,引导学生主动探索,激发他们的批判性思维和创新意识。此外,教师还要学会如何处理不同学习进度的学生,确保每个学生都能够在学习过程中得到帮助与支持。

评估方法是PBL教学法培训中的重要组成部分。在PBL教学中,传统的考试方式并不能完全反映学生的学习成果。因此,教师需要学习多元化的评估方式,如过程性评估、学生自评与互评、项目成果展示等，以全面评估学生的知识掌握情况、实践能力和团队合作能力。

2. 案例教学与实操演练

在培训过程中，教师有机会通过案例教学和模拟课堂环境进行实践操作。通过参与真实或模拟的PBL教学活动，教师能够更加熟悉教学方法，并掌握应对复杂教学情境的技巧。此外，实操演练有助于教师提高应变能力，尤其是在学生提出难题时，能够迅速做出引导和回应。

首先，案例教学有助于教师在实际情境下检验教学设计的可行性。在培训过程中，教师可以通过选择与学科知识密切相关的教学案例，模拟课堂中的实际教学场景。通过这种方式，教师能够更好地理解如何将理论知识融入具体的案例中，并设计出与课程目标相匹配的问题情境。同时，案例教学还能帮助教师积累应对课堂突发情况的经验，培养他们在复杂教学情境中的决策能力。例如，当学生在讨论中遇到困惑或偏离主题时，教师应如何有效引导学生回归问题的核心，如何在有限的课堂时间内促进学生的深度思考，都是需要在案例教学中反复练习和总结的。

其次，实操演练为教师提供了充分的练习机会，提升其实际授课能力。通过模拟真实课堂环境，教师可以练习在PBL教学过程中如何进行引导、如何分配小组任务、如何激发学生的参与度等。PBL教学法要求教师不仅仅是知识的传递者，更是学习过程的促进者和引导者。因此，教师需要在实操演练中不断积累经验，练习如何通过有效的提问、引导讨论、提供及时反馈等方式，帮助学生独立思考和团队合作。这种实操演练还可以帮助教师熟悉不同的课堂管理技巧，例如如何调动不同能力层次的学生参与讨论、如何维持课堂秩序、如何处理突发的教学状况等。

另外，实操演练还能有效提升教师的应变能力。在PBL教学中，学生可能会提出一些超出教学计划的问题或遇到意想不到的困难。通过模拟练习，教师可以提高对这些情况的应对能力，学习如何根据学生的反馈调整教学计划，如何快速应对学生提出的难题，或如何帮助学生克服学习中的瓶颈。这样的实操演练不仅可以提高教师的教学水平，还能增强他们在实际课堂中应对复杂问题的信心。

最后，实操演练为教师提供了反思与改进的机会。在每次实操演练结束后，教师可以通过教学团队的反馈或自我反思，评估自己的教学表现。通过反思，教师能够发现自己在PBL教学中存在的问题，并不断优化教学方法和策略。例如，教师可以思考在引导学生讨论时是否给予了足够的思考空间，讨论的问题是否具有挑战性，教学过程中是否平衡了理论与实践等。通过反复的演练与反思，教师的教学能力将得到显著提升，从而为今后的PBL教学实践打下坚实的基础。

3. 个性化培训与持续提升

培训还应根据教师的个人需求和教学经验进行个性化设计。为了确保培训的有效性，个性化设计和持续提升是教师培训中的关键环节。不同教师在教学经验、知识背景以及对PBL教学法的理解程度上存在差异，因此"一刀切"的培训模式可能无法满足所有教师的需求。针对这一现状，培训应采取个性化的策略，确保每位教师都能从中获益，并且能够根据其个人需求和专业发展方向进行持续提升。

针对初次接触PBL教学法的教师，培训应更多地侧重于基础教学理论和操作方法。PBL教学法与传统的教学模式有很大的不同，初次接触的教师往往需要从基础入手，全面了解PBL的教学理念、教学目标以及如何在实际教学中有效实施。例如，培训可以包括PBL教学中的角色定位、问题设计的基本原则、如何引导学生进行自主学习等具体内容。这类培训不仅能帮助新教师掌握教学技巧，还能减少他们在课堂实践中的焦虑感，使其能够更加自信地开展PBL教学。

对于这些初学者，培训还应特别强调教学过程中可能遇到的常见问题及其解决策略。例如，如何应对学生在自主学习过程中的拖延和懈怠，如何处理学生对开放性问题的困惑和无所适从等。通过引导教师提前预见并理解这些问题，他们能够更好地在课堂中做出有效的应对，从而提高教学的整体效果。

对于已经具备一定PBL教学经验的教师，培训的重点则应放在进一步优化PBL教学过程和提升教学效果上。这类教师在实际教学中可能已经积累了一些经验，但也面临着如何在现有教学基础上不断改进的挑战。因此，培训可以引入更高级的教学技巧和策略，帮助他们更好地设计更具挑战性和启发性的教学问题，同时优化课堂管理和反馈机制。例如，如何设计出层次更高的跨学科问题，如何平衡学生个体差异以确保每个学生都能在课堂上得到充分发展，如何通过动态评估及时反馈学生的学习情况等，都是可以在培训中探讨的重要内容。

这类教师还可以通过个性化的培训进一步提升自己在学生引导和问题设计方面的能力。例如，如何在课堂上保持学生的学习动机，如何引导不同层次的学生参与深度讨论，如何针对不同的教学目标设计适应性更强的问题等。这些技能的进一步提升有助于教师推动PBL教学法在课堂上的深入应用，从而提升学生的学习质量和课堂参与度。

个性化培训应与持续提升相结合，通过定期的培训和反馈，帮助教师不断反思和改进自己的教学方法。教师在参加培训后，往往需要一个反思和实践的过程，而这一过程的有效性与持续的支持密切相关。因此，培训不仅仅是一次性的活动，还应定期进行。例如，可以设立教学反思小组或进行教学督导，通过同行评议和教学反馈帮助教师发现问题并及时进行调整。同时，学校可以为教师提供持续的专业发展机会，例如参加国内外的教学法研讨会、跨学科的合作交流等，帮助教师进一步拓宽视野、汲取新的教学灵感。

通过这种持续的培训与反馈，教师不仅能够在短期内提升教学水平，还能够在长时间的教学实践中保持创新和进步。这种循环的反馈和提升机制，有助于教师不断改进和优化教学方法，从而有效推动PBL教学法在免疫学及其他学科中的广泛应用与深入发展。

三、促进教学经验交流与学科间合作

教学经验的分享与跨学科合作能够极大地促进PBL教学法的推广和发展。教师之间的互动交流不仅能够相互学习和借鉴，还可以通过合作开发教学资源，推动教学法的创新。

1. 教学观摩与经验分享

（1）教学观摩与经验分享的意义

通过组织定期的教学观摩活动，教师可以直接在实际课堂中观察PBL教学法的实施过程，深入理解PBL教学中的具体操作与方法。教学观摩活动能够为教师提供一个近距离学习的机会，帮助他们掌握如何有效地引导学生进行小组讨论、解决开放性问题，并通过实践情境理解理论知识。在观摩过程中，教师可以通过观察不同教学方法的实际应用，学习如何有效地控制课堂节奏，如何在学生遇到困难时提供恰当的引导，这些都是教师在课堂教学中经常会遇到的实际问题。

观摩结束后，开展教学研讨会是经验交流的重要形式。在研讨会上，教师们可以分享自己在教学中的心得体会，特别是在实施PBL教学过程中遇到的具体挑战及应对策略。例如，有些教师在实施PBL教学时可能遇到学生参与度不高的情况，其他教师则可以分享如何通过改进问题设计、增加学生兴趣等方法来激发学生的参与热情。通过这种开放式的交流，教师们可以互相学习，不断改进教学方法，从而提高教学质量。

此外，教学观摩与经验分享活动不仅限于单一学科内的交流，还可以跨学科进行。例如，免疫学教师可以观摩生物化学课程中的PBL教学，通过了解其他学科的教学特点与方法，进而将一些成功的教学策略引入自己的课堂中。这种跨学科的观摩与交流能够帮助教师开拓思路，使他们在免疫学教学中引入更加丰富和有创意的教学活动。

（2）教学观摩与研讨会的组织与实施

在组织教学观摩与研讨会的过程中，应当建立起系统的机制，确保活动的高效开展。首先，可以建立观摩课程的评估体系，对每次观摩活动进行评估，了解观摩课程的教学效果以及观摩教师的学习情况，以便不断优化观摩活动的内容与形式。其次，观摩活动可以选取在不同教学阶段或不同主题下实施的PBL教学课程，让教师们在观摩中了解如何在不同教学情境下灵活应用PBL教学法，增加教学观摩的多样性和广泛性。

研讨会的组织同样需要重视教师间的互动交流。通过设置专门的讨论议题，引导教师围绕特定的问题展开讨论，例如如何有效设计PBL教学中的开放性问题，如何在课堂中激发学生的学习兴趣等。学校还可以邀请教学经验丰富的专家或学科带头人参与研讨会，与教师们共同探讨PBL教学中的难点和应对策略，为教师们提供专业的指导。

在研讨会中，教师们的经验分享不仅是问题的提出和解决的过程，还是一个不断创新和探索的过程。通过反思自己的教学实践，教师可以不断总结出适合自己课堂的教学策略，并通过与其他教师的交流进一步优化这些策略。例如，在免疫学课程中，有些教师可能会设计"模拟免疫反应"的课堂活动，通过研讨会的讨论，这样的活动可以被更多教师所了解和采用，并在实践中根据不同的教学情境进行改进和调整。

（3）经验分享在PBL教学推广中的作用

经验分享在PBL教学法的推广中具有重要的作用。经验分享可以为教师提供真实的教学案例和实践经验，降低他们在初次尝试PBL教学法时的顾虑。例如，许多教师在刚开始实施PBL教学法时，可能会担心课堂失控或者学生无法有效合作，通过经验丰富的教师分享他们的成功案例和应对策略，可以帮助这些教师更好地应对教学中的不确定性，提高他们对PBL教学法的信心。

此外，经验分享能够为PBL教学提供持续的改进动力。在PBL教学过程中，每一位教师都可能遇到不同的问题，而这些问题和相应的解决方案对于其他教师来说都是宝贵的资源。通过定期的经验交流，教师们可以将自己在实践中的心得与其他教师分享，使得教学法在不断实践与改进的过程中得到优化。例如，有教师分享如何在学生学习积极性不高时通过增加与生活相关的案例来提高学生的兴趣，这种方法可以被其他教师借鉴并应用于自己的课堂，从而提升整体教学效果。

教学观摩与经验分享不仅仅是对已有教学经验的总结，更是教学创新的重要推动力。在PBL教学法的推广过程中，教师们的不断尝试和经验分享是推动教学法创新的重要动力。在教学观摩和研讨会中，教师们可以将自己的创新教学尝试与其他教师分享，从而推动整个教学团队的创新能力。例如，有些教师可能在课堂中尝试了基于游戏化的PBL教学，通过游戏引入问题情境，激发学生的学习兴趣，这样的创新尝试在经验分享中能够为其他教师提供新思路，推动PBL教学在更多学科中的应用。

2. 跨学科合作与教学资源共建

跨学科合作对于PBL教学法在多个学科中的推广具有重要作用，有助于形成更加多样化的教学资源，并培养学生的综合素质。例如，在免疫学教学中，可以与生物化学、医学、分子生物学等相关学科进行联合教学，整合不同学科的知识点，开发出兼具理论性和实践性的教学案例与实验项目。这种跨学科的教学合作不仅丰富了教学资源，也有助于学生从多学科的视角理解免疫学的复杂问题，从而增强他们的综合学习能力。

通过跨学科的合作，教师们可以共同开发教学资源，共享彼此的专业知识。例如，免疫学教师可以与生物化学教师合作设计案例，利用生物化学中的反应机制来解释免疫反应的生理基础。这种合作不仅能增加教学内容的深度，还能使学生在学习免疫学的同时巩固生物化学知识，增强知识的联动性和实用性。此外，跨学科的教学资源还可以包括医学领域的应用案例，例如将免疫学中的疫苗原理与临床医学中的疫苗接种相结合，帮助学生理解免疫学在临床治疗中的实际应用。

跨学科合作的优势还体现在实验教学中。通过与其他学科合作，可以为学生提供更复杂的、真实的问题情境。例如，免疫学教师可以与分子生物学教师合作，设计基于基因工程技术的免疫实验，要求学生利用分子生物学工具对免疫相关基因进行研究和操作，从而在实验过程中掌握免疫学和分子生物学的相关技能。这种实验教学不仅锻炼了学生的动手能力和实验设计能力，还使学生在实践中深刻理解不同学科之间的联系与应用。

跨学科合作不仅在教学资源开发上具有优势，也可在教学团队的协作中起到积极作用。不同学科的教师可以在教学过程中相互借鉴，充分利用各自的学科优势，弥补单一学科的教学不足。例如，免疫学教师可以从分子生物学或细胞生物学教师那里获得更多关于细胞信号传导、基因表达等领域的深入见解，从而丰富免疫学课程中的相关内容，使教学更加全面。此外，教师们可以通过跨学科的合作，不断改进PBL教学中的问题设计，使问题情境更具挑战性和多样性，有效提升学生的学习兴趣和参与度。

跨学科的教学资源共建还可以促进线上与线下资源的整合。例如，免疫学教师可以与其他学科教师合作，共同开发在线学习模块，将各学科的知识整合在一个平台上，学生可以通过线上资源学习不同学科的内容，并通过PBL的方式解决跨学科问题。这样的资源整合有助于学生利用现代信息技术进行自主学习，培养他们的综合应用能力和创新思维。

跨学科合作和教学资源共建的过程，也是培养学生团队合作精神和协作能力的重要途径。在PBL教学过程中，学生常常需要组成团队解决跨学科的问题情境，教师可以通过设计需要多个学科知识点共同解决的问题，鼓励学生与来自不同专业背景的同学合作，共同寻找解决方案。通过这种跨学科的合作，学生不仅可以学到多学科的知识，还能在合作中学会如何与不同领域的人沟通协作，这对于他们未来的职业发展是非常重要的素质。

3. 教学创新与实践成果共享

在教学合作的过程中，教师们可以共同开发创新的教学方案，并将这些方案在不同班级和不同学科中进行实践。通过共享这些创新教学实践的成果，可以有效地推动更多教师参与PBL教学法的实施，并形成良性的教学反馈机制。

（1）共同开发创新教学方案

教师团队可以围绕共同的教学目标，集思广益，开发出切合实际的创新教学方案。这些方案不仅要关注教学内容的更新，还要考虑如何结合最新的教育技术和教学理念，以提升学生的学习体验。例如，教师可以利用虚拟实验室技术设计PBL项目，让学生在模拟环境中进行实验探究，提升他们的动手能力和解决问题的能力。通过这种协作，教师能够从不同的专业角度出发，设计出更具挑战性和吸引力的教学活动。

（2）在不同班级与学科中实践

开发出的创新教学方案可以在多个班级和学科中进行试点实践。这不仅能够检验教学方案的有效性，还能够发现实施过程中可能出现的问题。例如，某一创新方案在免疫学课程中的成功实践，可能会为生物化学或微生物学的教学提供借鉴和启示。教师们可以通过相互间的反馈和建议，不断优化教学方案，使其更加适应学生的需求和学习特点。

(3)实践成果的共享与传播

教师们在实践过程中获得的成功经验和实践成果应及时进行分享和传播。这可以通过定期召开教学研讨会、发布教学案例和经验总结的方式进行。在这些活动中，教师不仅可以展示自己的教学成果，还能够听取其他教师的反馈和建议，促进彼此之间的学习与提高。此外，学校或教学机构还可以建立一个在线平台，集中展示教师们的创新教学案例和实践成果，形成共享资源的社区，进一步推动PBL教学法的普及和应用。

(4)形成良性的教学反馈机制

通过共享教学创新与实践成果，教师们能够在反馈中不断调整和改进教学策略，形成良性的教学反馈机制。教师在实施PBL教学法过程中可能会面临各种挑战，如如何有效引导学生、如何设计问题以激发思维等。通过彼此的反馈，教师可以更快地找到解决方案并进行改进。这种反馈机制不仅提升了教学的有效性，还增强了教师之间的合作与信任，进一步推动了教学创新的持续发展。

(5)促进学生的主动学习与参与

教学创新与成果共享不仅惠及教师，也极大地促进了学生的主动学习与参与。当教师们在教学中采用新的方法和工具时，学生的学习兴趣和积极性往往会随之提高。例如，结合学生的反馈和参与，教师能够不断调整教学活动的形式与内容，使学生在PBL学习中更加主动地参与讨论、思考和实践。这种互动式的学习方式，能够有效提高学生的批判性思维和解决问题的能力。

(6)鼓励跨校交流与合作

教学创新与实践成果的共享还可以拓展到不同学校之间，鼓励跨校的交流与合作。通过组织教师联谊会、跨校教学研讨会等形式，不同学校的教师可以分享各自的教学经验和实践成果。这种跨校的交流不仅能丰富教师的教学视野，还能促进不同学校之间的合作，共同提升教育质量。

第二节　教学资源开发与课程内容改进

在PBL教学法的推广过程中，丰富的教学资源和动态化的课程内容设计是其有效实施的基础。通过教学资源的开发与课程内容的持续改进，可以更好地支持PBL教学的深化与推广。

一、多样化教学资源的开发与整合

根据免疫学课程的特点，开发多样化的教学资源，如视频案例、模拟实验、虚拟实验室等，帮助学生在实践中理解理论知识。此外，利用现代信息技术，将这些资源与线上学习平台相结合，开发具有互动性和即时反馈功能的在线学习资源，方便学生自主学习和教师进行过程性评估。

1. 开发多样化的教学资源

基于免疫学课程的抽象性与实践性,可以开发丰富多样的教学资源,例如视频案例、模拟实验、虚拟实验室等。视频案例通过图像和声音结合的方式,将复杂的免疫学概念生动地呈现出来,帮助学生更直观地理解基础理论。模拟实验则通过引导学生亲自动手,实践操作免疫学的基本实验原理和步骤,使得抽象的理论知识得以在实践中巩固。虚拟实验室是现代教育技术的重要工具,通过计算机仿真技术,学生可以在虚拟环境中开展实验,从而弥补现实实验中受限于条件或材料而无法实现的部分操作,帮助学生理解免疫学实验中的关键步骤和实验设计。

2. 教学资源的整合与线上平台结合

现代信息技术的发展为教学资源的整合提供了新的可能性。在免疫学PBL教学中,可以将这些多样化的教学资源与线上学习平台相结合,以实现教学方式的多样化。例如,利用学习管理系统(LMS)将各种教学资源如视频案例、课件、实验资料等上传到平台上,学生可以根据个人学习进度自主选择合适的内容进行学习。通过线上平台,还可以开发具有互动性和即时反馈功能的在线学习资源,如在线测验、互动讨论区等,以帮助学生进行自我评估与反思,提升学习效果。

互动性资源是PBL教学法的一大特色,通过互动性学习,学生可以更深入地参与到学习过程之中。例如,在课程内容中设计一些虚拟实验或互动案例,学生在解决实际问题的过程中,可以不断对自身的思维与方法进行验证与改进。即时反馈功能可以帮助学生在完成学习任务后,及时获得对错的反馈和详细的解释,从而在学习过程中不断修正自己的理解误区,提升学习质量。

3. 教学资源的动态更新与优化

PBL教学法需要随时关注学科的发展动态和学生的学习需求,因此教学资源的更新与优化至关重要。免疫学作为一门快速发展的学科,其知识体系不断更新,相关的教学资源也应当随着学科的进步而优化。定期对已有的教学案例、实验设计进行修改,增加前沿知识和最新的科研成果,以保证学生能够接触到学科的最前沿。同时,教师可以根据学生的反馈,对教学资源进行调整,确保其更符合学生的认知水平和学习需求。

4. 个性化与差异化教学的支持

通过多样化的教学资源和线上平台的结合,教师可以更好地实施个性化和差异化教学。免疫学课程内容繁多且复杂,学生的学习能力和基础存在较大差异。通过提供多样化的教学资源,学生可以根据自身的理解能力选择适合的学习路径。例如,基础较好的学生可以选择观看难度较大的科研视频,而基础相对薄弱的学生可以通过模拟实验和基础视频巩固知识。这样不仅提高了学习的灵活性,也能更好地照顾到不同学习水平的学生,确保每位学生都能获得适合自己的学习体验。

5. 教学资源的多元评价与反馈机制

在教学资源的使用过程中,评价与反馈机制至关重要。通过收集学生在使用视频案例、虚拟实验室等资源后的学习反馈，教师可以了解到哪些资源对学生的帮助最大，哪些资源的效果欠佳，从而对教学资源进行针对性优化。例如，可以通过在线调查或课堂讨论等方式，收集学生对各类教学资源的使用体验，分析学生在学习过程中的兴趣点和困难，进而对资源进行调整和更新。

总之，多样化教学资源的开发与整合对于PBL教学法的有效实施有着重要的作用。通过开发丰富的教学资源，将理论知识与实践操作相结合，利用线上平台实现资源的广泛覆盖与互动性，提高教学的灵活性和效率；同时，及时更新与优化教学资源，以适应学科的发展变化和学生的学习需求，不仅能够增强学生对免疫学的理解和掌握，还能促进个性化与差异化教学的实现，从而为免疫学PBL教学法的推广与优化提供了坚实的基础。

二、课程内容的动态更新与改进

课程内容应与免疫学领域的前沿研究保持同步，并根据学生的反馈不断进行调整和改进，以确保课程内容既符合科学性又符合学生的学习需求。教师可以通过学生的学习反馈，结合科学进展，及时更新课程中的知识模块，提升学生对学科发展的认知。

1. 建立课程内容评估机制

建立课程内容评估机制是提升免疫学教学质量的重要手段。教师应制订定期评估计划，明确评估的频率和方法，以确保有充足的时间收集数据并进行分析。评估过程中，需采用多元化的数据收集方式，如问卷调查与学生访谈，便于了解他们在学习过程中遇到的困难、感兴趣的主题以及希望深入了解的领域。通过对期末考试、作业成绩和课堂参与度的统计分析，教师可以评估课程内容的有效性，了解哪些内容的教学效果较好，哪些内容需要改进。

首先，问卷调查可以帮助教师量化学生对课程内容的理解程度及兴趣点。设计合理的问卷，包含对课程各部分内容的评分以及开放性问题，可以收集到学生对课程的直观感受。这种方法不仅能揭示学生对某些主题的认知深度，还能反映他们对课程安排的整体满意度。同时，结合学生访谈，教师能够深入了解他们的具体想法和建议，形成更为详细的反馈信息。这种数据的积累和分析将为教师调整教学策略提供有力支持。

其次，定期的课程评估还应关注课程内容与免疫学领域最新研究的相关性。随着科学技术的快速发展，免疫学作为生物医学的重要组成部分，其研究动态变化迅速。因此，教师需要通过文献调研、学术会议、专业期刊等途径，保持对前沿研究的关注，及时更新课程中的知识模块。这不仅能增强课程内容的时效性，还能提升学生对学科发展的认知，激发他们的学习热情。例如，若新的研究成果表明某种疫苗的有效性或免疫机制的变化，教师应迅速将这些信息融入课堂讨论中，帮助学生将理论知识与实际应用相结合。

在评估过程中，教师还需关注学生的学习成绩与课堂参与度。通过统计分析期末考试和日常作业的成绩，教师可以了解哪些内容的教学效果较好，哪些内容需要改进。如果某些知识点的整体表现不理想，教师可以反思该部分内容的教学方法，分析可能存在的问题，比如讲解不够清晰、示例不够贴近学生生活等。同时，课堂参与度也是一个重要的指标，观察学生在课堂讨论、团队合作等环节的表现，能帮助教师判断学生的学习兴趣和投入度。针对参与度低的情况，教师应思考如何调整教学方式，增加互动环节，提升学生的参与感。

除了定期评估课程内容，教师还应主动与学生沟通，鼓励他们参与课程的改进。在课程进行的过程中，可以设置反馈环节，让学生在学习中及时表达意见。例如，教师可以在每个模块结束后进行小型反馈讨论，鼓励学生分享他们对课程内容的看法与建议。这种实时反馈机制不仅能让学生感受到自己的意见被重视，还能帮助教师及时发现课程中存在的问题。

通过对评估结果的分析，教师可以提出相应的调整措施。在课程结构上，教师可以灵活安排教学内容，考虑加入更多的实践环节，增强学生的实际动手能力。例如，结合最新研究成果，设计相关的实验项目，让学生在实践中理解理论。此外，教师可以组织课外活动，如讲座、研讨会或参观研究机构，拓宽学生的视野，提高他们的学习兴趣。

在教学策略上，教师可考虑采用混合式教学，结合传统讲授与PBL等新型教学方法，增强课堂的互动性与参与感。通过问题导向学习，教师可以引导学生自主思考和解决实际问题，提升他们的综合素养和实践能力。

总之，建立课程内容评估机制不仅能帮助教师及时了解教学现状，还能为学生的学习提供更好的支持。通过灵活的调整与持续改进，教师可以在免疫学教学中创造出更富有活力和挑战性的学习环境。此外，定期的评估与调整也能提升课程的科学性与实用性，确保教学质量的不断提升。通过形成持续改进的文化，教师会更加关注学生的学习体验，鼓励学生参与课程设计与改进，进而推动免疫学教学的不断发展与创新。

2. 整合最新科研成果

整合最新科研成果对于提升免疫学课程的教学质量和学生的学习体验至关重要。教师需要保持对免疫学领域最新研究动态的关注，这可以通过定期查阅相关学术期刊、参加学术会议，以及与同行进行深入交流来实现。通过将最新的科研成果融入课程内容，教师不仅能帮助学生了解当前科学发展的方向和热点问题，还能提升他们的科学素养和研究兴趣。

教师可以积极关注学术期刊中发表的研究论文。这些期刊往往涵盖了免疫学的最新研究成果，包括基础研究、临床试验和技术创新等。通过阅读这些文献，教师可以及时了解免疫学领域的前沿课题及其研究进展。例如，教师可以关注免疫疗法在癌症治疗中的应用研究，或者疫苗研发中的新策略。这些前沿话题不仅能够丰富课程内容，还能引发学生的兴趣，让他们了解科学研究的真实世界和应用潜力。

参加学术会议也是教师获取最新科研成果的重要途径。在会议上，教师不仅可以聆听专家的演讲，了解最新的研究进展，还能够参与讨论，与同行分享经验和观点。这种互动交流有助于教师形成对免疫学研究趋势的更全面理解。教师可以将学术会议上获得的新知识转化为课程内容，通过案例研究和课堂讨论等方式，让学生参与到这些前沿话题的探讨中。例如，教师可以组织课堂讨论，围绕会议上介绍的研究成果展开，让学生提出自己的看法和见解，从而激发他们的思考和探索欲。

除了学术期刊和会议，教师还可以利用网络资源，如在线课程、网络讲座和研究报告等拓宽自己的知识面。这些资源常常能够提供最新的研究成果和专业见解，帮助教师快速掌握免疫学领域的最新动态。教师可以将这些信息整合到课程中，增强教学内容的时效性和科学性。

在课堂上，教师可以通过引入最新科研成果来激发学生的学习兴趣和研究热情。例如，教师可以在课程中介绍最新的免疫疗法、疫苗研发等前沿话题，讨论其原理、应用及未来发展。这不仅能够帮助学生理解免疫学的实际应用，还能让他们认识到自己所学知识在解决现实问题中的重要性。此外，教师还可以鼓励学生参与相关课题的研究，组织课外活动，如实验室参观、科研项目等，增强他们对免疫学的兴趣与理解。

3. 设置灵活的课程模块

设置灵活的课程模块在免疫学教学中能够显著提高课程的适应性和学生的参与度。通过采用模块化的课程设计，教师可以将教学内容分为多个模块，例如基础知识模块、应用案例模块和前沿研究模块。这种结构不仅使课程内容更加灵活，而且方便教师根据学生的需求和科研进展进行动态调整。

基础知识模块应涵盖免疫学的核心概念、原理和基本技能。这一模块为学生提供了必要的理论基础，帮助他们理解免疫系统的功能、组成和机制。教师可以根据学生的学习情况，灵活调整基础知识模块的深度和广度。例如，如果发现某些学生在基础知识方面掌握不够扎实，教师可以增加相关内容的讲解和练习，以确保每位学生都能打下坚实的基础。

应用案例模块则可以通过引入实际的案例研究，使学生了解免疫学在临床和研究中的实际应用。教师可以根据当前的热点问题和实际案例，动态选择和调整该模块的内容。例如，在疫苗研发的背景下，教师可以介绍当前流行病的免疫应答机制，以及相关疫苗的开发过程。这种实际案例的分析能够让学生看到理论知识的应用价值，进而激发他们的学习兴趣和对专业的热情。

前沿研究模块则着重于介绍免疫学领域最新的科研动态和研究成果。通过定期更新该模块的内容，教师可以确保学生接触到当前的科学前沿。例如，教师可以选择引入最新的研究论文、科技新闻或学术会议的成果，与学生进行深入讨论。通过这样的方式，学生不仅能了解免疫学的最新进展，还能培养批判性思维，提升他们的科研意识和创新能力。

灵活的课程模块设置使免疫学教学更加人性化，能够根据学生的实际需求和学科发展进行调整。教师通过将课程内容分为基础知识、应用案例和前沿研究等模块，能够更好地适应教学进度和学生反馈，提高教学效率，同时增强学生的学习动力和参与度。这种灵活性不仅为学生提供了丰富的学习资源，也促进了他们对免疫学科目的深入理解和探索。

4. 利用现代信息技术进行更新

现代信息技术的应用为课程内容的动态更新提供了便利。教师可以通过在线学习平台发布最新的科研论文、视频讲座和在线讨论，让学生随时接触到免疫学领域的前沿动态。同时，利用数据分析工具，教师可以对学生的学习数据进行分析，了解他们的学习情况和兴趣，从而为课程的调整提供数据支持。

（1）利用在线学习平台发布前沿内容

在线学习平台（如MOOCs、学习通、雨课堂等）为教师提供了发布最新科研成果和教学内容的便捷途径。教师可以将最新的科研论文、视频讲座、专家访谈等资源发布到学习平台上，供学生自主学习。这些资源可以帮助学生在课堂外获得更丰富的学科知识，并且更加贴近学科的前沿动态。例如，在讲授免疫系统的过程中，教师可以上传关于CAR-T细胞免疫疗法的最新视频，帮助学生了解免疫学在肿瘤治疗中的实际应用。

（2）构建多样化的数字资源库

现代信息技术使得多样化教学资源的构建成为可能。教师可以建立一个包含多种类型学习材料的数字资源库，如学术论文、实验数据、视频案例、虚拟实验室等。学生可以随时访问这些资源，以便在自主学习时能够查阅相关内容。此外，通过虚拟实验室的应用，学生可以体验到一些在传统课堂中难以实施的实验，如复杂的细胞培养、基因编辑等，这能够极大地提升学生对学科的兴趣和理解深度。

（3）实施在线讨论与学习社区

利用现代信息技术，教师可以组织在线讨论和学习社区，学生可以通过平台随时随地参与讨论、提出问题、分享学习心得。这种方式不仅丰富了学生的学习途径，还可以让学生在学习中相互交流、合作，共同解决问题。例如，教师可以在学习平台上设立讨论板块，鼓励学生就某一专题问题展开讨论，并在适当时候进行引导和点评。这种方式可以激发学生对免疫学内容的深入思考，培养他们的问题意识和团队协作能力。

（4）利用数据分析工具对学生学习情况进行评估

现代信息技术为教师提供了对学生学习数据进行深度分析的可能性。教师可以通过在线学习平台获得学生的学习行为数据，例如课程访问记录、测试成绩、参与讨论的活跃度等，利用这些数据分析工具，教师可以评估学生的学习进展、理解程度以及对某些知识点的掌握情况。通过对这些数据进行分析，教师可以更加精准地了解学生的学习需求，并对课程内容进行针对性地调整，以提高教学效果。例如，如果分析发现大多数学生在某个知识点上的掌握程度不理想，教师可以在后续教学中加强对这一部分内容的讲解，或者通过增加案例和实验来帮助学生更好地理解。

(5) 个性化学习路径的设计

基于学习平台提供的数据分析，教师还可以为学生设计个性化的学习路径。例如，学生在测试中表现不佳的某些模块，可以通过平台为他们推送更多的学习材料和练习题，以帮助他们巩固知识。同时，对于那些表现优异的学生，教师也可以推荐一些更有挑战性的学习内容，以进一步激发他们的学习兴趣和探索欲望。这种个性化的学习路径设计，使得每个学生都能够根据自己的进度和需要获得最适合的学习体验，最大限度地发挥他们的学习潜力。

(6) 线上线下混合式教学模式的应用

现代信息技术的应用还可以有效支持线上线下混合式教学模式。在免疫学的PBL教学中，教师可以将课程内容的一部分以在线学习的形式呈现，让学生利用课前的时间自主学习基础知识。而在课堂中，教师则可以将更多的时间用于引导学生进行小组讨论、问题解决、实验演示等活动。通过这种混合式的教学模式，学生在课堂上能够获得更多与教师互动和动手实践的机会，有助于他们更好地理解和掌握免疫学知识。

5. 灵活调整课程内容以适应不同教学情境

课程内容的动态更新还应考虑到不同教学情境的需求。比如，在实验条件受限的情况下，教师可以增加虚拟实验内容，以弥补学生无法进行真实实验的不足；在学生对某些知识点普遍存在困难时，可以增加该部分的教学内容和相关辅助练习。通过灵活的内容调整，教师可以更好地适应各种教学情境，保证课程的顺利进行。

三、PBL教学法与课程思政的结合

在教学资源开发和课程内容改进的过程中，将PBL教学法与课程思政相结合，是实现立德树人教育目标的重要策略之一。PBL教学法通过问题导向和情境化学习，有效地为课程思政提供了切实的落地点。通过设计具有社会关怀、伦理思考等特色的教学案例，可以帮助学生在学习专业知识的同时，培养社会责任感和科学精神。

1. 社会问题与学科知识的结合

将PBL教学法与课程思政相结合的重要方式之一，是在教学中融入社会问题。例如，在免疫学课程中，引入公共卫生事件作为教学案例等问题。这种结合不仅有助于学生更好地理解免疫学知识的现实应用，还能让他们意识到免疫学在公共卫生和全球健康问题中的关键作用，从而增强他们对学科知识社会意义的认识。学生在解决这些社会问题时，不仅要运用免疫学原理，还需考虑实际的公共卫生政策等问题，从而培养其多维度的思维能力和社会责任感。

2. 伦理思考的融入

PBL教学中的问题和案例设计，可以引导学生进行伦理方面的思考。这些讨论帮助学生认识到科学技术在应用过程中需要面对的伦理挑战，培养他们的伦理判断力和批判性思维。在这种学习过程中，学生不仅理解了免疫学的专业知识，还通过对科学与伦理关系的探索，增强了对科学社会责任的意识。

3. 增强科学精神与社会责任感

PBL教学法为课程思政提供了具体实施的情境，尤其是在增强科学精神和社会责任感方面。例如，通过设计与疫苗研发相关的开放性问题，学生在探索免疫佐剂、疫苗效力等学科知识时，需要不断地查阅文献、分析数据、讨论论证，最终得出结论。这一过程实际上就是科学探究过程的模拟，能够很好地培养学生的科学精神。同时，通过对疫苗在公共卫生中的作用的分析，学生还能够认识到作为科学工作者的社会责任，这种认知无疑对他们的职业发展具有深远的影响。

4. 社会问题驱动的小组合作学习

在PBL教学中，学生通常以小组为单位进行合作学习，通过讨论和协作完成问题的解决。这种小组合作模式与社会问题的引入相结合，可以进一步增强学生的团队合作能力和集体责任感。例如，教师可以在课程中设计一个全球疫苗分配不均的问题，让学生分成不同小组，分别从经济学、伦理学、科学研究等不同角度探讨并提出解决方案。通过这种跨学科、跨领域的合作，学生不仅加深了对免疫学知识的理解，也在合作中感受到了群体力量的意义，增强了他们对社会问题的关注和参与意识。

5. 科学家精神的培养

PBL教学法中的问题设计，可以注重呈现科学家在解决复杂问题过程中的探索精神与社会担当。例如，教师可以引入历史上经典的免疫学突破案例，如爱德华·詹纳（Edward Jenner）发明牛痘疫苗的故事，或当代科学家在抗击新冠病毒中的科研贡献。通过这些故事，学生不仅学会了免疫学的相关知识，还受到科学家精神的感染，激发了其学习科学、服务社会的热情。这种对科学家精神的培养，是课程思政在PBL教学中的重要体现，也是学生树立正确人生观、价值观和世界观的关键所在。

6. 实践活动中的课程思政融入

PBL教学法中的实践活动为课程思政提供了广阔的实施空间。例如，免疫学中的实验项目可以设计为社会关怀导向的内容，例如"水源中细菌含量的检测与水质安全评估"。通过这种实践活动，学生不仅掌握了免疫学的实验技能，还能够认识到免疫学在环境保护和公共卫生中的重要作用，从而增强他们对社会问题的关注和解决能力。此外，在这些实践活动中，教师可以强调科学研究的规范性和团队合作的重要性，帮助学生建立科学的工作态度和责任意识。

7. 结合学科特点的思政元素挖掘

免疫学作为生物科学的重要分支，具有许多内在的思政教育元素。例如，人体免疫系统的复杂机制及其在对抗疾病中的作用，不仅体现了科学研究的严谨性和创新性，还蕴含着人类在面对疾病挑战时的顽强抗争精神。在PBL教学中，教师可以通过问题引导学生认识到免疫学研究对人类社会的重要意义，如疫苗的发明与普及使得多种传染病得以有效控制，极大地提高了人类生活质量和寿命。这种对学科特点中思政元素的挖掘，有助于学生在学习科学知识的同时,树立起为人类福祉而努力的使命感。

8.利用时事热点增强课程思政的实效性

将PBL教学法与时事热点相结合,是实现课程思政教育目标的有效手段。例如,在疫情期间,免疫学教学可以围绕新冠病毒的免疫应答机制、疫苗研发过程等时事热点进行设计。这不仅使学生感受到所学知识的现实意义,还能引导他们关注社会现象,增强对国家和社会的责任感。同时,这种基于热点问题的PBL教学能够有效激发学生的学习兴趣,提升课程思政的实效性。

第三节　PBL教学法在免疫学中的持续优化

尽管PBL教学法在免疫学教学中的应用已经取得了一定的成效,但要实现更加广泛和深入的推广,还需在实践中不断优化。

一、科学化和实际化的问题设计

在PBL教学中,问题的设计是教学的核心,应根据免疫学的学科特点和学生的学习水平,设计出既具有学术挑战性又贴近实际应用的问题,以激发学生的学习兴趣和主动性。有效的问题设计不仅能够引导学生深入思考,还能鼓励他们主动探索相关知识领域,提升自主学习能力。例如,教师可以通过设计与日常健康相关的问题,如疫苗接种的原理和免疫应答机制,让学生在解决问题的过程中学习相关知识。这样的设计不仅帮助学生理解理论概念,还使其能够将理论应用于现实世界中,从而提升学习的实际意义。

为了确保问题的前沿性和现实性,教师可以整合最新的研究动态和科学进展,设计出具有时效性和相关性的问题。例如,教师可以引导学生讨论时下热点问题,学生不仅能接触到最新的科研成果,还能了解免疫学在应对突发公共卫生事件中的重要作用。此外,问题应当具有开放性,鼓励学生从多个角度思考,促进多元化的解题思路和创新的解决方案。这种开放式问题设计不仅能增强学生的批判性思维能力,还能激发他们的创造力。

教师还可以设计一些案例情境。例如,在一个假想的公共卫生危机中,要求学生分析免疫系统的作用和防控策略。通过这样的情境设计,学生能够身临其境地感受到免疫学知识在实际中的应用,从而提高参与度和学习热情。教师还可以结合具体的社会事件,鼓励学生探讨免疫学在应对社会健康问题中的实际意义,比如分析某一特定疾病的流行情况以及免疫学研究为公共健康政策制定提供的科学依据。

此外,为了丰富问题的多样性,教师还可以设计跨学科的问题,鼓励学生在解决免疫学问题时借鉴其他学科的知识。例如,在探讨免疫系统与环境因素之间关系的问题时,可以引入生态学的视角,讨论污染对免疫系统的影响。通过跨学科的问题设计,学生不仅能提高对免疫学的理解，还能培养系统性思维能力。

最后，教师应重视学生在问题解决过程中的反馈，定期进行问题设计的反思与评估，了解哪些问题能够有效激发学生的学习兴趣，哪些问题可能导致理解困难。这种反馈机制不仅能帮助教师不断改进问题的设计，还能促进学生在学习过程中的自主反馈和反思，进一步提升他们的学习成效。通过科学化和实际化的问题设计，PBL教学法将在免疫学教育中发挥更为显著的作用。

二、学生角色的转变与自主性提升

在PBL教学中，学生的角色需要从知识的被动接受者转变为学习的主动参与者，教师则更多地扮演引导者的角色。为了实现这一转变，教师可以通过多样化的教学活动，如小组讨论、项目设计和角色扮演，鼓励学生自主提出问题、独立思考和合作解决问题。这种方法不仅逐步培养学生的自主学习能力和创新意识，还增强了他们在学习过程中的主体性，进而提高了学习的深度和广度。

在小组讨论中，教师可以组织不同主题的小组，让学生分享各自的观点和看法。通过这样的互动，学生能够从不同的视角看待问题，形成集体智慧的碰撞。例如，在讨论某种免疫疾病的病因和防治措施时，学生可以从自身的专业背景出发，提出不同的见解。教师应鼓励他们大胆发言，积极交流，并引导学生在讨论中反思自己的观点，从而激发批判性思维和创造性解决方案的能力。

教师还可以设置项目任务，要求学生分组设计一个与免疫学相关的研究项目。这个项目可以围绕当前免疫学研究中的热点问题展开，例如研究免疫系统在应对某种新兴疾病中的表现。通过这种实践，学生不仅能锻炼研究能力，还能培养团队合作能力和项目管理能力。在项目过程中，学生需要进行文献综述、数据分析和方案设计，从而体验到从问题提出到解决方案形成的完整过程。这一体验不仅使他们能更加深入地理解免疫学的核心概念，还能够增强他们对科学研究的兴趣和热情。

为了进一步提升学生的自主性，教师还可以引导学生制订个人学习计划，明确他们在PBL过程中的学习目标和预期成果。这不仅能帮助学生建立对自身学习过程的责任感，还能提高他们的自我管理能力。教师应定期与学生进行个别指导，关注他们的学习进展和遇到的困难，并提供针对性的支持和反馈。

此外，教师应鼓励学生在学习过程中进行自我评估，让他们反思自己的学习策略和结果。通过自我评估，学生能够意识到自己的优点和不足，从而在后续的学习中进行调整和改进。这种反思不仅有助于他们更好地掌握知识，也能够增强他们的学习动力和主动性。

通过这些策略的实施，PBL教学法能够有效地转变学生的角色，提升其自主性，使他们在学习过程中变得更加积极主动。这不仅符合现代教育的需求，也为学生未来的学术和职业发展打下了坚实的基础。

三、评估机制的完善与优化

在PBL教学法中，评估机制的完善与优化是推动教学质量提升和学生全面发展的关键。为了更好地体现PBL教学的优势，并客观反映学生的综合素质，需要从多方面对评估机制进行优化和改进，确保评估的科学性、全面性和公平性。

1. 引入形成性评估，动态跟踪学习过程

形成性评估是一种在教学过程中进行的评估方式，旨在动态跟踪和反馈学生的学习进展，帮助学生在学习的各个阶段不断调整和改进自己的学习策略。与终结性评估不同，形成性评估关注的是学生的学习过程和参与程度，而不是单纯地评定学习的最终成果。终结性评估通常是在课程结束后对学生所掌握的知识和技能进行总结性评价，例如期末考试、总结报告等，其目的是评估学生在某一学习阶段结束时所达到的知识水平。而形成性评估则贯穿整个教学过程，通过及时的反馈帮助学生和教师发现问题并加以解决，进而促进学生的持续进步。

形成性评估的目标是通过对学习过程的观察和分析，及时发现学生在知识掌握和能力发展方面的不足，为其提供建设性的建议和支持，以帮助学生在学习过程中不断提高。它具有以下几个显著的特点：动态性、互动性和发展性。首先，形成性评估是动态的，评估的时间和方式并非固定，而是可以根据教学进度和学生的学习状态随时进行，确保评估结果能够反映学生在学习过程中的实际表现。其次，形成性评估强调师生之间的互动，通过双向的反馈，教师可以更好地了解学生的学习状态，而学生也可以获得关于如何改进学习的建议。最后，形成性评估是发展性的，它不仅注重当前的学习结果，还注重学生的未来发展，目的是帮助学生不断改进和提升自己的能力。

相比之下，终结性评估则是对学生学习成果的一个"终结性"总结。它通常通过标准化的测试、考试或最终报告等形式进行，旨在评估学生在整个学习阶段所取得的成就。虽然终结性评估能够提供关于学生学习成果的总体概况，但它往往无法反映学生在整个学习过程中所经历的困难和进步，也无法为学生提供过程性的反馈。终结性评估的重点在于结果，因此它对学生个体学习过程中的差异性和个性化需求的关注较少。而形成性评估则在教学活动中不断进行，关注每一个学生的学习动态和成长路径，强调学生在学习过程中的体验与反思。

在PBL教学中，形成性评估的重要性尤为突出。PBL教学法强调通过学生自主探索和解决实际问题来促进知识的建构和能力的发展，而形成性评估则能够很好地支持这一过程。通过形成性评估，教师可以实时了解学生在探索问题时的进展和困难，并通过反馈引导学生向更有效的学习策略转变。例如，当学生在解决一个复杂的免疫学问题时遇到瓶颈时，教师可以通过形成性评估了解学生的思考过程，找出他们在知识理解或应用方面的薄弱环节，并提供相应的指导和支持，从而帮助学生跨越学习障碍。

形成性评估的一个典型实施方式是课堂观察。在PBL教学中，学生往往以小组形式进行问题的探究与讨论，教师可以通过对小组讨论的观察，了解每个学生的参与程度和在团队合作中的表现。教师的观察不仅可以揭示学生在知识掌握方面的不足，还可以反映出学生在团队中的角色定位、合作能力、领导力等，这些信息对于进一步指导学生的学习和个人发展具有重要意义。通过形成性评估，教师可以及时干预学生的学习，促进团队合作的和谐与有效性。

除了课堂观察，阶段性任务评估也是形成性评估的重要组成部分。在PBL教学中，学生通常需要完成多个阶段性任务，如资料查找、方案设计、实验操作、结果分析等。教师可以通过对这些阶段性任务的评估，了解学生在每个学习阶段的表现和掌握情况。通过阶段性的评估，学生能够不断明确自己的学习目标，并获得来自教师的改进建议，从而不断修正自己的学习行为，提升学习效果。

为了有效实施形成性评估，教师需要具备一定的评估素养和评估工具的使用能力。与终结性评估中统一的标准化测试不同，形成性评估往往需要教师灵活地选择和运用多种评估工具，如课堂提问、小组反馈、学习日志、阶段性报告等。教师需要根据学生的学习状态和学科特点，设计出合理的评估方案，以达到对学生学习过程的全面监控与指导。在PBL教学中，教师还可以引入自评和互评的方式，让学生通过自我评估和同伴反馈了解自己的表现，这不仅可以培养学生的自我反思能力，还可以促进学生之间的相互学习与合作。

在PBL教学中，形成性评估与终结性评估是相辅相成的，两者共同构成了完整的评估体系。形成性评估通过对学生学习过程的监控与反馈，帮助学生在学习过程中不断改进和提升，而终结性评估则通过对学习结果的最终评定，衡量学生在特定学习阶段所达到的目标。在实际教学中，教师应综合运用形成性评估与终结性评估，以达到全面提高学生学习效果的目的。例如，在免疫学教学中，教师可以通过形成性评估不断了解学生在解决问题、实验操作、团队合作中的表现，并通过终结性评估验证学生的知识掌握与能力发展情况，这样不仅能够促进学生的学习与发展，也能够帮助教师不断改进教学设计与教学策略。

2. 增加自我评估与反思性评估

在PBL教学中，自我评估和反思性评估是重要的自我监控工具。通过自我评估，学生可以客观地反思自己的学习表现、进步与不足，从而增强对自身学习过程的认知，明确改进方向。

通过自我评估，学生可以对自己在学习过程中的表现进行客观审视，找到自身的优势和劣势。自我评估不仅关注学业成绩，还包括对学习态度、参与度、团队合作以及问题解决能力的反思。例如，学生可以在PBL小组讨论结束后，评价自己在讨论中的发言次数和质量，思考如何更好地为小组作出贡献。通过这样的过程，学生可以不断修正自己的学习策略，提升对学习活动的积极性和有效性。

反思性评估也是PBL教学中的一个重要环节。反思性评估帮助学生更好地理解自己的学习过程和思维模式，找出在学习中遇到的困难，并制订改进的策略。反思性评估可以通过撰写学习日志、定期进行反思性讨论等形式来进行。学生通过记录自己在PBL活动中的收获、遇到的挑战以及应对这些挑战的过程，加深对学习内容的理解，促进知识的内化与迁移。例如，在解决与免疫学有关的实际问题时，学生可以记录自己在资料查找、方案设计、团队合作等环节中的困难，以及如何通过讨论或与他人合作来解决这些问题。这种记录和反思过程不仅能够帮助学生积累解决问题的经验，还能够激发他们对知识的深层次思考。

为了优化PBL教学中的评估机制，建议在PBL学习的各个阶段引入学习反思日志。学习反思日志可以作为一种自我评估的工具，帮助学生记录他们在学习中的体验、情感以及对未来学习的规划。反思日志的内容可以包括学生对学习目标的完成情况、在学习过程中的困惑与思考，以及在团队合作中的贡献等。这不仅帮助学生在学习过程中进行自我监控，还能为教师提供宝贵的信息，以便在教学过程中给予更有针对性的指导。例如，教师可以通过学生的反思日志了解每个学生的学习进展和遇到的问题，及时为学生提供帮助和反馈，从而优化教学过程。

此外，自我评估和反思性评估也是学生自我调控能力培养的重要手段。在PBL教学中，学生需要不断面对复杂和开放性的问题，自我评估和反思性评估可以帮助他们在解决这些问题的过程中，保持对学习目标和进度的清晰认识，调整学习策略和行为，最终实现知识的内化和创新能力的提升。例如，在进行有关免疫系统的PBL任务时，学生需要通过自我评估和反思性评估，持续监控自己对免疫学知识的掌握情况以及在团队合作中的表现，从而为后续的学习提供改进的依据。

教师在评估机制中也可以扮演重要的角色，通过提供明确的评估框架和指导，帮助学生掌握自我评估和反思的技能。例如，在PBL项目的开始阶段，教师可以为学生提供一个自我评估的框架，包括如何评估自己对项目目标的理解、在团队中的角色定位和贡献，以及对问题的解决方法等。这些框架可以为学生的反思提供方向和标准，帮助他们更有条理地进行自我分析和改进。

除了个人的自我评估，PBL教学中的反思性评估也应包括团队层面的反思和评估。在小组合作完成任务后，教师可以引导学生进行团队反思，讨论小组在合作过程中遇到的困难、成功的经验以及可以改进的地方。这种团队反思不仅能够帮助学生更好地理解团队合作的价值，还能够为他们在未来的合作中提供参考和借鉴。例如，在免疫学PBL项目中，小组成员可以共同讨论在资料查找和信息整合过程中的问题，评估团队中每个人的贡献，并提出如何更好地进行信息共享和分工合作的建议。通过这种团队层面的反思，学生可以逐步形成良好的团队合作意识和沟通技巧。

在实践中，自我评估和反思性评估的有效性还可以通过教师的反馈来增强。教师的反馈不仅能够为学生的反思提供验证，还能够帮助他们更好地理解自己的学习进展和需要改进的方向。例如，在学生完成反思日志后，教师可以对日志进行阅读和批注，提出进一步改进的建议，或者在小组反思讨论后，对学生的讨论进行点评，指出小组在合作中的优点和不足。这种教师的反馈既是对学生努力的认可，也是进一步引导他们提高学习效果的手段。

自我评估和反思性评估在PBL教学法中的重要性不可低估。通过自我评估，学生能够更好地理解自己在学习过程中的表现，明确自己的优劣势，从而调整学习策略，提高学习效果。反思性评估则帮助学生更深入地理解学习内容和过程，增强其自主学习能力和批判性思维能力。在PBL教学中引入这两种评估方式，可以有效地激发学生的学习兴趣，增强他们的学习动机和责任感。

3. 建立多维度的评估标准

建立多维度的评估标准是优化PBL教学的重要步骤。传统评估往往侧重于学生对知识的掌握，而PBL教学法更关注学生在多个方面的综合发展，因此需要涵盖知识掌握、实践能力、创新思维、团队合作能力和沟通表达能力等维度。通过这种多角度的评估，教师可以更全面地了解学生的整体素质发展。

在知识掌握方面，评估应包括理论理解和实际应用能力；实践能力方面，通过实验操作和报告撰写来衡量学生的动手能力和数据分析能力；创新思维的评估标准侧重于解决问题的创造力，如方案的独特性和思路的多样性。

团队合作能力的评估则需要结合同伴评估和教师观察，关注学生在团队中的贡献和互动表现；沟通表达能力的评估包括学生在小组讨论和项目展示中的表达流畅性、逻辑性和信息传递的有效性。通过这些多维度评估，可以更加准确地反映PBL教学的整体效果，激励学生关注自身的综合能力提升，而不仅仅是知识的掌握。

为了让多维度评估更加科学合理，建议量化各评估指标，并设立明确的评估标准，例如创意观点的独特性、团队合作的互动频率等。综合利用学习档案、过程性记录、教师观察和自我反思日志等工具，可以更全面反映学生的学习进展，帮助教师进行个性化指导，促进学生的全面发展和PBL教学的持续优化。

4. 优化同学互评机制，确保公平性和科学性

优化同学互评机制是PBL教学中的重要任务，目的是确保评估的公平性和科学性，充分发挥互评在学习中的促进作用。互评机制的优化主要可以从以下几个方面着手：

明确互评标准与评价培训。在优化互评机制时，教师应制订具体明确的评价标准，涵盖知识掌握、参与度、合作精神、沟通能力等维度，确保每位学生对评分标准理解一致。此外，在互评前对学生进行简短的培训，确保他们掌握如何进行客观、准确的评价。通过明确的标准和评估培训，减少学生评估中的主观性和随意性，提高评估结果的有效性和可信度。

采用匿名互评和评分修正机制。为了减少学生之间的人际关系对互评结果的影响，可以采用匿名互评的方式，这样学生不必担心因评分而影响同学关系，进而提高评估的真实性。同时，为了进一步确保公平性，教师可以对互评结果进行汇总和修正，避免评

分过于集中或偏离实际情况,从而保证整体评分的科学性。

为了保证互评的全面性和公平性,教师可以将学生的互评结果与教师评估、同伴观察相结合,从多个角度验证学生的表现。此外,学生在学习过程中完成的学习任务、项目报告以及参与情况等过程记录,也可以作为互评的辅助信息。通过这种多来源的数据汇总,可以更客观、公正地评价每个学生的学习表现。

通过这些措施,可以有效提升同学互评机制的公平性和科学性,充分发挥互评在PBL教学中的激励和反馈作用,帮助学生在自我反思中不断成长,同时也为教师改进教学策略提供更准确的数据支持。

5. 借助数字化工具进行评估优化

利用现代信息技术和数字化工具,可以显著优化PBL教学法中的评估过程,提升评估的效率和科学性。数字化工具的应用为教学评估提供了更多的可能性,不仅可以使评估过程更具系统性,还能够为学生提供个性化的反馈和支持。

在线学习管理系统能够有效追踪学生的学习过程,包括他们参与在线讨论的频率、完成作业的情况等。通过这些系统,教师可以获得学生学习行为的完整记录,从而更准确地掌握学生的学习动态。这种实时记录的优势在于,教师可以全面了解学生在PBL学习活动中的具体表现,从而发现他们的优点与不足,为评估过程提供了更为全面且细致的依据。

数字化工具的应用能够显著提高评估的客观性与科学性。通过数据分析工具,教师可以对学生的学习行为进行深度挖掘和分析,例如学生在线学习的时间分布、完成任务的速度、参与讨论的积极性等。这些学习行为数据能够为教师提供一个客观的评估基础,使得评估不再仅仅依靠教师的观察和主观判断,而是能够结合学生的实际学习轨迹和行为表现进行全面评价。数据分析的结果能够帮助教师发现一些潜在的学习问题,例如某些学生可能在特定主题的学习上存在困难,或者在参与讨论时表现出不够积极的情况。通过数据的支持,教师可以针对这些问题进行及时的教学干预,为学生提供更有针对性的帮助和支持。

数字化评估工具还能提供即时反馈功能,帮助学生及时了解他们的学习状态。在传统的教学评估中,反馈往往存在一定的时间滞后,而在PBL教学中,及时的反馈对于学生的学习具有重要的推动作用。借助数字化工具,教师可以在学生完成某项学习任务后,立即为他们提供评估和建议,使得学生可以根据反馈及时调整自己的学习策略。这种即时反馈机制能够增强学生的学习动机,使他们在不断接受反馈的过程中不断进步。比如,在完成一个小组讨论或个人项目后,学生能够立即收到教师对其表现的反馈,包括在哪些方面表现优秀,在哪些方面需要改进。即时反馈不仅能够为学生指明学习的方向,还能够增强他们对学习的参与感和责任感,促使他们更加积极地投入学习中。

数字化评估工具还可以为PBL教学中的同伴评估和自我评估提供技术支持。在PBL教学中,同伴评估和自我评估是评估学生合作与反思能力的重要手段。然而,由于涉学生之间的相互评价，同伴评估的公平性和客观性容易受到主观因素的影响。数字化评估工具通过标准化的评估模板和评分标准，可以在一定程度上降低评估过程中的主观偏差，确保同伴评估的公平性。此外，在线评估工具能够为同伴评估提供匿名功能，使学生在进行评估时可以更加真实地表达自己的意见和建议。通过数字化工具的辅助，同伴评估和自我评估的效果可以得到显著提高，从而在PBL教学中更好地发挥作用。

数字化工具还可以为教师进行教学评估的长期跟踪提供帮助。在传统的教学中，评估往往是一个相对独立的环节，学生在完成某个阶段的学习后接受评估，然后开始新的学习任务。而在PBL教学中，评估不仅是对学习成果的总结，还是对学习过程的动态追踪。通过数字化工具，教师可以对学生的学习进行长期的跟踪记录，观察他们在不同学习阶段的成长和进步。这种长期跟踪评估不仅可以为教师提供全面的教学反馈，还能够帮助学生认识到自己的成长，从而增强他们的学习自信心。

利用现代信息技术进行数据共享与合作评估，也为PBL教学评估的优化提供了新的可能。在大规模教学中，通过数字化平台，教师可以将不同班级、不同小组的学习数据进行对比和分析，从中发现不同教学策略的有效性。通过共享教学数据，教师们可以相互学习和借鉴，促进PBL教学法的不断改进和完善。

总之，现代信息技术和数字化工具的引入，为PBL教学评估的优化提供了多种途径。通过利用在线学习管理系统进行学习过程追踪，利用数据分析工具对学生学习行为进行深入分析，以及通过即时反馈机制提高学习效果，PBL教学评估的科学性和公平性得到了显著提升。同时，数字化工具在同伴评估、自我评估、长期跟踪评估等方面的应用，也为PBL教学法的持续优化提供了强有力的支持。

6. 持续优化评估机制，依据教学反馈不断调整

评估机制的完善是一个持续优化的过程，教师需要根据实际教学效果和学生反馈不断调整评估方式和内容。通过定期收集学生对评估方式的反馈，教师可以了解评估中存在的问题和不足，从而做出相应的调整。例如，如果学生普遍认为某种评估方式未能全面反映他们的学习成果，那么教师应考虑增加其他评估手段以更全面地评价学生的表现。此外，教师还可以与同事交流教学与评估经验，共同探讨更加有效的评估策略，不断提升PBL教学的评估水平。

7. 评估机制与教学目标的紧密结合

在评估机制的设计与优化过程中，将其与教学目标的紧密结合是至关重要的。PBL教学中的每个阶段都有不同的教学目标，因此评估内容和形式也需要根据目标的变化而进行相应调整。例如，在问题探究初期，教学目标通常侧重于学生的问题发现、团队合作及自主学习能力的培养。此时，评估应着重于学生的参与度、分析能力和小组内的协作情况，以确保学生能够在起始阶段掌握必要的探索方法与合作技巧。

在PBL教学的中期阶段，学生开始深入探讨问题，教学目标侧重于对知识的理解及问题解决能力的提升。因此，评估应集中在学生的理解深度、学习态度、研究过程中的

进展等方面。此时,教师可以通过阶段性的报告、实验记录及课堂展示等多种方式来对学生进行评估。评估的目的不仅是检测学生对知识的掌握情况,更重要的是激发学生对探究过程的反思,并促使他们调整学习策略,逐步提高自身的学习水平。

进入PBL教学的后期,评估的重心应转移到成果展示和解决方案的设计上,评估内容主要包括学生解决问题的能力、项目的创新性及其成果的展示效果。在这一阶段,评估可以通过学生的成果报告、口头展示以及同行评价来完成。教师应特别注重学生展示过程中的逻辑表达与问题解决方案的实际可行性,以此激励学生在理论知识的应用中展现创造力。

此外,评估的优化还应建立在对教学反馈的基础上。教师可以通过不断收集和分析学生对评估方式的反馈,了解评估过程中可能存在的不足,从而进行相应调整。例如,如果发现当前的评估方式未能充分反映学生在合作能力上的提升,那么教师可以考虑增加相关的评估手段,以更加全面地考察学生的各方面表现。这样,通过评估与教学反馈的紧密联系,教师可以逐步完善评估体系,使其更加符合教学目标的需求,进一步促进学生的全面发展。

在PBL教学中,评估不仅仅是衡量教学效果的工具,更是指导学生学习和优化教学过程的重要手段。通过将评估机制与教学目标紧密结合,教师能够确保每一个教学环节中的评估内容都对学生的学习过程产生积极的影响,帮助学生明确学习目标并不断提升自我。在未来的教学中,教师还应继续探索新的评估方法,与教学目标保持一致,以实现对学生学习过程的全面监测和支持,从而为他们的成长与发展提供更坚实的保障。

第四节　PBL教学法在其他生物学科的应用前景

PBL教学法不仅在免疫学教学中取得了显著的成效,其在其他生物学科中的应用也同样具有广阔的前景。生物学作为一个包含多领域、多层次的学科,其内容具有丰富的实践性与探索性,而PBL教学法通过问题驱动的学习方式,可以帮助学生更好地将理论与实际应用相结合,提高综合素质与学科认知。

一、生物化学中的应用

生物化学课程内容涉及许多复杂的分子机制和代谢路径,如糖代谢、脂类代谢、氨基酸的代谢等,这些内容对于学生理解生物系统的基本工作原理至关重要。然而,由于其抽象性和复杂性,传统的教学方法可能难以激发学生的兴趣。

通过设计具有现实意义的案例和实验,PBL教学法可以让学生在解决实际问题的过程中探索和掌握这些复杂的生物化学知识。例如,在讲授糖代谢时,教师可以设计一个关于"糖尿病患者血糖调控"的案例,要求学生探讨葡萄糖代谢及其与胰岛素的关系。

这不仅可帮助学生掌握代谢反应的基本机制，还将这些机制与现实中的健康问题相结合，激发学生对生物化学的兴趣和探究动机。

此外，PBL教学法的有效实施离不开丰富的实践活动。在生物化学教学中，学生可以参与模拟实验，通过对正常生理和病理状态下的代谢过程进行实验观察，从而更直观地理解抽象的生物化学反应。比如，通过实验模拟胰岛素分泌对血糖水平的影响，学生能更深入地理解代谢调节机制，并掌握胰岛素在血糖控制中的重要作用。这种实践活动不仅增加了学生对理论知识的理解，还培养了他们的实验动手能力。

二、分子生物学中的应用

在分子生物学的教学中，PBL教学法的应用为学生深入理解基因表达、基因工程以及蛋白质合成等复杂内容提供了有效的途径。由于分子生物学涉及的理论性较强，学生通常需要较高的抽象思维能力，而PBL教学法通过将学习置于实际问题和真实情境中，能够有效降低学习难度，增强学生的理解力和应用能力。例如，教师可以设计与基因编辑相关的开放性问题，例如"如何利用CRISPR技术提高农作物的抗病性"这样的案例问题，使学生通过合作探究理解DNA编辑的基本原理、CRISPR的工作机制，以及基因编辑在农业中的具体应用。

在PBL教学中，教师首先可以为学生提供基因编辑的基本资料，并引导他们查阅相关文献和资料，了解CRISPR技术的科学原理。学生通过小组讨论的方式，分析基因编辑的目标和方案，例如如何选择目标基因、如何通过基因编辑改变作物的抗病性等。在这一过程中，学生不仅能够加深对CRISPR技术的理解，还能够学会如何在复杂的生物学实验中制订策略。此外，教师还可以鼓励学生对基因编辑的社会影响进行讨论，特别是其可能带来的伦理问题。这种结合科学原理与社会问题的学习方式，有助于学生全面理解分子生物学的应用场景，并培养他们的科学思维与社会责任感。

PBL教学法还可以结合虚拟实验室和模拟技术，为学生提供更为直观的实验体验。通过虚拟实验室，学生可以模拟基因编辑过程中的关键步骤，例如如何使用CRISPR系统切割DNA、如何筛选编辑成功的细胞等。在这种虚拟环境中，学生可以灵活地进行实验操作，探索不同实验参数对结果的影响，从而在实践中掌握基因编辑的技术要点。

三、生态学中的应用

在生态学的教学中，PBL教学法的应用能够充分利用生态学学科的特点，将理论学习与实际应用紧密结合，提升学生对生态学的理解和兴趣。生态学的核心是研究生物与其环境之间的相互关系，涉及生态系统的结构与功能、生物多样性保护、环境管理等多方面内容，这些内容往往具有高度的实践性和跨学科性。因此，PBL教学法在生态学中的应用尤为合适，可以帮助学生从多角度、多层次地理解生态学原理，并将理论知识应用于实际情境中。

在具体应用中，教师可以设计基于真实情境的问题，例如："某个自然保护区中生物多样性显著减少的原因是什么？如何制定有效的生态保护措施？"这样的开放性问题。在解决这一问题的过程中，教师可以组织学生进行实地考察，通过观察与数据收集了解特定生态系统中不同生物的数量、种群分布及其与环境的关系。学生通过小组合作，讨论并分析数据，从中寻找导致生物多样性下降的原因，例如人类活动的影响、气候变化、外来物种入侵等。

在实地考察之后，学生还可以进行实验设计和模拟，评估不同的生态保护措施可能对生态系统的影响。例如，学生可以设计植物恢复计划、引入生态友好型的农业实践，或者评估捕食者重新引入对生态系统平衡的影响。在这一过程中，PBL教学法通过让学生在实际环境中解决生态问题，将复杂的生态学理论转化为可以操作、观察和评估的现实问题，激发了学生的好奇心和学习动机。

此外，生态学中的环境保护主题与社会责任有着密切的关系，这使得PBL教学法在生态学中的应用也具有课程思政的价值。学生在学习生态学内容时，往往会对现实中的环境问题进行反思，例如森林砍伐、气候变暖、生物多样性的减少等，从而增强环境保护的意识和责任感。在PBL教学过程中，教师可以引导学生讨论当前环境保护的热点问题，评价人类活动对生态系统的影响，进而讨论如何从科学的角度解决这些环境问题。这样的学习体验不仅有助于学生理解生态学的科学原理，还能够培养他们的科学素养和社会责任感。

教师还可以利用虚拟实验室、地理信息系统（GIS）等数字化工具辅助PBL教学。通过虚拟模拟，学生能够观察不同生态保护措施的长期效果，如植被恢复的过程、气候变化对某一生态系统的影响等。GIS技术则可以帮助学生分析特定区域的生态系统分布和变化，学生可以通过处理地理数据，理解人类活动对特定区域生态系统的影响。

四、微生物学中的应用

在微生物学教学中，PBL教学法的应用可以通过设计涉及微生物学理论与实践相结合的真实问题，让学生在解决问题的过程中深入理解微生物的生理特性及其在不同领域的应用。微生物学研究的对象主要是细菌、真菌、病毒等微生物，这些微生物在自然界中的作用以及它们与人类的关系是教学中的重点内容。而传统的教学方法往往偏重理论知识的传授，使得微生物学的学习过程显得枯燥乏味。PBL教学法则能够将这些抽象的理论与现实中的实际应用紧密联系起来，提高学生的学习兴趣与理解深度。

在具体应用中，教师可以通过设计一系列开放性问题，帮助学生在实践中理解微生物学的核心概念。例如，教师可以设计"如何优化乳酸菌的发酵过程，以提高酸奶的质量"这样的问题，引导学生在学习过程中探索微生物在食品工业中的应用。通过这个案例，学生需要从文献查阅入手，了解乳酸菌的生长特性、代谢过程以及影响其发酵效率的环境因素，如温度、pH、营养成分等。在实验设计阶段，学生还需要学会如何设置不同的实验变量，以优化乳酸菌的生长条件，从而提高发酵产物的质量。这种探究式学习过程帮助学生在理论与实践之间建立联系，深化他们对微生物学知识的理解，并锻炼其实验设计和问题解决的能力。

同样，PBL教学法也可以应用于微生物学的其他重要主题中，例如抗生素的生产与应用。在医学中，抗生素的作用非常重要，理解抗生素的生产、作用机制以及抗药性的产生是学生在微生物学学习中必须掌握的内容。教师可以设计一个开放性问题，例如："如何通过调节培养条件提高青霉素的产量？"通过这个问题，学生需要了解青霉菌的生长条件、抗生素的合成途径，以及如何通过控制培养基成分、温度、氧气浓度等因素来优化抗生素的生产。在这个过程中，学生可以更直观地了解微生物在医药生产中的应用，并理解理论知识如何转化为实际生产力。

此外，微生物在生态系统中的作用也是微生物学教学中的一个重要方面。在PBL教学中，教师可以引入环境微生物学的内容，如污水处理中的微生物作用，设计"如何利用微生物降解环境中的有害物质"这一问题，引导学生探索微生物在环境保护中的应用。在探究这一问题的过程中，学生需要了解不同微生物在有机物降解中的功能，如硝化细菌、硫酸盐还原菌等，并讨论如何通过调整培养环境来提高微生物的降解效率。这一过程能够让学生理解微生物在环境修复中的关键作用，培养他们的环保意识以及在解决现实问题中的综合能力。

微生物与人类健康的关系是微生物学课程的另一个重要内容。通过PBL教学，教师可以引导学生探讨微生物在感染性疾病中的作用，例如设计"如何利用微生物学知识开发新的抗菌手段"这样的开放性问题，让学生深入了解病原微生物的作用机制、与宿主的相互作用，以及抗菌药物的选择与使用原则。在解决这一问题的过程中，学生需要查阅大量相关文献，了解最新的抗菌药物研发进展，并思考如何通过改变药物作用靶点或者联合用药来克服微生物的抗药性问题。这一学习过程不仅帮助学生掌握微生物学的理论知识，还锻炼了他们的文献查阅能力、信息整合能力以及批判性思维能力。

五、植物生理学中的应用

在植物生理学的教学中，PBL教学法可以有效地结合植物生长和生理过程的实际问题，以激发学生的学习兴趣，并加深对植物生理过程的理解。植物生理学课程主要涉及植物的光合作用、呼吸作用、营养吸收等重要生理过程，而这些内容往往具有较强的理论性与抽象性，学生难以直观地理解其中的复杂机制。通过PBL教学法，教师可以设计一系列与实际植物生长密切相关的案例问题，引导学生通过合作探究的方式解决问题，从而在实践中理解植物生理学的基本原理。

例如，教师可以设计一个关于植物缺乏营养元素对其生长的影响的案例，让学生以小组为单位对不同植物的生长条件进行模拟实验。具体而言，教师可以将学生分成不同的小组，分别研究氮、磷、钾等重要营养元素对植物生长的影响情况。学生需要首先查阅文献，了解植物对各种营养元素的需求，接着设计实验方案，种植实验植物并控制某些营养元素的供应，以观察其对植物生长、叶片颜色、花芽分化等方面的具体影响。在实验过程中，学生会遇到许多实际问题，例如如何保持营养溶液的浓度、如何防止其他环境因素的干扰等，这些问题都需要学生集思广益，提出有效的解决方案。这种基于实际问题的探究学习，使学生在解决问题的过程中深刻理解植物生长与营养的关系，同时掌握了植物生理学中的关键知识点。

此外，教师还可以将光合作用与实际农业生产中的温室种植结合起来，设计一个关于如何提高温室植物光合作用效率的问题。在这一案例中，学生需要思考和探究温度、光照强度、二氧化碳浓度等环境条件对植物光合作用效率的影响，并设计实验方案来验证自己的假设。这种探究不仅帮助学生在理论上理解光合作用的基本原理，同时也让他们了解光合作用在农业中的实际应用，进而理解如何通过调控环境条件来提高作物的产量。这一过程中，学生需要查阅文献、设计实验、搜集数据、进行分析，并最终提出科学合理的结论。这种开放性问题的设计和探究过程，能够很好地训练学生的实验技能、数据分析能力和科学思维能力。

呼吸作用是植物生理学中的另一个重要内容。教师可以设计与植物呼吸作用相关的案例，如探讨不同环境温度下植物呼吸作用的变化情况，以及这些变化如何影响植物的生长和生物质积累。在这一案例中，学生可以通过设计一系列实验，测量植物在不同温度条件下的呼吸速率，以及其对植物干物质积累的影响。这种探究过程不仅使学生深入理解植物呼吸作用的机理和意义，还能帮助他们学会如何控制环境因素，以优化植物的生长条件。这一过程中，学生通过实验操作积累了大量关于植物呼吸作用的数据，并需要对这些数据进行处理与分析，从而得出科学的结论，这种过程既训练了学生的动手实验能力，也提高了他们的数据分析和逻辑推理能力。

植物激素的作用机制也是植物生理学中的重要内容，例如生长素、细胞分裂素、脱落酸等不同植物激素在植物生长发育中的调控功能。在PBL教学中，教师可以设计一个关于"如何通过调控植物激素提高植物抗逆性"的案例，引导学生查阅相关文献，了解不同植物激素在植物应对逆境胁迫（如干旱、盐碱等）中的作用，进而设计合理的实验方案来验证其假设。通过这样的探究性学习，学生能够加深对植物激素调控作用的理解，并掌握如何通过调控激素水平来提高植物的抗逆性，这在农业生产中具有重要的应用价值。

六、遗传学中的应用

遗传学是一门研究基因及其传递规律的学科，内容涵盖经典遗传学、分子遗传学及群体遗传学等内容。这些内容具有很强的科学性和复杂性，传统的教学方法通常注重理论的讲解，学生可能难以将所学知识与现实生活中的遗传现象建立联系。因此，PBL教学法的引入，不仅为学生提供了探索遗传现象的机会，也能够使他们在实际情境中理解遗传学的基本原理和应用。

例如，在经典遗传学的教学中，教师可以设计基因传递的案例，让学生分析家族遗传病的传播模式。教师可以给学生提供某个家庭的遗传病背景资料，包含几代人的健康状况、基因型信息等，学生通过这些数据进行分析，预测该家族中遗传病的可能模式（如显性、隐性、自体染色体或性染色体相关等），并预测未来世代可能的发病风险。在这一过程中，学生需要综合运用孟德尔遗传规律，结合家系图进行分析，并考虑可能的基因突变或者外部环境对遗传的影响。通过这种实际案例分析，学生能够在真实的遗传现象中加深对经典遗传规律的理解，而不仅仅是学习课本上的概念和公式。

在分子遗传学的部分，PBL教学法也同样适用。分子遗传学涉及基因结构、DNA复制、转录、翻译以及基因表达的调控等内容，这些概念对于学生理解基因的功能和调控机制至关重要。在教学中，教师可以设计一个关于基因突变的案例，学生需要分析某种基因突变对蛋白质功能的影响。例如，教师可以给学生提供关于某一基因点突变导致代谢疾病的病例背景，学生需要通过查阅资料，分析这种基因突变如何改变蛋白质的氨基酸序列，进而影响蛋白质的功能。这种探索性学习可以帮助学生理解DNA突变与表型之间的关系，使他们能够掌握基因表达调控的分子机制，并理解分子遗传学在疾病诊断和治疗中的重要性。

群体遗传学是遗传学的另一重要分支，其研究对象是种群内基因的分布和频率，通常与进化和遗传漂变等群体行为密切相关。在群体遗传学的教学中，PBL教学法可以通过让学生探讨某种遗传特征在不同人群中的分布模式，理解群体内的基因频率变化。例如，教师可以设计一个关于地中海贫血在某一地区的基因频率变化的案例，让学生讨论可能的环境因素（如疟疾的流行）对基因频率的影响。学生通过小组合作，查阅资料，学习哈迪-温伯格平衡原理，并进行数据分析，从而了解群体基因频率的动态变化及其与自然选择的关系。这种探究式学习不仅帮助学生掌握群体遗传学的基本概念，还增强了他们的数据分析能力和科学推理能力。

在遗传学课程中应用PBL教学法，还可以帮助学生理解遗传学在实际生活和医学中的应用。例如，通过设计关于基因筛查和基因编辑的案例，学生可以学习到基因筛查如何帮助预测遗传病的风险，以及基因编辑技术（如CRISPR）在基因修复中的应用。通过这些真实情境中的问题，学生能够深刻认识到遗传学知识在社会和医学中的应用价值，并激发他们对遗传学的兴趣和热情。

七、其他学科的应用展望

PBL教学法在其他学科中的应用前景同样广阔。这种教学方法通过引导学生在解决实际问题的过程中学习相关知识和技能，能够有效激发学生的学习兴趣和主动性。在未来，PBL教学法有望在诸多学科中得到进一步推广和发展。

在物理学中，PBL教学法可以通过设计与日常生活密切相关的问题，让学生在解决这些问题的过程中理解物理原理。例如，教师可以设计关于"如何优化住宅的保温隔热效果"的项目，引导学生运用热力学知识分析并提出改进方案。在这个过程中，学生不仅能够掌握热传导、热对流等物理概念，还能学会应用这些知识解决实际问题，提高学习的有效性。

在化学学科中，PBL教学法可以围绕化学反应的实际应用进行设计。比如，可以设计关于"环保材料的开发与应用"的问题，让学生研究如何通过改变化学合成过程，生产出具有环保特性的材料。通过这样的项目，学生可以更加深入地理解化学反应的机理及其在现代工业中的应用，增强其科学探究能力和创新意识。

在数学学科中，PBL教学法也可以通过问题引导学生的学习。传统的数学教学通常侧重于公式和定理的记忆和应用，但PBL教学法则可以让学生通过解决实际问题来学习数学知识。例如，可以设计一个关于"如何规划城市交通路线以减少拥堵"的问题，让学生通过几何分析、概率统计等数学工具进行研究。这样不仅使数学学习变得更加有趣和富有意义，还能帮助学生理解数学在实际生活中的应用价值。

此外，在社会科学学科中，PBL教学法的应用可以通过设计与社会现实相关的问题，帮助学生理解社会现象并培养其批判性思维能力。例如，在经济学课程中，教师可以设计关于"如何通过合理的政策手段刺激就业"的问题，引导学生讨论影响就业率的各种经济因素，并提出自己的解决方案。在这个过程中，学生可以深入理解经济学的基本概念，学习如何在复杂的社会环境中应用这些概念进行决策。

在工程与技术学科中，PBL教学法更是发挥了极大的作用。例如，在电子工程课程中，教师可以设计关于"如何设计一个具有节能功能的智能家居系统"的项目，让学生运用电路设计、编程等多方面的知识进行研究和实践。这种项目导向的学习方式不仅可以提高学生的动手能力，还能够培养他们解决复杂工程问题的能力。

在人文学科中，PBL教学法也有着广泛的应用前景。例如，在历史学课程中，教师可以设计关于"如何有效地保护和传承一个文化遗址"的项目，要求学生通过研究历史文献、调查实际情况，提出保护措施和传承方案。在这个过程中，学生不仅可以学到相关的历史知识，还可以增强他们对文化遗产保护的责任感和意识。

PBL教学法的广泛应用还可以在跨学科领域中得到体现。例如，在环境科学的课程中，可以结合生物学、化学和社会科学的知识，让学生研究某一地区的环境污染问题，并提出综合治理的方案。这样不仅使学生能够掌握多个学科的知识，还能培养他们的综合分析能力和解决问题的能力。

总的来说，PBL教学法作为一种创新的教育方式，具有广阔的应用前景，不仅适用于生物学等自然科学，也在社会科学、工程技术和人文学科中发挥着重要的作用。通过这种教学法，学生在解决实际问题的过程中，可以学会如何有效地应用学科知识，培养他们的创新思维、问题解决能力以及团队合作精神。因此，在未来的教育改革中，PBL教学法有望在各个学科中得到更为广泛和深入的应用，推动教育质量的进一步提升。

参考文献

[1] Asfahani A, El-Farra S A, Iqbal K. International benchmarking of teacher training programs: Lessons learned from diverse education systems[J]. EDUJAVARE: International Journal of Educational Research, 2024, 2（1）: 1-12.

[2] Davidson N, Major C H, Michaelsen L K. Small-group learning in higher education-cooperative, collaborative, problem-based, and team-based learning: An introduction by the guest editors[J]. 2024.

[3] 赖绍聪.高等学校教师教学团队建设的策略与路径[J].中国大学教学,2023,（5）:9-17.

[4] 李海英,朱芳.在线教育教学团队构建与运行机制研究[J].教育科学研究,2022,（12）:76-81.

[5] 方明军,陈向明.教学团队反映性对话的特征与条件——基于一次集体备课的研究[J].湖南师范大学教育科学学报,2022,21（3）:85-96

[6] 叶仁荪.江西"高校思政课问题式专题化团队教学改革"的探索与实践[J].中国高等教育,2022（5）:13-15.

[7] Whitburn L, Colasante M, McGowan H, et al. Team-taught vs sole-taught anatomy practical classes: Enhancing the student learning experience[J]. Journal of University Teaching and Learning Practice, 2021, 18（3）.

[8] Burgess A, van Diggele C, Roberts C, et al. Team-based learning: design, facilitation and participation[J]. BMC Medical education, 2020, 20: 1-7.

[9] Deale C S. A team approach to using student feedback to enhance teaching and learning[J]. International Journal for the Scholarship of Teaching and Learning, 2020, 14（2）: 6.

[10] Minett-Smith C, Davis C L. Widening the discourse on team-teaching in higher education[J]. Teaching in Higher Education, 2020.

[11] 杜玉帆.教学团队共享心智模式与关系绩效的关系研究[J].基础教育,2017,14（2）:90-95.

[12] 李瑾瑜.教师培训的"学用之困"及其破解之策[J].中国教育学刊,2023（11）:7-13.

[13] 冯晓英,林世员,何春.深化教师精准培训改革：概念模型与实施路径[J].中国远程教育,2023,43（10）:41-50.

[14] 郭绍青.教育数字化赋能新课程实施与教师培训转型策略研究[J].中国电化教育,2023（7）:51-60.

[15] Lee W W S, Yang M. Effective collaborative learning from Chinese students' perspective: a qualitative study in a teacher-training course[J]. Teaching in Higher Education, 2023, 28（2）: 221-237.

[16] 杜晓伊.高校"双线"混合教学资源配置的优化策略[J].现代教育管理,2023（3）:103-111.

[17] Garzón Artacho E, Martínez T S, Ortega Martin J L, et al. Teacher training in lifelong learning—The importance of digital competence in the encouragement of teaching innovation[J]. Sustainability, 2020, 12（7）: 2852.

[18] Tamsah H, Ilyas J B, Yusriadi Y. Create teaching creativity through training management, effectiveness training, and teacher quality in the covid-19 pandemic[J]. Journal of Ethnic and Cultural Studies, 2021, 8（4）: 18-35.

[19] 孙宁,马宁.优质教学资源建设的共享取向与策略[J].东北师大学报（哲学社会科学版）,2016（6）:224-229.

[20] 李雁翎.教学资源建设是课程建设的重要环节[J].中国大学教学,2010（8）: 49-50, 8.

[21] 王亚希,周红春.高校现代化教学资源建设及应用的实践探索[J].中国电化教育,2010（6）:73-76.

[22] 刘志鹏.从战略高度谋划教材和教学资源建设[J].中国高等教育,2004（10）: 9-11.

[23] Baas M, Van der Rijst R, Huizinga T, et al. Would you use them? A qualitative study on teachers' assessments of open educational resources in higher education[J]. The Internet and Higher Education, 2022, 54: 100857.

[24] Clinton-Lisell V, Legerski E M, Rhodes B, et al. Open Educational Resources as tools to foster equity[J]. Teaching and learning for social justice and equity in higher education: Content areas, 2021: 317-337.

[25] Kolmos A, Holgaard J E, Clausen N R. Progression of student self-assessed learning outcomes in systemic PBL[J]. European Journal of Engineering Education, 2021, 46（1）: 67-89.

[26] Ngereja B, Hussein B, Andersen B. Does project-based learning（PBL） promote student learning? a performance evaluation[J]. Education Sciences, 2020, 10（11）: 330.

[27] 张国荣,徐慧颖,孙聪.基础医学整合PBL课程考核评估体系的构建与实践[J].基础

医学教育,2024,26(2):128-132.

[28] Zhang D, Hwang G J. Effects of interaction between peer assessment and problem-solving tendencies on students' learning achievements and collaboration in mobile technology-supported project-based learning[J]. Journal of Educational Computing Research, 2023, 61(1): 208-234.

[29] Chanpet P, Chomsuwan K, Murphy E. Online project-based learning and formative assessment[J]. Technology, Knowledge and Learning, 2020, 25: 685-705.

[30] 王玉英,罗肖,吕海侠,等.基础医学PBL案例教学中考核评估之实践[J].基础医学教育,2021,23(10):707-710.

[31] 陈雷,卢静舒,李云霞.PBL评估量表在本科班呼吸科教学中的应用及信度和效度检验[J].中国社区医师,2021,37(4):187-188.

[32] Cifrian E, Andres A, Galan B, et al. Integration of different assessment approaches: application to a project-based learning engineering course[J]. Education for Chemical Engineers, 2020, 31: 62-75.

[33] Alt D, Raichel N. Problem-based learning, self-and peer assessment in higher education: towards advancing lifelong learning skills[J]. Research Papers in Education, 2022, 37(3): 370-394.

[34] Rosidin U, Herliani D. Development of Assessment Instruments in Project-Based Learning to Measure Students Scientific Literacy and Creative Thinking Skills on Work and Energy Materials[J]. Jurnal Penelitian Pendidikan IPA, 2023, 9(6): 4484-4494.

[35] Lin J W, Tsai C W, Hsu C C, et al. Peer assessment with group awareness tools and effects on project-based learning[J]. Interactive Learning Environments, 2021, 29(4): 583-599.

[36] Li T, Wang W, Li Z, et al. Problem-based or lecture-based learning, old topic in the new field: a meta-analysis on the effects of PBL teaching method in Chinese standardized residency training[J]. BMC Medical Education, 2022, 22(1): 221.

[37] 王宗谦,闵睿,李艳浓.大班PBL教学方法及效果评估的探讨[J].中国高等医学教育,2010(11):97-98,110.

第七章
AIGC 技术在免疫学 PBL 教学中的应用

第一节　AIGC的概述

一、AIGC技术的发展背景

AIGC（Artificial Intelligence Generated Content）即"人工智能生成内容"，是一种基于大数据和深度学习的技术，能够自动生成多种类型的内容，包括文本、图像、音频和视频。AIGC技术的核心是利用自然语言处理（NLP）、计算机视觉、生成对抗网络（GAN）和Transformer等先进的深度学习模型，建立起复杂的数据模型，使得人工智能能够根据输入的特定要求生成相应的内容。通过对大量已有数据进行训练，这些模型可以理解并创造性地生成新的内容，从而实现了"智能生成"的目标。

AIGC的快速发展得益于近十年来人工智能领域的整体进步。尤其是2014年引入的生成对抗网络（GAN）技术，这种由生成器和判别器互相竞争的网络结构，显著提高了内容生成的质量，使得图像和音频的生成变得更加真实。GAN为AIGC提供了强大的支持，使得人工智能在生成内容的质量和细节上取得了长足的进步。此外，基于Transformer架构的深度学习模型，如GPT（Generative Pre-trained Transformer）系列，尤其是GPT-3，能够生成具有逻辑性和连贯性的高质量文本内容。这些技术创新为AIGC的应用奠定了基础，使其在诸如生成文章、故事、图像，甚至是视频和音频等方面表现得越来越自然和有效。

我国在人工智能技术，尤其是AIGC领域的发展中也表现出了强劲的创新和应用能力。近年来，我国积极推动人工智能产业的发展，通过政策扶持、资金投入和科研支持等方式，为人工智能的研究和应用提供了坚实的基础。自2017年国务院发布《新一代人工智能发展规划》以来，人工智能被视为国家战略，成为未来经济发展的重要引擎之一。科技公司和科研机构在AIGC技术上也进行了大量投入和研发，推出了多种人工智能生成产品。例如，百度推出的文心一言（ERNIE Bot）、阿里巴巴的M6模型，以及科大讯飞的AI生成引擎等，这些模型在文本生成、对话系统、图像生成等方面均表现出色。

在教育领域，AIGC技术逐渐被用于辅助教学内容的生成、个性化学习路径的制订、智能对话式辅导等。例如，AIGC可以快速生成符合本地化课程大纲的教学材料，帮助教师设计符合学生学习特点的教学案例和学习任务。在未来，随着AIGC技术的进一步发展，它将在教育创新领域中展现更大的潜力，为实现更高质量、更高效率的个性化教育提供有力支持。

二、AIGC在免疫学教学中的应用潜力

1.生成多样化的教学案例

在免疫学教学中，PBL强调通过真实情境和案例让学生主动参与到知识构建的过程中。AIGC技术可以帮助教师生成多样化、个性化的教学案例，例如与免疫反应、疫苗机制、免疫疾病等相关的情境问题。AIGC可以利用其强大的数据生成和处理能力，快速生成贴近学科主题的案例，通过调整输入参数，可以生成适应不同教学内容和教学目标的案例，从而为教师提供了丰富的教学素材。

2.辅助问题设计与案例更新

AIGC能够自动生成开放性问题和案例，并根据最新的科研动态进行更新。在免疫学课程中，学科前沿发展非常迅速，例如新型免疫疗法和传染病疫苗的研发，AIGC可以根据最新的科研成果生成相应的问题情境和案例，帮助教师及时将这些前沿内容融入教学中。这种方式不仅保证了教学内容的与时俱进，还能激发学生对学科前沿问题的探索欲望和思考能力，从而提高其参与度和学习兴趣。

3.个性化学习资源的生成

免疫学是一个内容复杂且知识体系庞大的学科，学生在学习过程中容易出现知识点掌握不均衡的现象。AIGC可以根据学生的学习进度和个性化需求，生成针对性的学习材料，帮助学生突破学习中的瓶颈。例如，对于理解较为困难的"适应性免疫反应"部分，AIGC可以为基础较弱的学生生成易于理解的辅助材料，为学有余力的学生提供更高难度的挑战性任务。这种因材施教的方式能够显著提升学生的学习效果。

4.提供智能化学习指导和反馈

AIGC不仅可以生成内容，还可以提供学习指导和即时反馈。通过分析学生在学习过程中产生的行为数据，如答题情况、学习时间、学习路径等，AIGC可以识别出学生在某些知识点上的薄弱环节，并提供相应的强化练习或解答思路。例如，当学生在"主要组织相容性复合体（MHC）"相关内容上表现出理解困难时，AIGC能够自动生成相应的补充讲解材料，或者设计与MHC相关的简化问题，帮助学生逐步掌握复杂概念。

5.支持模拟实验和虚拟学习环境

免疫学的学习通常涉及大量的实验内容，而现实中的实验条件和成本可能对某些教学活动造成限制。AIGC可以为学生创建虚拟实验环境，通过生成的虚拟情境和数据，学生可以模拟进行诸如"抗原抗体反应""细胞因子作用机制"等实验，这些虚拟实验不仅可以弥补现实实验条件的不足，还能让学生在虚拟情境中反复操作，深化对免疫学实验过程和原理的理解。

6.增强学生对复杂概念的理解

免疫学中有许多抽象且难以理解的概念，例如抗原呈递、体液免疫和细胞免疫的相

互作用等。AIGC可以通过生成图示、动画甚至是虚拟现实（VR）内容，帮助学生更好地理解这些复杂的生物学过程。比如，通过动画来展示T细胞如何识别和攻击感染细胞的过程，学生能够直观地看到免疫系统如何在体内工作，进而加深对这些抽象概念的理解。

7.增强课堂互动与学生参与度

AIGC还可以用于提高课堂的互动性，增加学生的参与度。例如，在课堂教学中，教师可以利用AIGC生成的实时互动问题，针对某一免疫学主题提出挑战性任务，让学生通过讨论、回答等方式进行学习。AIGC能够根据学生的互动情况自动生成新的问题，以帮助教师更好地引导课堂讨论，保证每个学生的参与度，并根据其学习状态调整问题的难易度，使得整个教学过程更具互动性和适应性。

总之，AIGC在免疫学教学中的应用潜力巨大。它不仅能够生成多样化的教学案例，辅助问题设计和个性化学习资源的生成，还能够提供智能化的学习指导和反馈，甚至创建虚拟实验环境。AIGC也为PBL教学提供了更多创新性的解决方案，使教学资源更加丰富和个性化，提升了教学的质量和学生的学习体验。随着AIGC技术的不断发展，其在免疫学等生命科学教学中的应用必将更加深入，为个性化学习和现代化教学提供强有力的技术支持。

第二节　AIGC与PBL教学法结合的可能性

在免疫学PBL教学中，设计具有挑战性和现实性的情境问题是教学成效的关键。AIGC技术的引入可以显著提高问题设计的效率和质量，为教师提供强有力的支持。AIGC通过自然语言生成技术和深度学习模型，能够基于已有的教学资料和问题库，自动生成富有学术性且具有实际意义的情境问题，从而帮助教师节省时间并确保问题的科学性与适应性。

一、AIGC在免疫学问题情境设计中的应用

相比传统人工设计，AIGC可以快速生成多个不同层次、具有挑战性的问题，覆盖免疫学中的不同内容，例如免疫系统各组成部分的功能、免疫疾病的病理机制、疫苗与免疫记忆的关系等。教师可以通过输入一些基本的教学目标，利用AIGC技术自动生成问题情境，然后根据课堂的具体需求进行调整。例如，对于过敏反应，AIGC可以生成涉及免疫反应的基本机制、过敏原识别过程、临床症状以及应对策略等方面的问题，引导学生理解免疫系统如何在异常情况下产生不适应的反应，并探索可能的治疗方案。对于更高年级或更具挑战性的学习者，AIGC还可以生成关于自身免疫疾病的深入情境问题，如系统性红斑狼疮的病因、发病机制及免疫细胞在疾病进程中的角色。学生在这种情境中不仅能够学习具体的疾病知识，还可以理解免疫系统的功能失调如何引发疾病，并在学习

过程中培养批判性思维能力。

AIGC技术还可以动态调整情境问题的难度和方向，从而满足不同学生的学习进度和兴趣。例如，如果系统检测到某些学生在某个特定概念上存在理解上的困难，AIGC可以生成更基础的情境问题，帮助学生逐步建立对该概念的理解。相反，对于那些进度较快的学生，AIGC则可以提供更具挑战性的问题，从而激励他们进一步探究更深层次的内容。这种灵活性极大地提高了情境问题设计的适应性，使得PBL教学能够真正实现以学生为中心，满足不同学生的个性化学习需求。

此外，AIGC可以帮助教师生成具有现实性的问题情境。免疫学的学习常常涉及复杂的理论，而学生对于理论的理解往往需要与现实生活中的现象相结合。AIGC可以从海量的医学数据和案例中自动提取相关信息，生成与现实密切相关的问题情境。例如，在当前全球公共卫生问题受到广泛关注的背景下，AIGC可以生成有关新发传染病免疫应答机制的情境问题，例如关于"疫苗接种如何帮助个体获得免疫"的案例问题。通过这些现实性的情境问题，学生能够将课堂所学的理论知识与现实中的健康问题相结合，增强学习的实用性和趣味性。

除了传统的文本描述外，AIGC还可以生成图像、视频甚至互动模拟实验。这对于免疫学这种涉及大量微观过程的学科尤为重要。例如，在讲解"抗体-抗原反应"这一复杂过程时，AIGC可以生成相应的图示或动画，帮助学生更直观地理解抗体如何识别并结合特定抗原。这种多样化的情境呈现方式，不仅有助于学生加深对复杂概念的理解，也能够满足不同学习风格的学生需求——一些学生可能更偏好视觉学习，而另一些学生可能更偏好文字描述。

二、AI生成的个性化学习内容

AIGC技术的个性化学习内容生成为免疫学教学带来了显著的革新。相比传统教学模式中标准化、同质化的教材内容，AIGC能够基于每个学生的学习行为、知识掌握情况和个人兴趣，自动生成针对性强、内容多样化的学习材料，为学生提供量身定制的学习体验。这种个性化的学习内容在免疫学这样复杂的学科尤为重要，因为免疫学的内容涉及大量抽象概念、专业术语以及复杂的生物机制，学生在学习过程中往往面临很大的困难。

在个性化学习内容的生成中，AIGC能够根据学生对不同知识点的掌握程度，提供适合其水平的学习材料。例如，针对"补体系统"这一相对复杂的免疫学知识，AIGC可以根据学生的学习进度，生成由浅入深的解释内容。如果检测到学生对补体系统的基础概念还不太理解，系统可以生成简单的、用通俗语言描述的补体作用过程，并附带有相应的示意图，帮助学生理解补体的基本功能和作用机制。而对于学习进度较快的学生，AIGC则可以提供更为深入的内容，如补体系统的激活途径、不同补体蛋白的相互作用及其在病理状态下的变化，并通过生成相应的案例，探讨补体在疾病中的作用。这样，学生可以在符合自身学习水平的内容中逐步提升，避免因为学习内容过于困难或简单而产生的学习挫败感或无聊感。

此外，AIGC还可以根据学生的兴趣生成个性化的学习案例，使学生在学习的过程中感受到与现实生活的紧密联系。例如，对于对临床医学感兴趣的学生，AIGC可以生成更多与免疫相关疾病、疫苗接种、过敏反应等临床案例，帮助他们理解免疫学知识在医学中的具体应用。而对于对科研感兴趣的学生，AIGC则可以生成一些与基础研究相关的案例，例如细胞因子的功能、免疫细胞的信号转导途径等，以满足他们对前沿科学问题的探索需求。通过生成这些与学生兴趣相关的个性化内容，AIGC能够显著增强学生的学习动机，激发他们的探索欲望。

在生成个性化学习材料的过程中，AIGC还可以根据学生的学习数据进行智能推荐。例如，如果某学生在以往的学习中对"体液免疫"相关内容表现出较大的困难，那么在学习"细胞介导的免疫"时，AIGC可以特别生成一些与体液免疫有关的复习材料，并在新的知识点中帮助学生建立与旧知识的联系，形成知识的纵向整合。此外，AIGC还可以为每个学生生成个性化的学习路径，并根据他们的学习进度不断调整，以帮助他们更高效地掌握学习内容。这种基于学习数据的个性化推荐机制，能够有效地提高学习效率，使学生能够在学习的每一步都清楚自己需要重点关注的知识点。

个性化学习内容的生成还体现在针对不同学习阶段的教学资源制作上。在免疫学的学习过程中，初学者和高阶学习者的需求是截然不同的。AIGC能够为刚开始学习免疫学的学生生成基础性的内容，如"免疫系统的组成和基本功能"，并配以基础的练习题。而对于已经具备一定免疫学基础的学生，AIGC则可以生成更高难度的内容，如"抗体依赖的细胞毒性反应的分子机制"，并提供开放性问题和探索性的实验设计任务，帮助他们提高分析能力和科研素养。通过为不同学习阶段的学生提供定制化的学习材料，AIGC能够有效地支持学生的持续进步，使他们在每个阶段都能够得到适合自己水平的学习支持。

三、AIGC辅助的即时反馈与引导

AIGC在免疫学教学中的应用可以显著提升学生学习体验，其中即时反馈和引导尤为重要。在传统教学模式中，教师无法在每个学生学习的每一刻都提供反馈，而AIGC可以充当虚拟导师，针对学生的学习行为提供即时、个性化的反馈，这种"即需即得"的反馈方式对提升学习效果具有重要作用。

在免疫系统与疾病防控的学习过程中，学生往往会遇到许多理解上的困难。例如，当学生对"细胞介导的免疫反应"中的某个步骤产生疑惑时，AIGC可以根据学生的学习记录和当前的学习进展，生成详细的解释，并提供一些相关的图示或动画，以帮助学生更好地理解复杂的生物过程。此外，如果学生对某一知识点存在误解，AIGC还可以自动识别这些误解，并提供纠正的建议，帮助学生更正错误的概念。

这种即时反馈的作用远不止纠正错误，更多的是在学习过程中激发学生的思考和探究。在免疫学PBL教学中，问题往往具有挑战性和开放性，要求学生自主进行探索和合作解决。在这个过程中，AIGC可以充当学生的智囊顾问，针对他们遇到的难题提供必要的启发。AIGC的即时反馈还可以通过互动的方式来实现。例如，通过对学生提出的开放性问题进行反问或引导，AIGC可以激发学生的深入思考，而不仅仅是被动地接受知识。假如学生提出："为什么一些疫苗可以提供终生免疫，而另一些则需要多次接种？"AIGC可以反问学生："你认为这些疫苗的抗原特性有什么不同？"这样通过互动性的问题引导，AIGC不仅帮助学生寻找正确答案，还能培养他们的批判性思维能力。

对于学生在自主学习过程中的进步，AIGC的反馈机制也能够帮助教师更好地了解每个学生的学习情况。通过记录学生在学习过程中的每一个操作和反应，AIGC可以生成学习轨迹报告，并自动检测学习中的薄弱环节。这些信息可以实时反馈给教师，使教师能够对教学方案进行调整，针对性地给予学生更多的帮助。例如，如果发现某个班级大部分学生对"补体系统"中的某个环节存在理解障碍，教师可以根据AIGC提供的数据，决定在下次课上对此内容进行特别讲解，或安排更多的讨论时间。

此外，AIGC的反馈还可以根据学生的学习风格进行个性化调整。一些学生可能需要更加详细的解释和实例来理解复杂概念，而另一些学生则可能希望通过简洁明了的关键点来掌握核心知识。AIGC可以根据学生的学习偏好，提供相应形式的反馈，从而提高反馈的有效性。对于那些通过视觉学习的学生，AIGC可以提供更多的图解和动画来进行反馈；对于喜欢逻辑推理的学生，系统则可能通过文字描述和步骤解析来提供支持。这样，通过个性化的即时反馈，AIGC能够满足不同类型学生的学习需求，最大程度地提升他们的学习效果。

AIGC作为虚拟导师，还可以进行个性化的学习路径规划和即时引导。在免疫学的学习过程中，某些内容的理解需要建立在对前置知识的掌握之上。如果学生在前置知识的掌握上存在问题，AIGC可以识别这一点，并引导学生先回顾相关内容。例如，在学习"抗原呈递"时，如果学生对于"主要组织相容性复合体（MHC）"的概念不理解，AIGC可以首先引导他们复习MHC的基本知识，再继续深入抗原呈递的具体机制中。这种基于学习路径的反馈机制，确保了学生的学习过程是循序渐进的，避免了因为知识点理解不充分而导致的学习困难。

第三节 AIGC与PBL教学结合的挑战与应对策略

一、学生数据隐私与伦理问题

在AIGC应用于教育，尤其是免疫学PBL教学中时，学生数据隐私与伦理问题是不可忽视的重要议题。AIGC技术在生成个性化学习内容、即时反馈和教学案例时，需要使用大量的学生数据,包括他们的学习进度、学习偏好、测验结果、作业表现等,这些数据是生成有效学习内容的基础,但同时也带来了隐私保护的挑战。

首先,确保学生数据的匿名化处理是保护隐私的关键。匿名化处理意味着在数据收集、存储和分析的过程中,任何直接识别学生身份的信息应被移除或被替换为非识别性信息,以防止学生的身份被直接或间接识别。通过这一手段,即使数据遭到泄露,隐私风险也能大大降低。对于数据处理者和教育机构而言,必须采取适当的技术措施,比如加密学生数据,限制数据访问权限,仅允许相关教师和技术人员处理敏感信息,以确保数据安全。

其次,AIGC在免疫学教学中生成内容的科学性与准确性同样至关重要。由于AIGC基于大量数据生成学习内容,这些内容的来源和质量对学生的学习效果有直接影响。因此,确保AIGC生成的教学内容符合科学标准,不包含错误信息或误导性内容,是教学过程中必须高度重视的环节。教师在应用AIGC时,应该始终对生成的内容进行审查,保证内容的科学性和严谨性,避免因内容错误而对学生的学习造成不良影响。

最后,AIGC生成内容的伦理问题也应被认真对待。在教育领域中,AIGC的使用不能仅限于技术层面的考量,还需要结合教育伦理。例如,在免疫学教学中,教师通过AIGC生成个性化问题情境或学习案例时,应考虑到内容的适宜性和文化背景的差异,避免生成可能引起误解或冒犯的内容。这意味着生成内容不仅要在学术上是正确的,还需要在道德和社会层面上保持合适,确保内容的公平性和包容性。

在学生数据的使用方面,也需要考虑到数据主体——即学生——的知情同意原则。在使用学生数据生成内容之前,学校或教师应明确告知学生数据的用途,并获取他们的同意。学生有权知道他们的数据将如何被使用,并有权决定是否愿意参与这一数据收集和应用过程。这种透明的沟通不仅是对学生隐私权的尊重,也是教育机构伦理责任的一部分。此外,学校和教师还应确保学生随时有权撤销对数据使用的同意,保护学生的权益。

另外,关于AIGC技术的训练数据源和生成内容的偏见问题,也是教育领域应用AIGC时需要关注的伦理话题。AIGC的内容生成能力基于大数据,而这些数据的偏差可能直接影响生成内容的质量和公平性。如果AIGC的训练数据中存在偏见或信息不完整,那么其生成的教学材料或反馈也可能带有相应的偏见。这种偏见可能会对学生的学习体验产生负面影响,尤其是在免疫学这样具有多样化案例和国际化视角的学科。因此,在设计和使用AIGC生成学习内容时,教育者需要意识到潜在的数据偏见,并尽可能地减少其对学生学习的影响。

教师在使用AIGC辅助教学的过程中,应始终保持主动权。虽然AIGC技术能够为教学提供有力的支持,但教师不应完全依赖于系统生成的内容,而是应对这些内容进行筛选和再加工,确保教学过程中的人文关怀和教育专业性。例如,当AIGC生成某些与免疫学相关的问题情境时,教师应该根据学生的具体情况做出适当的调整,以使得内容既符合学术要求,也适合学生的知识水平和心理接受度。

在数据存储和传输过程中，教育机构需要采取严格的数据保护措施，防止学生数据被未经授权的第三方获取。这包括在数据传输过程中采用加密技术，以及对数据存储服务器进行安全设置和访问控制等。特别是在涉及敏感数据的情况下，如学生的评估记录、健康信息等，数据的存储和处理需严格遵循相关法律法规的要求，如《中华人民共和国网络安全法》和《中华人民共和国个人信息保护法》，确保数据处理的合法性与合规性。

在技术层面，AIGC在免疫学教学中的应用不仅涉及生成内容的科学性，还包括生成过程的可解释性问题。对于教育者而言，理解AIGC如何生成特定内容，以及该内容的生成依据是什么，是确保教学质量的基础。然而，当前大多数AIGC模型是基于复杂的深度学习网络，其生成过程具有较强的"黑箱"特性，缺乏直观的解释。为了解决这一问题，教育工作者应优先选择那些生成过程可解释性较强的AIGC工具，或者与技术专家合作，深入了解模型的工作原理，以便更好地把控内容的生成质量。

总之，AIGC技术在免疫学PBL教学中的应用为教育带来了前所未有的可能性，可以为学生提供个性化和即时的学习体验。然而，这种技术的应用也不可避免地带来了学生数据隐私和伦理方面的挑战。为了有效利用AIGC的优势，教育者和教育机构必须在数据隐私保护、内容准确性、伦理审查等方面保持高度的警惕和责任感，确保AIGC在教育中的应用是安全、科学且符合伦理的。这不仅是对学生权益的尊重，也是在新技术与教育深度融合过程中所必须承担的社会责任。

二、教师角色的转变与适应

AIGC技术的引入为教学提供了丰富的内容生成支持，教师的角色也需要从传统的知识传授者向教学引导者和协调者转变，发挥AIGC的优势，优化教学效果。

AIGC技术能够自动生成学习内容和提供个性化教学材料，这使得教师从"知识传递"的角色中解放出来，转而成为"学习引导者"。在这一角色中，教师不再局限于课堂讲授具体的免疫学知识，而是通过利用AIGC生成的多样化教学材料来引导学生自主学习，并为他们创造解决复杂问题的机会。例如，AIGC可以生成不同难度的免疫学案例问题，教师可以根据学生的学习进度和能力进行调整，帮助学生更好地掌握知识。这意味着教师需要更加注重培养学生的自主学习能力、批判性思维能力和解决问题的能力。

教师在PBL教学中的引导作用至关重要，而AIGC技术在这一过程中起到了辅助作用。在PBL教学中，学生通过小组合作、自主探究的方式解决问题，而教师则需要对整个学习过程进行引导和管理。在这种情况下，教师需要适应新的角色，利用AIGC为学生提供适时的支持和引导。在学生的学习过程中，AIGC可以通过提供即时反馈来帮助学生掌握知识点，但教师的职责是确保这种反馈符合学生的具体需求，并对生成的内容进行科学性和适用性审核。教师需要根据学生的学习表现，随时调整教学策略，提供个性化的指导，以满足每个学生的学习需求。

教师需要从单一的课堂管理者转变为"学习过程的促进者"。AIGC生成的内容和问题情境为学生提供了丰富的学习材料，但这些材料的有效应用离不开教师的引导和组织。教师在PBL教学中需要不断促进学生之间的交流与合作，鼓励他们分享各自的观点，进行批判性讨论，并共同寻找解决方案。AIGC可以生成有助于讨论的开放性问题和情境，但教师需要在实际的讨论过程中发挥重要的组织和引导作用，确保学生能够围绕核心问题进行深入探究，而不是停留在表面。教师通过引导学生分析AIGC生成的内容，帮助学生理解这些内容背后的科学原理，从而推动学习过程的深入。

此外，教师的角色转变还涉及对学生学习成果的评估与反馈。在传统教学中，教师往往通过考试来评估学生的知识掌握情况，但在PBL教学中，评估的内容和形式更加多样化，包括小组讨论的参与情况、问题解决的过程、创新能力和合作能力等。AIGC可以自动化生成评估工具，并根据学生在学习过程中的表现提供初步评估结果。但教师的责任是对这些评估进行审核和补充，确保其准确反映学生的学习情况。教师还需提供深度反馈，引导学生进行反思，进一步促进他们的学习和成长。

AIGC的应用不仅改变了教师在课堂上的职责，也对教师的专业技能提出了新的要求。为了充分发挥AIGC的作用，教师需要具备基本的技术能力，能够熟练使用AIGC工具，生成、筛选和调整学习内容。同时，教师还需要保持对教学内容的科学性和准确性的把控，防止因AIGC生成内容中的偏差而影响教学质量。这需要教师不断学习新的知识和技能，尤其是人工智能技术的基础知识，以便更好地与技术结合，提升教学水平。

在AIGC与PBL教学相结合的背景下，教师的角色需要进行显著的转变和适应，从知识的单向传授者向学习的多维引导者、促进者、评估者和适应性协调者转变。教师在教学过程中利用AIGC生成内容为学生提供丰富的学习资源，并通过有效的引导和评估，帮助学生深度理解免疫学知识，培养解决问题的能力和创新精神。教师的这种角色转变，不仅有助于充分发挥AIGC技术的教学潜力，也有助于培养学生的独立思考能力、创新能力和团队协作能力。

参考文献

[1] 宗琰.AIGC支持的数字化学习——优势、途径与局限[J].软件导刊,2024,23（8）:229-233.

[2] Ma J, Li Y, Wang J. Analysis of the Challenges and Opportunities of AIGC for Youth Education[J]. Journal of Humanities and Social Sciences Studies, 2024, 6（9）: 53-61.

[3] 江哲涵,奉世聪,王维民.人工智能生成内容在医学教育中的应用、挑战与展望[J].中国教育信息化,2024,30（8）:29-40.

[4] 陈中全,谭积斌.基于AIGC技术的微课制作研究[J].电脑知识与技术,2024,20(23):124-126,129.

[5] 李白杨,唐昆.AIGC背景下全民数字素养教育的内涵变革与应对策略[J].图书与情报,2024(3):32-39.

[6] 白雪梅,郭日发.生成式人工智能何以赋能学习、能力与评价?[J].现代教育技术,2024,34(1):55-63.

[7] Chen X, Hu Z, Wang C. Empowering education development through AIGC: A systematic literature review[J]. Education and Information Technologies, 2024: 1-53.

[8] 孟凡丽,马翔,王建虎.AIGC视域下的虚拟教研室:概念特征、运行要素与建设进路[J].现代远距离教育,2023(4):14-21.

[9] 白雪梅,郭日发.生成式人工智能何以赋能学习、能力与评价?[J].现代教育技术,2024,34(1):55-63.

[10] 祝智庭,戴岭,胡姣.AIGC技术赋能高等教育数字化转型的新思路[J].中国高教研究,2023(6):12-19,34.

[11] Yu N, Zhang Y. The Influence of ChatGPT/AIGC on Education: New Frontiers of Great Power Games[J]. Journal of East China Normal University (Educational Sciences), 2023, 41(7): 15.

[12] Yang S, Yang S, Tong C. In-Depth Application of Artificial Intelligence-Generated Content AIGC Large Model in Higher Education[J]. Adult and Higher Education, 2023, 5(19): 9-16.

第八章
PBL 教学法的未来发展趋势

第一节　全球教育改革趋势中的PBL教学

随着全球化和信息化的深入发展，教育改革成为各国提高国民素质、增强国际竞争力的重要手段。作为一种注重学生能力培养的教学方法，PBL教学法在全球教育改革的浪潮中逐渐占据了重要地位。在这种背景下，不同国家和地区根据自身的教育目标与文化背景，采取了多种形式的PBL教学改革实践，这种趋势不仅推动了教学方式的创新，也促进了学生多方面素养的提升。

一、全球范围内的PBL教学推广背景

全球教育改革正朝着培养学生创新能力、批判性思维和综合素质的方向迈进。在传统的教师主导式教学模式中，学生被动接受知识，缺乏独立思考和解决实际问题的机会。然而，全球知识经济的发展迫使各国重新审视其教育体系，传统教育模式在提升学生创新能力、问题解决能力等方面的局限性逐渐凸显。在此背景下，PBL教学法作为一种强调学生自主学习、协作解决问题的教育方法，越来越受到重视和推广。

二、PBL教学法在发达国家的实践与发展

发达国家，尤其是欧美国家，在PBL教学法的推广上走在前列。美国是PBL教学法应用最为广泛的国家之一。特别是在医学教育领域，PBL模式已被许多著名大学所采用，通过设定真实的临床问题，激发学生的学习兴趣，并通过讨论、分析、实验等多种方式解决问题，培养了大批具备综合素质的医学人才。除了医学领域，PBL在工程、管理、计算机等学科中也得到了广泛应用，并且随着互联网和人工智能等技术的发展，线上PBL课程逐渐兴起，为学生提供了更多的学习机会。

欧洲的一些国家，如芬兰、荷兰等，则以其创新性教育体系而著称。芬兰的基础教育长期以来强调学生的自主学习与创造性思维，PBL教学法在中小学教育中得到了广泛应用。芬兰教育体系通过将PBL与跨学科课程结合，帮助学生在解决复杂问题时能够运用多种学科知识，培养其全方位的能力。荷兰高校在高等教育中推行PBL教学，尤其是在心理学、健康科学等领域，PBL教学法已经成为课程设计中的核心组成部分。

三、发展中国家PBL教学的机遇与挑战

在全球教育改革的浪潮中，发展中国家也逐渐意识到PBL教学法的重要性。然而，相比发达国家，发展中国家的教育体系面临着更多的挑战，如师资力量不足、教学资源有限、传统观念的束缚等，导致PBL教学法的推广相对缓慢。

四、PBL教学对学生综合能力的影响

在全球范围内，教育改革的共同目标是培养适应未来社会的高素质人才。与传统教学法不同，PBL教学法强调"以学生为中心"的学习方式，通过设定真实问题和情境，引导学生自主学习、团队协作，解决复杂问题。这种学习方式能够培养学生的批判性思维、创造力、沟通能力等，帮助他们在未来的职业和生活中更好地应对复杂的挑战。

此外，PBL教学法还注重将学术知识与实际应用相结合。通过将抽象的理论知识嵌入实际问题中，学生不仅能够更加深入地理解学科知识，还能够通过实践操作提高自己的解决问题的能力。全球范围内的研究表明，接受PBL教学的学生在面对复杂问题时往往表现出更强的分析能力和创新意识，这种教学模式对培养学生的综合素质和社会责任感具有显著效果。

五、全球教育改革中的PBL教学发展方向

未来，随着全球教育改革的深入推进，PBL教学法将在更广泛的学科和教育阶段得到应用。从基础教育到高等教育，从职业培训到终身学习，PBL教学的潜力将进一步被挖掘。同时，信息技术的发展为PBL教学法提供了更多的创新空间，例如利用人工智能和大数据技术，创建智能化的PBL教学平台，实时跟踪学生的学习进度，提供个性化的学习方案。

在全球化背景下，跨文化学习和合作也将成为PBL教学法的重要发展方向。未来，学生将有机会通过国际合作项目，参与跨国界、跨学科的问题解决，培养全球视野和跨文化沟通能力。这不仅将进一步提升PBL教学法的实际应用效果，也将为全球教育的发展注入新的动力。

第二节　新型学习生态的构建

随着信息技术的迅速发展和全球教育改革的不断深化，教育模式正从传统的课堂教学转向更为灵活和多样化的学习生态系统。PBL教学法作为以问题为导向、以学生为中心的教学模式，与未来教育趋势高度契合。在未来的教育体系中，PBL教学法不仅是课堂教学的一种手段，更是推动新型学习生态构建的重要驱动力。通过多样化学习资源的整合以及灵活学习形式的结合，PBL教学法能够为学生提供更加个性化、开放化、跨学科的学习体验，进而促进知识获取与能力培养的深度融合。

一、学习社区的建立与协作

学习社区是指由一群学生、教师和相关支持人员共同组成的互动性学习群体。成员通过互相分享知识、经验和资源,进行合作学习、讨论和反思,共同解决问题和提升技能。学习社区注重互动、合作与知识共享,旨在为所有成员创造一个积极的学习环境,促进他们的成长与进步。

在新型学习生态中,学习不再是一个孤立的过程,而是可以通过学习社区的建立,促使学生之间、师生之间形成更为紧密的互动与协作。PBL教学法倡导小组合作与团队协作,通过在团队中解决实际问题,学生不仅能互相学习,提升专业能力,还能够培养沟通、领导力和团队精神等软技能。

在未来的教育生态中,学习社区的构建将更加依赖于在线平台和虚拟学习空间。通过社交网络、在线讨论组、虚拟实验室等技术工具,学生可以在全球范围内与其他学习者、导师以及领域专家建立联系。PBL教学的跨学科、跨文化特性也将促进学生在全球化背景下的学习与合作,培养他们解决复杂问题的能力。在这种学习社区中,学生将不再是被动的知识接收者,而是积极的知识创造者和分享者。

二、开放式学习资源的整合与利用

未来的学习生态系统强调开放性和共享性,PBL教学法通过开放式学习资源的利用,可以为学生提供更多的知识来源和实践机会。在传统教学中,知识传授往往受限于教科书和课堂,但在PBL模式下,学习资源的多样化成为可能。学生可以通过在线课程、学术论文、数据集、开放实验室等多种途径获取知识资源,从而为他们的学习提供更多的选择和灵活性。

例如,随着开放教育资源或大规模开放在线课程(MOOCs)的兴起,学生可以在全球范围内访问顶级学术资源。这为PBL教学的实施提供了强有力的支持。通过这些资源,学生不仅能够在理论上深入探讨某一问题,还可以通过在线实验和虚拟仿真来验证和测试他们的解决方案。这种资源的整合与利用大大扩展了学生的学习范围,打破了时间和空间的限制,使他们能够根据自己的兴趣和进度,进行更具个性化的学习。

三、在线学习平台的应用与发展

在线学习平台是新型学习生态的核心组成部分。未来的PBL教学将更依赖于先进的在线平台,以实现跨地域的互动、协作与学习。在线学习平台能够提供多样化的学习工具,如问题解决模块、合作讨论区、资源库、自动评估系统等,帮助学生在整个PBL学习过程中自主规划学习路径,跟踪学习进度,获取个性化反馈。

例如,基于大数据和人工智能的在线平台可以通过分析学生的学习行为和问题解决方式,提供针对性的反馈和学习建议。虚拟实验室、虚拟现实(VR)和增强现实

（AR）等技术的引入，也可以为学生提供更加沉浸式的学习体验，使他们能够在虚拟环境中进行问题分析和实验操作，进而提升他们的实践能力。

同时，在线平台还可以作为教学管理和评估的工具，教师可以通过平台监控学生的学习进度，分析小组合作情况，及时发现问题并给予指导。这不仅提升了教学效率，也为PBL教学在更大范围的推广和应用提供了技术支持。

四、学生为中心的生态系统

新型学习生态的核心理念是"以学习者为中心"，即教学活动的设计和资源的提供都应围绕学生的学习需求和学习体验展开。PBL教学法通过鼓励学生主动探索、独立思考和团队合作，完美契合了这一理念。未来的学习生态将更加强调个性化和灵活性，为学生提供自主选择学习路径的机会。

在这种生态系统中，学生不再被动依赖教师提供的知识和任务，而是通过问题导向和资源整合，自主设定学习目标、搜集信息、提出解决方案，并在实践中验证和调整自己的思路。灵活多样的学习资源和形式，如线上线下结合的混合学习模式、实地考察与虚拟实验结合的教学方式等，将为学生提供更为丰富的学习体验。

未来的学习生态还将注重培养学生的终身学习能力。PBL教学法通过让学生在解决实际问题的过程中不断学习和提升，能够帮助他们形成持续学习的习惯。这种以学习者为中心的教学系统，不仅服务于学生的学术发展，还将为他们的职业生涯和社会生活提供支持。

第三节　适应未来工作需求的能力培养

随着社会和技术的快速发展，未来工作环境的变化对人才的能力提出了全新的要求。传统的知识掌握已经无法满足现代职业生涯中的挑战，未来的职场更加强调跨学科思维、创新能力、团队合作和复杂问题解决能力。因此，教育必须与时俱进，培养学生适应未来工作需求的核心能力。

PBL教学法因其强调实践性和学生自主学习的特点，正是培养这些未来工作所需能力的有效工具。通过设计与未来职业情境相关的学习任务和问题，PBL能够帮助学生提前了解和适应未来工作中的模式与挑战，为他们走向职场奠定坚实基础。

一、培养复杂问题解决能力

未来的工作环境更加复杂和多变，不仅要具备扎实的专业知识，还要能够面对跨学科、跨领域的复杂问题。PBL教学法通过为学生提供开放性问题，鼓励他们通过自主探索和团队合作寻找解决方案，这种过程模拟了未来工作中面对复杂任务时的思考与决策模式。

1. 多层次问题解决

PBL教学任务通常包含多个复杂层面,学生需要进行深入分析,提出假设,并通过实验或研究验证其假设。这种学习模式能够帮助学生发展批判性思维和逻辑推理能力,提升他们面对复杂问题时的解决能力。

2. 应对不确定性

未来工作环境中的许多问题并没有标准答案,而PBL教学中的问题通常也具有不确定性,学生需要在没有明确解决方案的情况下,自行组织信息、制订计划并调整策略,这种学习体验帮助学生在不确定性中保持冷静,灵活应对变化。

二、促进跨领域思维与合作

现代工作环境不再局限于单一领域的专业知识,跨学科和跨领域合作越来越常见。PBL教学法通过让学生在解决问题的过程中接触和整合多个学科的知识,培养了他们的跨领域思维能力。同时,团队合作是PBL教学的重要环节,学生在团队中承担不同的角色,相互协作,模拟未来工作中的跨部门合作。

1. 跨学科知识的整合

PBL教学法通过设计需要多个学科知识支持的问题,迫使学生在解决问题时整合不同学科的知识,打破传统学科边界,从而培养他们的跨领域思维能力。

2. 团队合作与领导力培养

未来工作中,团队合作和领导力是不可或缺的核心能力。PBL教学通过团队项目让学生共同完成任务,学生不仅学会如何有效沟通与协作,还在过程中锻炼了领导和组织能力。尤其在角色分配中,学生可以轮流担任团队负责人,提升他们在团队中引领他人的能力。

三、未来职业情境的模拟与实践

PBL教学法的一个关键优势在于它能够将未来的职业情境引入课堂。通过设计与未来工作场景类似的任务,学生可以在解决实际问题的过程中,模拟和体验未来的工作模式。PBL教学任务往往与实际社会和职业问题相关,学生在处理这些问题时,能够直接感受到未来工作的节奏与挑战。

1. 真实情境模拟

PBL教学法可以设计模拟未来工作场景的案例,例如企业管理中的决策问题、研发中的技术创新、或社会问题的解决方案。在这些情境下,学生需要运用所学知识,结合实际情境,提出具有可操作性的解决方案,从而在学习过程中获得真实的职场体验。

2. 职业技能的预先培养

通过PBL教学法的情境设计,学生不仅学习到理论知识,还能提前培养出未来工作中需要的实践技能。无论是沟通能力、团队协作,还是领导力和时间管理,PBL教学法都为学生提供了一个多样化的技能发展平台，使他们在走入职场前已经具备相应的职业素质。

四、面向未来的终身学习能力

PBL教学法不仅帮助学生应对当前的学习任务，还培养了他们面向未来的终身学习能力。随着科技和社会的发展，未来职场中的知识更新速度将越来越快，必须具备持续学习和适应新事物的能力。通过PBL教学中的自主学习和问题解决模式，学生学会了如何有效利用资源、独立思考并持续提升自己。

参考文献

[1] AlAli R. Enhancing 21st Century Skills through Integrated STEM Education using Project-Oriented Problem-Based Learning[J]. Geo Journal of Tourism and Geosites, 2024, 53（2）：421-430.

[2] Hallinger P. Tracking the evolution of the knowledge base on problem-based learning: A bibliometric review, 1972-2019[J]. Interdisciplinary Journal of Problem-Based Learning, 2021, 15（1）.

[3] Chen J, Kolmos A, Du X. Forms of implementation and challenges of PBL in engineering education: a review of literature[J]. European Journal of Engineering Education, 2021, 46（1）：90-115.

[4] Chen J, Kolmos A, Du X. Forms of implementation and challenges of PBL in engineering education: a review of literature[J]. European Journal of Engineering Education, 2021, 46（1）：90-115.

[5] Zhang F, Wang H, Bai Y, et al. A bibliometric analysis of the landscape of problem-based learning research（1981-2021）[J]. Frontiers in psychology, 2022, 13: 828390.

[6] Kolmos A, Holgaard J E, Clausen N R. Progression of student self-assessed learning outcomes in systemic PBL[J]. European Journal of Engineering Education, 2021, 46（1）：67-89.

[7] Santos-Meneses L F, Pashchenko T, Mikhailova A. Critical thinking in the context of adult learning through PBL and e-learning: A course framework[J]. Thinking Skills and Creativity, 2023, 49: 101358.

[8] Chang H Y, Chung C C, Cheng Y M, et al. A study on the development and learning effectiveness evaluation of problem-based learning（PBL）virtual reality course based on intelligence network and situational learning[J]. Journal of Network Intelligence, 2022, 7（1）：1-20.